U0431902

普通高等学校机械基础课程规划教材

机械设计课程设计指导书

主　编　王贤民　郑雄胜
副主编　霍仕武　陆　媛

华中科技大学出版社
中国·武汉

内 容 简 介

本书是根据南京工程学院、浙江海洋学院等院校在机械设计课程设计教学方面的经验总结而编写的，可作为“机械设计”、“机械设计基础”课程的课程设计使用。其内容包括传动装置的设计，传动零件的设计计算，减速器设计，传动装置的选择与设计原始数据，设计计算说明书的编写要求等章节以及附录等。本书在内容的选取上，注重引导学生的思考，以利于培养学生的设计和创造能力。

图书在版编目(CIP)数据

机械设计课程设计指导书/王贤民　郑雄胜　主编. —武汉：华中科技大学出版社，2011.8(2024.8 重印)
ISBN 978-7-5609-7144-5

Ⅰ. 机…　Ⅱ. ①王…　②郑…　Ⅲ. 机械设计-课程设计-高等学校-教学参考资料　Ⅳ. TH122-41

中国版本图书馆 CIP 数据核字(2011)第 102569 号

机械设计课程设计指导书　　王贤民　郑雄胜　主编

责任编辑：刘　勤
封面设计：刘　卉
责任校对：朱　霞
责任监印：张正林
出版发行：华中科技大学出版社(中国・武汉)　　电话：(027)81321913
　　　　　武汉市东湖新技术开发区华工科技园　　邮编：430223
录　　排：华中科技大学惠友文印中心
印　　刷：武汉邮科印务有限公司
开　　本：787mm×1092mm　1/16
印　　张：12.75
字　　数：334 千字
版　　次：2024 年 8 月第 1 版第 10 次印刷
定　　价：38.80 元

前　　言

本书是为高等工科院校学生学习“机械设计”或“机械设计基础”课程进行课程设计而编写的，本书编写有如下特点。

（1）内容精选　以较少的篇幅精选了常用减速器设计内容，根据循序渐进的原则扩展了设计内容。例如，根据课程设计的学时数增加了“单边辊轴自动送料机构设计”，通过该内容的学习，可以增强学生解决生产实际问题的能力；又如，“电动葫芦设计”是一个完整的产品设计，通过该内容的学习，可为学生创新设计新产品奠定基础。

（2）及时更新　引入新标准、新资料，更新图例，指导学生完全按照最新标准进行设计。

（3）启发引导　在设计指导书中，注意发挥学生的主动性，避免限制得过死、过细，给学生留有较多的思考余地。例如，对减速器参考图以多种形式的结构供学生参考，有些结构只给出部分视图，让学生勤思考、多分析，设计出合理的结构。对于新设计的题目，只给出设计原理图，学生可通过参观实物，分析系统功能原理并自行设计装配图与零件图。

（4）利于教学　本书内容包含了我们多年来的教学和使用教材的经验。编写时力求方便学生的使用，例如，设计中所有用到的标准件全部按功能分类放入附表中，并进行了适当的精简。既减轻了学生负担，又能保证有利于培养学生的设计能力。

参加本书编写的有南京工程学院王贤民（第1、5章、附录）、陆媛（第6章），浙江海洋学院郑雄胜（第2、3章），营口理工学院霍仕武（第4章、附录H）。全书由王贤民、郑雄胜任主编，霍仕武、陆媛任副主编。

由于编者水平所限，书中可能存在错误和欠妥之处，诚恳地希望广大读者提出宝贵意见。

编　者

2011年6月

目　　录

第1章　绪　　论

1.1　机械设计课程设计的目的

机械设计课程设计是“机械设计”、“机械设计基础”等相关课程的一个重要教学环节，主要有以下几个方面的目的。

(1) 综合运用“机械设计”课程及其他有关先修课程的理论与生产实际知识，进行一次较全面的训练，使理论知识紧密联系实际，并进一步使这些知识得到巩固和加深。

(2) 学习和掌握通用机械零件、机械传动装置或简单机械的设计方法和步骤，培养学生机械设计的能力和独立解决问题的能力。

(3) 进行机械设计的基本技能训练，提高学生在计算、绘图、运用设计资料(如手册、图册、标准与规范等)及经验估算等方面的技能。

1.2　机械设计课程设计的内容

机械设计课程设计的内容为一般用途的机械传动装置，如带式运输机，也可以是专用机械中的特殊用途的减速装置，如电动葫芦中的三级减速器，如图1-1、图1-2所示。

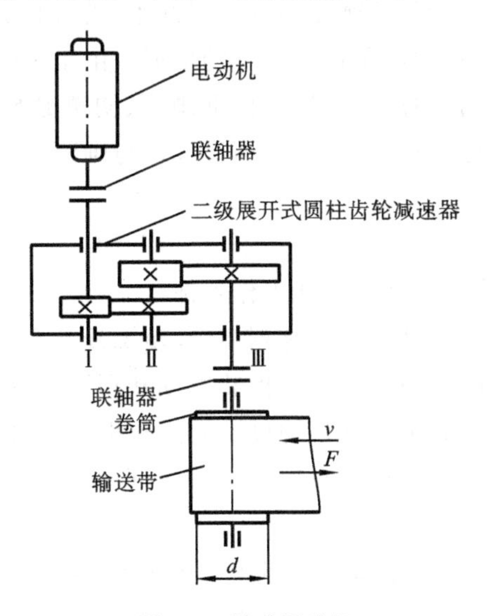

图1-1　带式运输机

机械设计课程设计通常包括以下内容：根据设计任务书确定传动装置的总体设计方案；选择电动机型号；计算传动装置的运动和动力参数；传动零件及轴的设计计算；轴承、连接件、润滑密封和联轴器的选择及计算；机体结构及附件的设计；绘制装配工作图与零件工作图；编写设计计算说明书，进行总结与答辩。

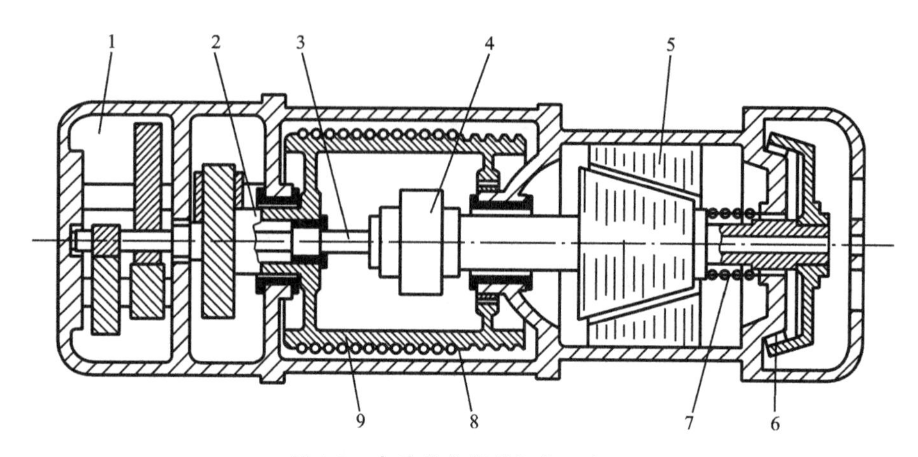

图 1-2　电动葫芦起升机构示意图

1—三级减速器；2—输出轴；3—输入轴；4—联轴器；5—电动机；6—制动器；7—弹簧；8—钢丝绳；9—卷筒

学生通过课程设计应该完成以下工作。

(1) 减速器或者传动装置的装配工作图。

(2) 零件工作图(根据课程设计的周数确定绘制零件数)，通常包括传动件、箱体和轴等，图纸大小根据零件的尺寸确定，以标注清晰为准。

(3) 设计计算说明书 1 份。

1.3　机械设计课程设计的方法与步骤

机械设计课程设计通常从分析或确定传动方案开始，进行必要的计算和结构设计，最终以图纸表达设计结果，以设计计算说明书说明设计的依据。由于影响设计结果的因素很多，机械零件的结构尺寸不可能完全由计算确定，还需借助画图、初选参数或初估尺寸等手段，通过边画图、边计算、边修改的过程逐步完成设计，即通过计算与画图交叉进行来逐步完成设计，课程设计大致按以下步骤进行。

1. 设计准备

认真研究设计任务书，明确设计要求和工作条件。

通过安排参观实物、模型、传动装置的陈列柜，以及观看录像来了解各种传动装置的特点；通过拆装实物或模型，例如拆装各种减速器，拆装电动葫芦三级减速器等，来进一步了解设计对象；复习课程有关内容，熟悉有关零部件的设计方法和步骤，准备设计中常用的图册、手册以及绘图工具(如图板、丁字尺或计算机等)；拟订计划，合理分配各阶段的设计时间。

2. 传动装置的总体设计

确定传动装置的传动方案；选定电动机的类型和型号；计算传动装置的运动与动力参数(如确定总传动比，同时分配各级传动比，计算各轴的功率、转速和转矩等)。

3. 传动零件的设计计算

设计计算带传动、链传动、齿轮传动或者蜗杆传动的主要参数和尺寸。

4. 设计减速器装配草图

(1) 研究和分析减速器的结构形式及特点，选择一种适宜的结构形式。

(2) 初步绘制装配草图(包括轴、轴上零件和轴承部件的结构设计等)，校核轴的强度、滚动轴承的寿命、键和联轴器的强度等。

5. 设计正式减速器装配图

绘制装配图;标注尺寸、配合要求及零件序号;编写零件明细表、标题栏、减速器特性和技术要求。

6. 零件工作图设计

(1) 齿轮类零件工作图设计。

(2) 轴类零件工作图设计。

(3) 箱体类零件工作图设计。

7. 编写设计计算说明书

8. 设计总结和答辩

1.4 机械设计课程设计的注意事项

1. 坚持正确的设计指导思想和工作态度

课程设计是在教师指导下由学生独立完成的,学生对设计中发现的问题,首先应认真独立思考,进行分析与解决,而不应依赖教师查找资料、确定答案。教师负责启发学生思路,指出学生在设计中的错误和解决途径,解答疑难问题并检查设计进度。

在设计过程中,学生必须坚持深入钻研、严肃认真、一丝不苟、有错必改、精益求精的工作态度。对已有的参考资料,必须认真研究和比较,以用来改进设计,切忌盲目地、机械地抄袭资料。

2. 贯彻"三边"的设计方法

机械设计应贯彻边计算、边绘图、边修改的"三边"设计方法;设计计算应与结构设计绘图交叉进行。一个产品的设计,总是要经过多次修改才能得到较高的设计质量。因此在设计时,应该避免怕返工或单纯追求进度或图纸的表面美观,而不愿意修改已发现不合理的地方。

3. 随时整理计算结果

在设计草稿本上,应及时记上设计过程中所考虑的主要问题、计算过程及结果,参考资料中所摘录的资料和数据及资料来源,这样使设计各方面的问题做到根据确凿、论据充分,利于最后编写计算说明书和进行答辩。

第2章　传动装置的总体设计

传动装置的总体设计，主要包括确定传动方案、选择电动机型号、合理分配各级传动比以及计算传动装置的运动和动力参数。总体设计将为下一步各级传动件计算和装配图设计提供依据。

2.1　确定传动方案

机器一般由原动机、传动装置和工作机三部分组成。传动装置在原动机和工作机之间传递运动和动力，通过变换原动机运动形式、改变速度大小和转矩大小，来满足工作机的需要，是机器的重要组成部分。传动装置一般包括传动件和支承件两部分。它的重量和成本在机器中占很大比重，其性能和质量对机器的工作效率影响很大。因此，必须合理拟订传动方案。

课程设计中，学生应根据设计任务书，拟订传动方案，并对传动方案进行分析，分析传动方案的优缺点，对方案是否合理提出自己的见解。合理的传动方案应满足工作要求，具有结构紧凑，便于加工、效率高、成本低、使用维护方便等特点。一种方案要同时满足这些要求往往是很困难的，因此要保证主要要求。图2-1为某带式运输机的四种传动方案。图2-1(a)所示方案：宽度和长度尺寸较大，带传动不适应繁重的工作要求和恶劣的工作环境，但若用于链式或板式运输机，有过载保护作用。图2-1(b)所示方案：虽然结构紧凑，但若在大功率和长期运转条件下使用，则由于蜗杆传动效率低，功率损耗大，很不经济。图2-1(c)所示方案：宽度尺寸小，适于在恶劣环境下长期连续工作，但圆锥齿轮加工比圆柱齿轮困难。图2-1(d)所示方案与图2-1(b)所示方案相比较，宽度尺寸较大，输入轴线与工作机位置是水平位置，宜在恶劣环境下长期工作，主要性能相近，但图2-1(d)所示方案的宽度尺寸明显小于图2-1(c)所示方案。评价传动方案的优劣应从多方面进行，在课程设计时，主要从传动机构的轮廓尺寸和主要机械性能这两方面进行比较。

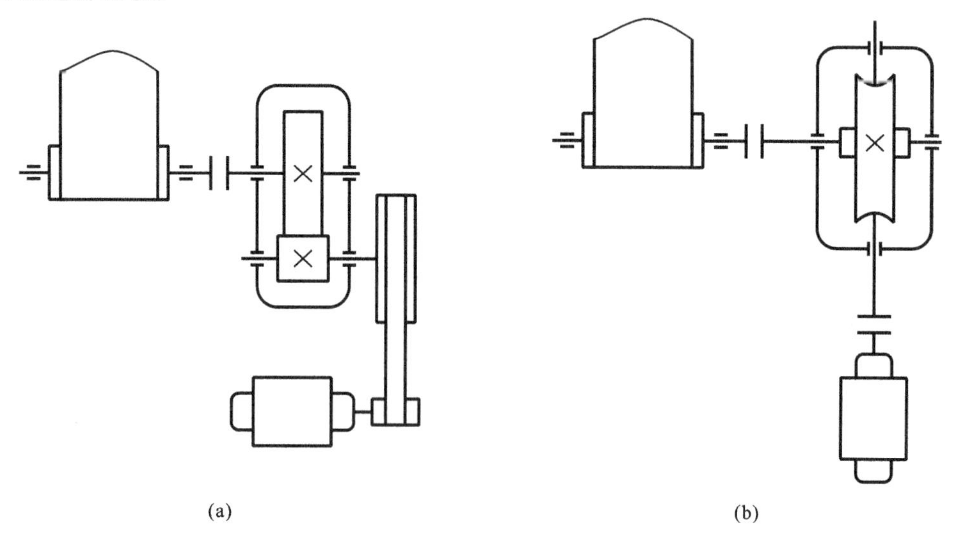

图2-1　带式运输机传动方案比较

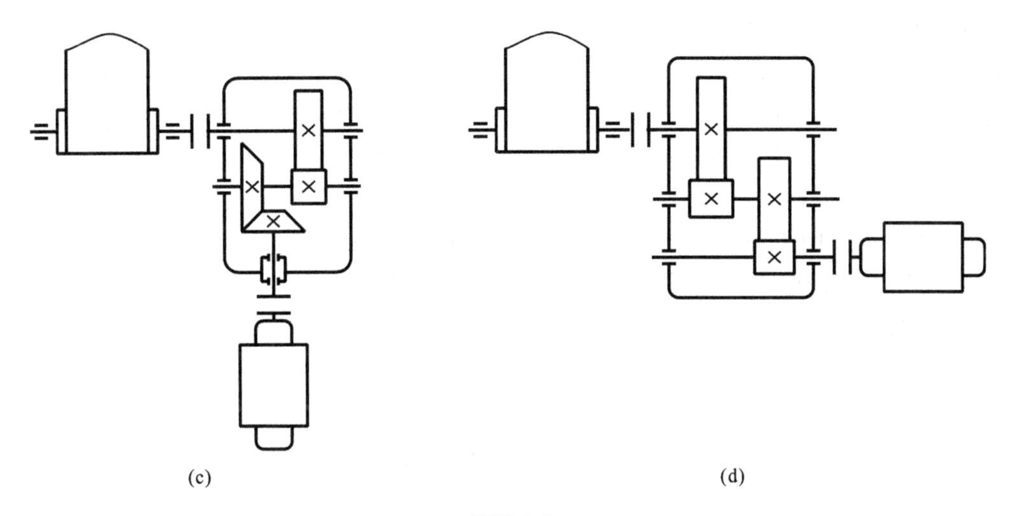
(c)　　(d)

续图 2-1

常用机械传动的主要性能及适用范围见表 2-1。

表 2-1　常用机械传动的主要性能及适用范围

传动机构 选用指标		平带传动	V 带传动	链传动	齿 轮 传 动		蜗杆传动
功率(常用值)/kW		小(≤20)	中(≤100)	中(≤100)	大(≤50 000)		小(≤50)
单级传动比	常用值	2～4	2～4	2～5	圆柱 3～5	圆锥 2～3	10～40
	最大值	5	7	6	8	5	80
传动效率		见附表 A-4					
许用的线速度/(m/s)		≤25	≤25～30	≤40	6 级精度直齿不大于 18,非直齿不大于 36;5 级精度可达 100		
轮廓尺寸		大	大	大	小		小
传动精度		低	低	中等	高		高
工作平稳性		好	好	较差	一般		好
自锁性能		无	无	无	无		可有
过载保护作用		有	有	无	无		无
使用寿命		短	短	中等	长		中等
缓冲吸振能力		好	好	中等	长		差
要求制造及安装精度		低	低	中等	高		高
要求润滑条件		不需	不需	中等	高		高
环境适应性		不能接触酸、碱、油、爆炸性气体		好	一般		一般

在拟订传动方案时,应注意由几种传动形式组成多级传动时的传动顺序布置,常考虑以下几点。

(1) 带传动平稳性好、能缓冲减振,但承载能力较小,因此宜布置在传动系统的高速级。

(2) 链传动运转平稳性差,有冲击,不适于高速传动,宜布置在低速级。

(3) 蜗杆传动可以实现较大的传动比、尺寸紧凑、传动平稳，但效率较低，适用于中、小功率且间歇运转的场合。当与齿轮传动组合应用时，最好布置在高速级，使其传递的扭矩较小，以减小蜗轮尺寸。对于传递动力且连续工作的场合，应选择多级齿轮传动来实现大传动比。

(4) 斜齿轮传动的平稳性较直齿轮传动好，承载能力大，常用在高速级或要求传动平稳的场合。

(5) 圆锥齿轮加工较困难，只有在需改变轴的布置方向时才采用。锥齿轮宜放在高速级。

(6) 开式齿轮传动的润滑条件差，磨损严重，应布置在低速级。

(7) 其他机构如螺旋传动、连杆机构、凸轮机构等改变运动形式的机构放在传动系统的最后一级，且常为工作机的执行机构。

2.2 选择电动机

电动机为标准化、系列化产品，设计中应根据工作机的工作情况和运动、动力参数，根据选择的传动方案，合理选择电动机的类型、结构形式、容量和转速，确定具体的电动机型号。

1. 选择电动机类型和结构形式

电动机类型主要应根据电源种类，载荷性质及大小，工作情况及空间位置尺寸，启动性能和启动、制动、反转的频繁程度，转速高低和调速性能等要求来确定。

电动机有交、直流之分，一般工厂都采用三相交流电，因而选用交流电动机。交流电动机分为异步电动机、同步电动机两种，异步电动机又分为笼型异步电动机和绕线型异步电动机两种，其中以普通笼型异步电动机应用最多。目前应用较广的是一般用途的 Y 系列全封闭自扇冷式笼型三相异步电动机，该电动机结构简单、启动性能好、工作可靠、价格低廉、维护方便，适用于不易燃、不易爆、无腐蚀性气体、无特殊要求的场合，如金属切削机床、运输机、风机、农业机械、食品机械等。在经常启动、制动和反转的场合(如起重机等)，则要求电动机转动惯量小和过载能力大，应选用起重及冶金用 YZ 型(鼠笼型)或 YZR 型(绕线型)三相异步电动机。为适应不同的输出轴要求和安装需要，电动机机体又有多种安装结构形式。根据不同防护要求，电动机结构还有开启式、防护式、封闭式和防爆式等。电动机的额定电压一般为 380 V。

2. 选择电动机的容量

电动机的容量(功率)选得合适与否，对电动机的工作和经济性都有影响。容量小于工作要求，则不能保证工作机的正常工作或使电动机长期过载而过早损坏；容量过大则电动机价格高，载荷能力不能充分发挥，由于经常不满载运行，效率和功率因数都较低，增加电能消耗，造成很大浪费。

电动机的容量主要根据电动机运行时的发热条件来决定。电动机的发热与其运行状态有关。运行状态有三类，即长期连续运行、短时运行和重复短时运行。

课程设计中传动装置的工作条件一般为不变(或变化很小)载荷下长期连续运行，要求所选电动机的额定功率 P_{ed} 不小于所需的电动机工作功率 P_d，电动机在工作时就不会过热，通常无须校验发热和启动力矩。所需电动机功率为

$$P_d = \frac{P_w}{\eta} \tag{2-1}$$

式中 P_w——工作机所需工作功率，kW；

η——电动机至输送带总效率。

工作机所需工作功率 P_w，应根据机器工作阻力和运动参数计算求得。在课程设计中，应按设计任务书给定的工作机参数，由下式计算：

$$P_w = \frac{Fv}{1\,000} \tag{2-2}$$

或

$$P_w = \frac{Tn}{9\,550} \tag{2-3}$$

或

$$P_w = \frac{T\omega}{1\,000} \tag{2-4}$$

式中　F——工作机的工作阻力，N；

v——工作机的线速度，m/s；

T——工作机的阻力矩，N·m；

n——工作机的转速，r/min；

ω——工作机的角速度，rad/s。

传动装置的总效率 η 应为组成传动装置的各部分效率之乘积，即

$$\eta = \eta_1 \cdot \eta_2 \cdot \eta_3 \cdot \cdots \cdot \eta_n \tag{2-5}$$

式中　$\eta_1, \eta_2, \eta_3, \cdots, \eta_n$——每个传动副(如齿轮传动、蜗杆传动、带传动或链传动等)、每对轴承或每个联轴器的效率，其数值可按附表 A-4 选取。

选用表中数值时，应注意以下几点。

(1) 资料中查出的效率数值为某一范围时，一般取中间值；如工作条件差、加工精度低、采用脂润滑或维护不良时应取低值；反之，可取高值。

(2) 同类型的几对传动副、轴承或联轴器，均应单独计入总效率。

(3) 轴承效率均指一对轴承的效率。

(4) 蜗杆传动效率与蜗杆头数及材料有关，应初选头数，再按附表 A-4 估计效率。

3. 确定电动机的转速

额定功率相同的同类电动机可以有不同的转速，如三相异步电动机常用的四种同步转速为 3 000 r/min、1 500 r/min、1 000 r/min 和 750 r/min。当选用低转速电动机时，因极数较多而外廓尺寸及重量较大，故价格较高，但可使传动装置的总传动比及外形尺寸减少；当选用高转速电动机时，则相反。因此，确定电动机的转速时，应进行综合分析和比较。

为使传动装置设计合理，可根据工作机的转速要求和传动装置中各级传动的合理传动比范围推算出电动机转速的可选范围，推算公式为

$$n_d = i_a n_w = (i_1 \cdot i_2 \cdot i_3 \cdot \cdots \cdot i_n) n_w \tag{2-6}$$

式中　n_d——电动机可选转速范围，r/min；

i_a——传动装置总传动比的合理范围；

$i_1, i_2, i_3, \cdots, i_n$——各传动副合理传动比范围(按表 2-1 选取)；

n_w——工作机的转速，r/min。

对于 Y 型系列电动机，一般多选用同步转速为 1 500 r/min 或 1 000 r/min 的电动机，如无特殊需要，一般不选用转速低于 750 r/min 的电动机。选定电动机的转速和容量后，即可在电动机产品目录中查出其型号、性能参数和主要尺寸。可记下电动机的型号、额定功率、满载转速、外形尺寸、电动机中心高、轴伸尺寸和键连接尺寸等以便备用。

传动装置的设计功率通常按工作机实际需要的电动机工作功率 P_d 计算，转速则按电动

机额定功率时的转速 n_m（满载转速）计算。

例 2-1　如图 2-2 所示为一带式运输机的传动方案。已知卷筒直径 $D=500$ mm，运输带的有效拉力 $F=10\ 000$ N，运输带速度 $v=0.3$ m/s，卷筒效率（不包括轴承）为 0.96，在室内常温下长期连续工作，电源为三相交流，电压为 380 V。试选择合适的电动机。

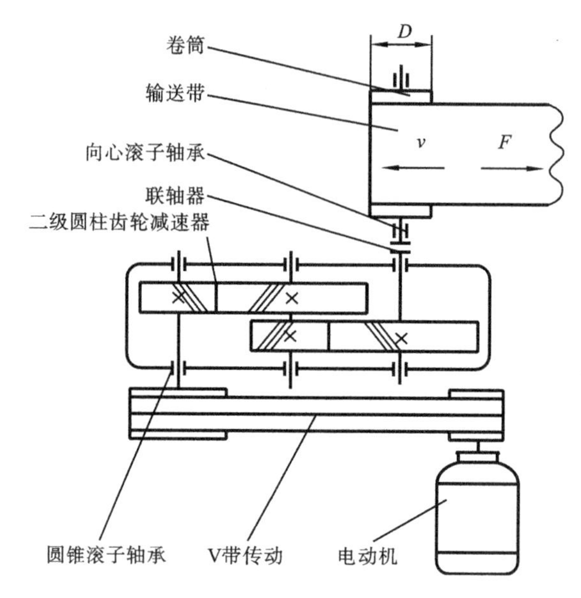

图 2-2　带式运输机的传动方案

解　(1) 选择电动机类型。按已知的工作要求和条件，选用 Y 形全封闭笼型三相异步电动机，电压为 380 V。

(2) 选择电动机的容量。工作机时所需电动机工作功率为

$$P_d = \frac{P_w}{\eta}$$

由式(2-2)，得

$$P_w = \frac{Fv}{1\ 000}$$

因此

$$P_d = \frac{Fv}{1\ 000\eta}$$

由电动机至运输带的传动总效率为

$$\eta = \eta_1 \cdot \eta_2^4 \cdot \eta_3^2 \cdot \eta_4 \cdot \eta_5$$

式中　$\eta_1,\eta_2,\eta_3,\eta_4,\eta_5$——带传动、轴承、齿轮传动、联轴器及卷筒的传动效率，传动副的效率数值可按附表 A-4 选取。

取 $\eta_1=0.96$，$\eta_2=0.98$（滚子轴承），$\eta_3=0.97$（齿轮精度为 8 级，不包括轴承效率），$\eta_4=0.99$（齿轮联轴器），$\eta_5=0.96$，则

$$\eta = 0.96\times0.98^4\times0.97^2\times0.99\times0.96 = 0.79$$

$$P_d = \frac{Fv}{1\ 000\eta} = \frac{10\ 000\times0.3}{1\ 000\times0.79}\ \text{kW} = 3.8\ \text{kW}$$

(3) 确定电动机转速。卷筒轴工作转速为

$$n_w = \frac{60 \times 1\,000v}{\pi D} = \frac{60 \times 1\,000 \times 0.3}{\pi \times 500}\ \text{r/min} = 11.46\ \text{r/min}$$

按表 2-1 推荐的传动比合理范围，取 V 带传动的传动比 $i_1 = 2 \sim 4$，二级圆柱齿轮减速器 $i_2 = 8 \sim 40$，则总传动比合理范围为 $i_a = 16 \sim 160$，故电机转速的可选范围为

$$n_d = i_a n_w = (16 \sim 160) \times 11.46\ \text{r/min} = 183 \sim 1\,834\ \text{r/min}$$

符合这一范围的同步转速有 750 r/min、1 000 r/min 和 1 500 r/min。

根据容量和转速，由有关手册可查出有三种适用的电动机型号，因此有三种传动方案，将选择结果列于表 2-2 中。

表 2-2　电动机选择

方案	电动机型号	额定功率/kW	电动机转速/(r/min)		电动机重量/N	传动装置的传动比		
		P_{cd}	同步转速	满载转速		总传动比	带	齿轮
1	Y160M1-8	4	750	720	1 180	9.42	3	3.14
2	Y132M1-6	4	1 000	960	730	12.57	3.14	4
3	Y112M-4	4	1 500	1 440	470	18.85	3.5	5.385

综合考虑选用 Y132M1-6 电动机，主要性能如表 2-3 所示。

表 2-3　电动机的确定

型　号	额定功率/kW	满　载　时				启动电流(额定电流)/A	启动转矩(额定转矩)/(N·m)	最大转矩(额定转矩)/(N·m)
		转速/(r/min)	电流(380 V 时)/A	效率/(%)	功率因素			
Y132M1-6	4	960	9.4	84	0.77	6.5	2.0	2

查手册求出电动机主要外形和安装尺寸（如中心高、外形尺寸、安装尺寸、轴伸尺寸、键连接尺寸等），如表 2-4 所示。

表 2-4　选择的 Y132M1-6 型电动机外形和安装尺寸

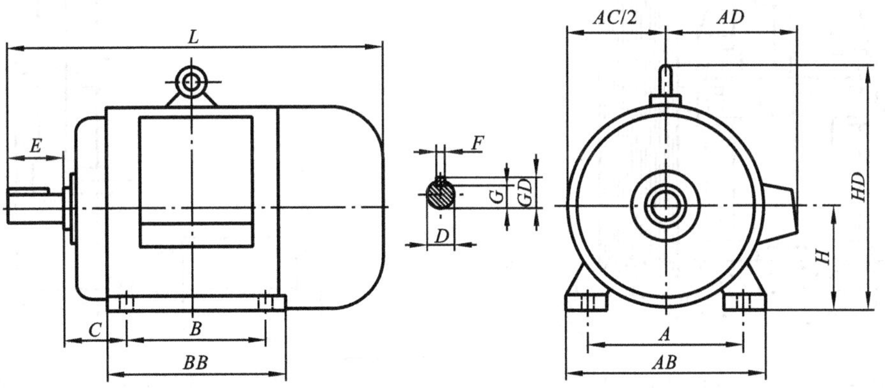

单位：mm

中心高 H	外形尺寸 $L \times (AC/2+AD) \times HD$	底脚安装尺寸 $A \times B$	底脚螺柱孔直径 K	轴伸尺寸 $D \times E$	关键部位尺寸 $F \times GD$
132	515×345×315	216×178	12	38×80	10×41

2.3　确定传动装置的总传动比和分配各级传动比

1. 确定总传动比

由选定的电动机满载转速 n_{m} 和工作机输出轴转速 n_{w}，可得传动装置总传动比为

$$i_{a}=\frac{n_{m}}{n_{w}} \tag{2-7}$$

总传动比为各级传动比 $i_1,i_2,i_3,\cdots,i_n$ 的连乘积，即

$$i_{a}=i_1\cdot i_2\cdot i_3\cdot\cdots\cdot i_n \tag{2-8}$$

2. 分配各级传动比

将总传动比合理分配给各级传动机构，可使传动装置得到较小的外廓尺寸或较轻的重量，以实现降低成本和结构紧凑的目的，也可以使转动零件获得较低的圆周速度以减小齿轮动载荷和降低传动精度等级的要求，还可以得到较好的齿轮润滑条件。但这几方面的要求不可能同时得到满足，因此在分配传动比时，应根据设计要求考虑不同的分配方式。

1）分配传动比应考虑的因素

具体分配传动比时，主要考虑以下几点。

(1) 各级传动比都在各自的合理范围内，以保证符合各种传动形式的工作特点和结构紧凑。

(2) 应注意使各传动件的尺寸协调，结构匀称合理。例如，带传动的传动比过大，大带轮半径大于减速器输入轴中心高度而与底架相碰，如图 2-3 所示。由带传动和单级齿轮减速器组成的传动装置中，一般应使带传动的传动比小于齿轮的传动比。

(3) 要考虑传动零件结构上不会造成互相干涉碰撞。如图 2-4 所示的二级齿轮减速器，由于高速级传动比过大，致使高速级大齿轮直径过大而与低速轴相碰。

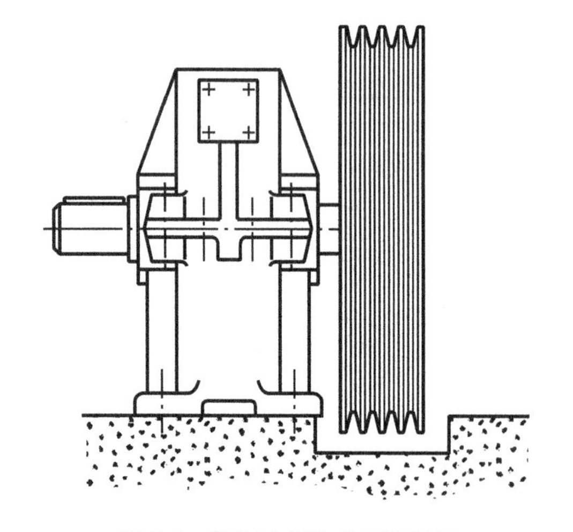

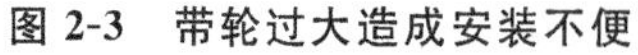

图 2-3　带轮过大造成安装不便

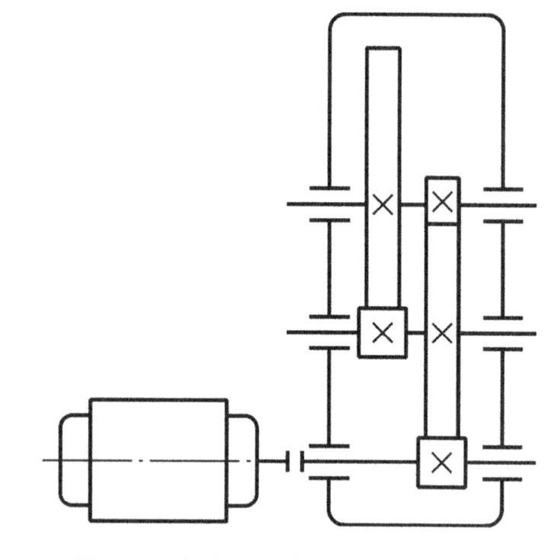

图 2-4　高速级大齿轮与低速轴干涉

(4) 应使传动装置的总体尺寸紧凑，重量最小。二级圆柱齿轮减速器的总中心距和总传动比相同时，传动比分配方案不同，减速器的外廓尺寸也不相同，如图 2-5 所示。

(5) 为使各级大齿轮浸油深度合理（低速级大齿轮浸油稍深），减速器内各级大齿轮直径应相近，以使各级齿轮得到充分浸油润滑，避免某级大齿轮浸油过深而增加搅油损失。

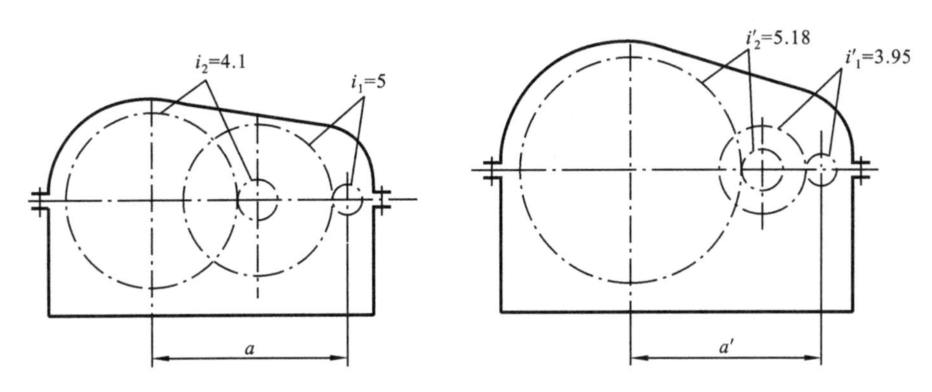

图 2-5　不同传动比分配对外廓尺寸的影响

2）传动比分配的参考数据

根据以上几种情况，对各类减速器给出了一些传动比分配的参考数据。

(1) 一般对展开式二级圆柱齿轮减速器，考虑润滑条件，应使两个大齿轮直径相近，低速级大齿轮略大些，推荐高速级传动比 $i_1 \approx (1.3 \sim 1.4) i_2$；对同轴式二级圆柱齿轮减速器则取 $i_1 \approx i_2 = \sqrt{i}$（$i$ 为减速器的总传动比）。这些关系只适用于两级齿轮的配对材料相同、齿宽系数选取同样数值的情况下，其传动比的分配，推荐按图 2-6 中的对应曲线选取。

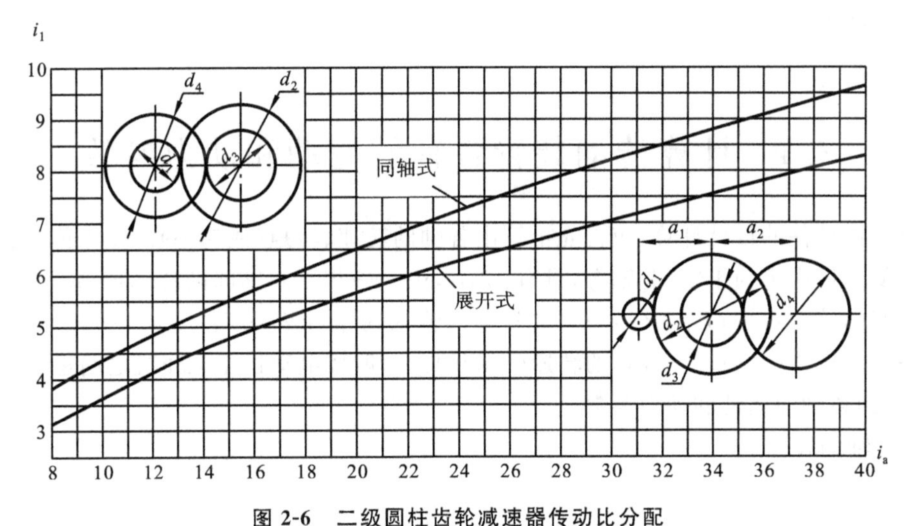

图 2-6　二级圆柱齿轮减速器传动比分配

i_1—高速级传动比；i_a—总传动比

(2) 二级圆柱齿轮减速器，当要求获得最小外形尺寸或最小重量时，可参考有关资料中传动比分配的计算公式，也可用优化设计方法求解。

(3) 对于圆锥-圆柱齿轮减速器，可取圆锥齿轮传动比为 $i_1 \approx 0.25i$，并应使 $i_1 \leqslant 3$，最大允许 $i_1 \leqslant 4$。

(4) 蜗杆-齿轮减速器，可取齿轮传动比为 $i_1 \approx (0.03 \sim 0.06) i$。

(5) 齿轮-蜗杆减速器，可取齿轮传动比 $i_1 \leqslant 2 \sim 2.5$，以使结构比较紧凑。

(6) 二级蜗杆减速器，为使两级传动浸油深度大致相等，常使低速级中心距 $a_2 \approx 2a_1$（a_1 为高速级中心距），这时可取 $i_1 \approx i_2 = \sqrt{i}$。

传动装置的实际传动比要由选定的齿轮齿数或带轮基准直径准确计算，因而很可能与设定的传动比之间有误差。一般允许工作机实际转速与设定转速之间的相对误差为±(3%～5%)。

例 2-2 数据同例 2-1,试计算传动装置的总传动比,并分配各级传动比。

解 电动机型号为 Y132M1-6,满载转速 $n_m=960$ r/min。

(1) 总传动比。

由式(2-7),得

$$i_a=\frac{n_m}{n_w}=\frac{960}{11.46}=83.77$$

(2) 分配传动装置传动比。

由式(2-8),得

$$i_a=i_0\cdot i$$

式中 i_0、i——带传动和减速器的传动比。

为使 V 带传动外廓尺寸不致过大,初步取 $i_0=2.8$(实际的传动比要在设计 V 带传动时,由所选大、小带轮的标准直径之比计算),则减速器传动比为

$$i=\frac{i_a}{i_0}=\frac{83.77}{2.8}=29.92$$

(3) 分配减速器的各级传动比。

按展开式布置。考虑润滑条件,为使大齿轮直径相近,可由图 2-6 展开式曲线查得 $i_1=6.95$,则 $i_2=i/i_1=29.92/6.95=4.31$。

2.4 计算传动装置各轴的运动和动力参数

为进行传动件的设计计算,应首先推算出各轴的转速、转矩(或功率)。如将传动装置各轴由高速至低速依次定为Ⅰ轴、Ⅱ轴等,且有:i_0,i_1,…——相邻两轴间的传动比;η_{01},η_{12},…——相邻两轴间的传动效率;P_{I},P_{II},…——各轴的输入功率(kW);T_{I},T_{II},…——各轴的输入转矩(N·m);n_{I},n_{II},…——各轴的转速(r/min)。一般按电动机至工作机之间运动传递的路线推算,得到各轴的运动和动力参数。

(1) 各轴的转速。

$$n_{\text{I}}=\frac{n_m}{i_0} \tag{2-9}$$

式中 n_m——电动机满载转速,r/min;

i_0——电动机至Ⅰ轴的传动比。

以及

$$n_{\text{II}}=\frac{n_{\text{I}}}{i_1}=\frac{n_m}{i_0\cdot i_1} \tag{2-10}$$

$$n_{\text{III}}=\frac{n_{\text{II}}}{i_2}=\frac{n_m}{i_0\cdot i_1\cdot i_2} \tag{2-11}$$

其余类推。

(2) 各轴的输入功率。

图 2-7 所示的各轴间功率关系

$$P_{\text{I}}=P_d\cdot\eta_{01},\quad \eta_{01}=\eta_1 \tag{2-12}$$

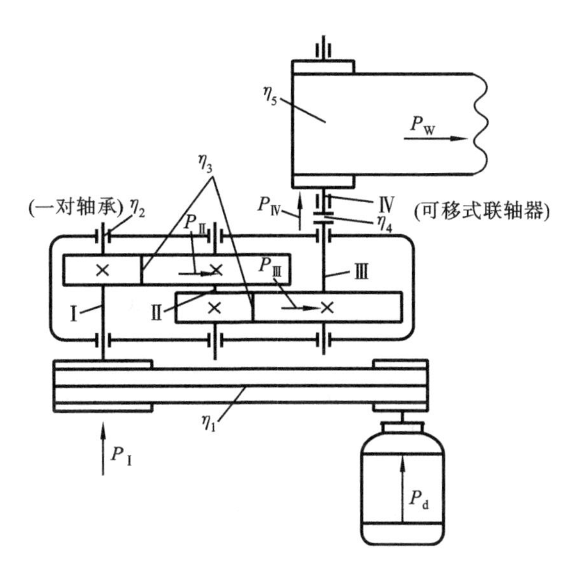

图 2-7　二级展开式圆柱齿轮减速器

$$P_{Ⅱ} = P_{Ⅰ} \cdot \eta_{12} = P_d \cdot \eta_{01} \cdot \eta_{12}, \quad \eta_{12} = \eta_2 \cdot \eta_3 \tag{2-13}$$

$$P_{Ⅲ} = P_{Ⅱ} \cdot \eta_{23} = P_d \cdot \eta_{01} \cdot \eta_{12} \cdot \eta_{23}, \quad \eta_{23} = \eta_2 \cdot \eta_3 \tag{2-14}$$

$$P_{Ⅳ} = P_{Ⅲ} \cdot \eta_{34} = P_d \cdot \eta_{01} \cdot \eta_{12} \cdot \eta_{23} \cdot \eta_{34}, \quad \eta_{34} = \eta_2 \cdot \eta_4 \tag{2-15}$$

式中　P_d——电动机的输出功率，单位为 kW；

η_1、η_2、η_3、η_4——带传动、滚动轴承、齿轮传动和联轴器的传动效率。

(3) 各轴的输入转矩。

$$T_{Ⅰ} = T_d i_0 \eta_{01} = 9\ 550 \frac{P_{Ⅰ}}{n_{Ⅰ}} \tag{2-16}$$

$$T_{Ⅱ} = T_{Ⅰ} i_0 \eta_{12} = 9\ 550 \frac{P_{Ⅱ}}{n_{Ⅱ}} \tag{2-17}$$

$$T_{Ⅲ} = T_{Ⅱ} i_0 \eta_{23} = 9\ 550 \frac{P_{Ⅲ}}{n_{Ⅲ}} \tag{2-18}$$

$$T_{Ⅳ} = T_{Ⅲ} i_0 \eta_{34} = 9\ 550 \frac{P_{Ⅳ}}{n_{Ⅳ}} \tag{2-19}$$

式中　T_d——电动机的输出转矩，N · m。按下式计算。

$$T_d = 9\ 550 \frac{P_d}{n_m} \tag{2-20}$$

同一根轴的输出功率（或转矩）与输入功率（或转矩）数值不同（因为有轴承功率损耗），需要精确计算时应取不同数值。一根轴的输出功率（或转矩）与下一根轴的输入功率（或转矩）的数值不同（因为有传动件功率损耗）。

由计算得到的各轴运动和动力参数的数据，可以列表整理备用（参见例 2-3 表格）。

例 2-3　条件同例 2-1，计算传动装置各轴的运动和动力参数。

解　(1) 各轴转速。

由式(2-9)～式(2-11)，得

Ⅰ 轴　$$n_{Ⅰ} = \frac{n_m}{i_0} = \frac{960}{2.8}\ \text{r/min} = 342.86\ \text{r/min}$$

Ⅱ 轴 $$n_{Ⅱ}=\frac{n_{Ⅰ}}{i_1}=\frac{342.86}{6.95}\ \text{r/min}=49.33\ \text{r/min}$$

Ⅲ 轴 $$n_{Ⅲ}=\frac{n_{Ⅱ}}{i_2}=\frac{49.33}{4.31}\ \text{r/min}=11.45\ \text{r/min}$$

卷筒轴 $$n_{Ⅳ}=n_{Ⅲ}=11.45\ \text{r/min}$$

(2) 各轴输入功率。

由式(2-12)～式(2-15),得

Ⅰ 轴 $$P_{Ⅰ}=P_d\eta_{01}=P_d\eta_1=3.8\times0.96\ \text{kW}=3.65\ \text{kW}$$

Ⅱ 轴

$$P_{Ⅱ}=P_{Ⅰ}\eta_{12}=P_{Ⅰ}\eta_2\eta_3=3.65\times0.98\times0.97\ \text{kW}=3.47\ \text{kW}$$

Ⅲ 轴

$$P_{Ⅲ}=P_{Ⅱ}\eta_{23}=P_{Ⅱ}\eta_2\eta_3=3.47\times0.98\times0.97\ \text{kW}=3.30\ \text{kW}$$

卷筒轴

$$P_{Ⅳ}=P_{Ⅲ}\eta_{34}=P_{Ⅲ}\eta_2\eta_4=3.30\times0.98\times0.99\ \text{kW}=3.20\ \text{kW}$$

Ⅰ～Ⅲ轴的输出功率分别为输入功率乘轴承效率 0.98。例如Ⅰ轴输出功率为 $P'_{Ⅰ}=P_{Ⅰ}\times0.98=3.65\times0.98\ \text{kW}=3.58\ \text{kW}$,其余类推。

(3) 各轴输入转矩。

由式(2-16)～式(2-20),得

电动机输出转矩

$$T_d=9\ 550\frac{P_d}{n_m}=9\ 550\times\frac{3.80}{960}\ \text{N}\cdot\text{m}=37.80\ \text{N}\cdot\text{m}$$

Ⅰ～Ⅲ轴的输入转矩

Ⅰ 轴 $$T_{Ⅰ}=T_d i_0\eta_{01}=T_d i_0\eta_1=37.80\times2.8\times0.96\ \text{N}\cdot\text{m}=101.61\ \text{N}\cdot\text{m}$$

Ⅱ 轴

$$T_{Ⅱ}=T_{Ⅰ}i_0\eta_{12}=T_{Ⅰ}i_1\eta_2\eta_3=101.61\times6.95\times0.98\times0.97\ \text{N}\cdot\text{m}=671.30\ \text{N}\cdot\text{m}$$

Ⅲ 轴

$$T_{Ⅲ}=T_{Ⅱ}i_2\eta_{23}=T_{Ⅱ}i_2\eta_2\eta_3=671.30\times4.31\times0.98\times0.97\ \text{N}\cdot\text{m}=2\ 750.37\ \text{N}\cdot\text{m}$$

卷筒轴的输入转矩

$$T_{Ⅳ}=T_{Ⅲ}\eta_2\eta_4=2750.37\times0.98\times0.99\ \text{N}\cdot\text{m}=2\ 668.41\ \text{N}\cdot\text{m}$$

Ⅰ～Ⅲ轴的输出转矩则分别为输入转矩乘以轴承效率 0.98,例如Ⅰ轴输出转矩为 $T'_{Ⅰ}=T_{Ⅰ}\times0.98=101.61\times0.98\ \text{N}\cdot\text{m}=99.58\ \text{N}\cdot\text{m}$,其余类推。

运动和动力参数计算结果如表 2-5 所示。

表 2-5　运动和动力参数计算结果

<table>
<tr><th colspan="2">轴名 / 参数</th><th>电动机轴</th><th>Ⅰ轴</th><th>Ⅱ轴</th><th>Ⅲ轴</th><th>卷筒轴</th></tr>
<tr><td colspan="2">转速 n/(r/min)</td><td>960</td><td>342.86</td><td>49.33</td><td>11.45</td><td>11.45</td></tr>
<tr><td rowspan="2">功率 P /kW</td><td>输入功率</td><td>—</td><td>3.65</td><td>3.47</td><td>3.30</td><td>3.20</td></tr>
<tr><td>输出功率</td><td>3.80</td><td>3.58</td><td>3.40</td><td>3.23</td><td>3.14</td></tr>
<tr><td rowspan="2">转矩 T /(N·m)</td><td>输入转矩</td><td>—</td><td>101.61</td><td>671.30</td><td>2 750.37</td><td>2 668.41</td></tr>
<tr><td>输出转矩</td><td>—</td><td>99.58</td><td>657.87</td><td>2 695.36</td><td>2 615.04</td></tr>
<tr><td colspan="2">传动比 i</td><td colspan="2">2.8</td><td>6.95</td><td>4.31</td><td>1.00</td></tr>
<tr><td colspan="2">效率 η</td><td colspan="2">0.96</td><td>0.95</td><td>0.95</td><td>0.97</td></tr>
</table>

第3章　传动零件的设计计算

传动装置包括各种类型的零、部件，其中，决定其工作性能、结构布置和尺寸大小的主要是传动零件。支承零件和连接零件都要根据传动零件的要求来设计，因此一般应先进行减速器外传动零件（如带传动、链传动和开式齿轮传动等）的计算，确定其尺寸、参数、材料和结构。为使随后设计减速器时的原始条件比较准确，可由传动装置运动及动力参数计算得出的数据及设计任务书给定的工作条件，确定传动零件设计的原始数据。

传动零件的设计计算方法均按《机械设计》教材所述，下面仅就设计中应注意问题作简要提示。

3.1　选择联轴器类型和型号

一般在传动装置中有两个减速器，即一个是连接电动机轴和减速器高速轴的联轴器，另一个是连接减速器低速轴与工作机轴的联轴器。前者由于连接轴的转速较高，为了减小启动载荷、缓和冲击，应选用具有转动惯量小的弹性柱销联轴器，该种联轴器加工制造容易，装拆方便，成本低，并能缓冲减振，普遍应用于中、小型减速器。后者由于所连接的轴的转速较低，传递的转矩较大，且减速器轴与工作机轴之间往往有较大的轴线偏移，因此常选用刚性可移式联轴器，例如滚子链联轴器、齿式联轴器。

对于标准联轴器，其型号主要按计算转矩和转速的大小进行选择，在选择时应注意所选定的联轴器轴孔直径尺寸必须与轴的直径相适应。还应注意减速器高速轴外伸段轴径与电动机的轴径不得相差很大，否则难以选择合适的联轴器。电动机型号选定后，其轴径是一定的，应注意调整减速器高速轴外伸端的直径。

联轴器轴孔的类型和尺寸可参照附录F进行选择。

联轴器型号选定后应将有关尺寸列表备用。

3.2　外传动零件设计应注意的问题

1. 带传动

带传动设计所需的原始数据主要有传动的用途及工作情况、外廓尺寸及传动位置要求、原动机种类和所需的传动功率、主动轮和从动轮的转速（或传动比）等。

带传动设计需确定的内容主要有：V带传动的型号、长度和根数；中心距、安装要求、对轴的作用力；带轮直径、材料、结构尺寸和加工要求等。

设计时应注意如下问题。

（1）应检查带轮尺寸与传动装置轮廓尺寸的相互关系。例如装在电动机轴上的小带轮直径与电动机中心高是否相称，其轴孔直径与电动机轴径是否一致，小带轮是否过大而与机架相碰等，如图3-1所示。

（2）画出带轮结构草图，标明主要尺寸备用。在确定带轮毂孔直径时，应根据带轮的安装情况分别考虑。当带轮直接装在电动机轴或减速器轴上时，则应取毂孔直径等于电动机或减速器的轴伸直径；当带轮装在其他轴上时，则应根据轴端直径来确定。无论按哪种情况确定的毂孔直径应符合《标准尺寸》(GB/T 2822—2005)的规定。要注意大带轮宽度与减速器输入轴的伸出尺寸有关，带轮轮毂宽度与带轮的宽度不一定相同，一般轮毂宽度 B 按轴孔直径 d 的大小确定，常取 $B=(1.5\sim2)d$，如图 3-2 所示。

(3) 应计算出带的初拉力以便安装时检查张紧要求及考虑张紧方案。

(4) 由带轮直径及滑动率计算实际传动比和大带轮转速，并以此修正减速器传动比和输入转矩。

(5) 求出作用在轴上力的大小和方向，以供设计轴和轴承时使用。

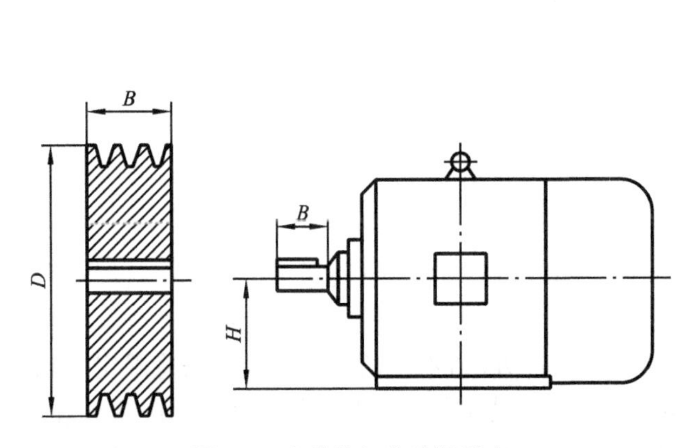

图 3-1　小带轮与电动机配合

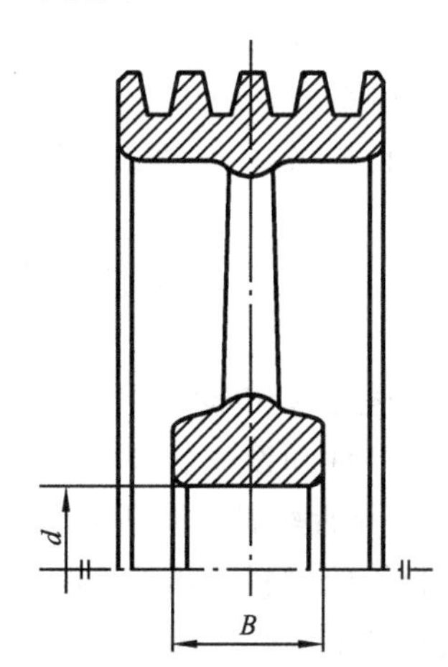

图 3-2　大带轮轴孔直径与轮毂宽

2. 链传动

一般常用滚子链传动，其设计计算要点如下。

链传动设计所需的依据主要有载荷特性及工作情况、传递功率、主动链轮和从动链轮的转速或传动比、外廓尺寸、传动布置方式等。

链传动设计需确定的内容主要有根据工作要求选出链条的型号(链节距)、排数和链节数；确定传动参数和尺寸(如链轮齿数、中心距等)；设计链轮(如材料、链轮直径、轮毂宽度及链轮结构等)；确定润滑方式、张紧装置和维护要求。

除与带传动各点类似外，还应注意以下几点。

(1) 当采用单列链尺寸过大时，应改选双列或多列链，以尽量减小节距。

(2) 大、小链轮的齿数最好为奇数或不能被链节数整除的数。为避免使用过渡链节，链节数最好取为偶数。

(3) 由于滚子链轮端面齿形已经标准化，并由专门的刀具加工。因此，只需画出链轮结构图，并按链轮标注标准在图上标注链轮参数即可。

(4) 应选定润滑方式和润滑剂牌号。

3. 开式齿轮传动

对于不重要或转速较低或间歇转动的齿轮传动，可设计成开式齿轮传动。

开式齿轮传动设计所需的依据主要有传递功率(或转矩)、转速、传动比、工作条件和尺寸限制等。

开式齿轮传动设计计算内容主要有选择材料，确定齿轮传动的参数（中心距、齿数、模数、螺旋角、变位系数和齿宽等）、齿轮的其他几何尺寸及其结构。

设计时应注意如下问题。

（1）开式齿轮一般只需计算轮齿的弯曲疲劳强度，为了考虑磨损的影响，应将求得的模数增加 10%～20%。

（2）开式齿轮一般用于低速传动，为使支承结构简单，常采用直齿轮。

（3）由于润滑和密封条件差、灰尘大，要注意齿轮材料配对，使其具有较好的减摩和耐磨性能；大齿轮材料的选择还应考虑毛坯的制造方法。

（4）开式齿轮支承刚度较小，齿宽系数应取小些，以减轻轮齿载荷集中。

（5）画出齿轮结构图，标明与减速器输出轴轴伸端相配合的轮毂尺寸备用。

（6）检查齿轮尺寸与传动装置及工作机是否相称，齿轮轴孔等尺寸与相配的轴伸尺寸是否相符。由齿数计算实际传动比，并以此修正减速器的传动比。

3.3 减速器内传动零件设计应注意的问题

1. 圆柱齿轮传动

设计条件和设计要求与开式齿轮传动相同。设计时应注意如下问题。

1）选择齿轮材料及热处理

选择齿轮材料及热处理时，通常先确定毛坯的制造方法，不同的毛坯制造方法将限定齿轮材料的选择范围。当齿轮直径 d 小于 500 mm 时，根据设备能力，可以采用锻造或铸造毛坯；当 d 大于 500 mm 时，多用铸造毛坯。小齿轮根圆直径与轴径接近时，齿轮与轴可制成一体，材料应兼顾轴的要求。同一减速器的各级小齿轮（或大齿轮）的材料应尽可能一致，以减少材料牌号和工艺要求。

2）齿轮传动计算方法

齿轮传动计算方法由工作条件及齿面硬度确定。要注意当有短期过载作用时，要进行过载静强度核验计算。应用齿轮强度计算公式时，应注意载荷参数一般已经用小齿轮输出转矩 T_1 和直径 d_1（或 mz_1）置换，因此不论许用应力或齿形系数是用哪个齿轮的，公式中的转矩均应为小齿轮输出转矩，齿轮直径均应为小齿轮直径，齿数为小齿轮齿数。

3）合理选择参数

（1）对于闭式软齿面齿轮传动，通常取小齿轮的齿数 $z_1=20\sim40$。因为当齿轮传动的中心距一定时，齿数多会增加重合度，这既可改善传动平稳性，又能降低齿高，降低滑动系数，减少磨损和胶合。因此在保证齿根弯曲强度的前提下 z_1 可大些。但对于传递动力的齿轮传动，其模数不得小于 2 mm。

（2）对于闭式硬齿面齿轮传动及开式齿轮传动，通常小齿轮的齿数宜取小值，一般取 $z_1=17\sim20$。

（3）斜齿圆柱齿轮的螺旋角初选时可取 $8°\sim12°$，在模数 m_n 取标准值且中心距 a 圆整后，为保证计算和制造的准确性，斜齿轮螺旋角 β 的数值必须精确计算到秒（″），齿轮分度圆直径、齿顶圆直径必须精确计算到小数点后三位数值，绝对不允许随意圆整。

（4）根据 $\psi_d=b/d_1$ 求齿宽 b 时，b 为一对齿轮的工作宽度，为易于补偿齿轮轴向位置误差，使装配便利，常取小齿轮宽度 $b_1=b+(5\sim10)$ mm，因此求出的齿宽 b 应为大齿轮宽度，齿宽数值应进行圆整。

4）减速器的互换性

设计的减速器若为大批生产，为提高零件的互换性，中心距等参数可参考标准减速器选取；若为单件或小批生产，中心距等参数可不必取标准减速器的数值。但为了制造、测量及安装方便，最好使中心距的尾数为 0 或 5，直齿圆柱齿轮传动可通过改变齿数、模数或采用变位系数来调整中心距，斜齿圆柱齿轮传动除可通过改变齿数或变位系数，还可通过改变螺旋角来实现对中心距尾数圆整的要求。

5）强度校核

用初定的齿轮参数按《机械设计》教材中给出的校核公式进行齿轮接触强度和弯曲强度校核。若遇某个强度条件不满足时，应适当调整齿轮参数，或改用其他材料及热处理方式。

6）齿轮结构设计

完成了齿轮几何参数设计后，再进行齿轮结构设计。齿轮结构尺寸如轮缘内径 D_1、轮辐厚度 c_1、轮毂直径 d_1 和长度 L 等都应尽量圆整，如图 3-3 所示，以便于制造和测量。

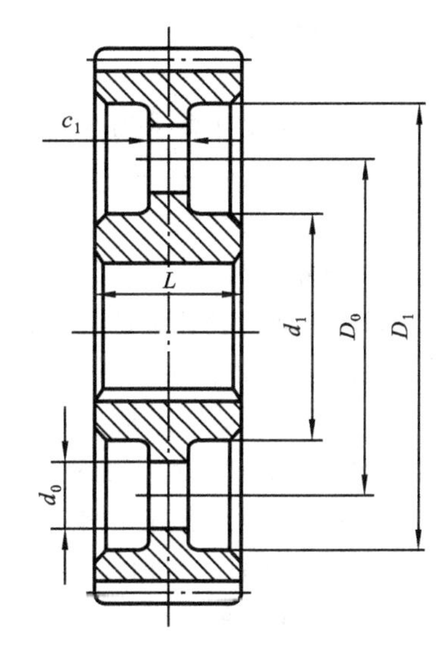

图 3-3　圆柱齿轮几何参数示意图

7）数据整理及简图

各级大齿轮、小齿轮几何尺寸和参数的设计过程与计算结果应及时整理，并将计算结果列入表 3-1 中，同时画出齿轮结构简图，以备装配图设计时使用。

表 3-1　圆柱齿轮传动参数表

名　称	代　号	单　位	小　齿　轮	大　齿　轮
中心距	a	mm		
传动比	I			
模数	m_n	mm		
螺旋角	β	(°)		
端面压力角	a_t	(°)		
啮合角	a_t'	(°)		
分度圆分离系数	y			
总变位系数	$x_n \sum$			
齿顶高变动系数	σ			
变位系数	x_n			
齿数	Z			
分度圆直径	d	mm		
节圆直径	d'	mm		
齿顶圆直径	d_a	mm		
齿根圆直径	d_f	mm		
齿宽	b	mm		
螺旋角方向				
材料及齿面硬度				

2. 圆锥齿轮传动

除参看圆柱齿轮传动的各点外，还需注意如下问题。

(1) 圆锥齿轮以大端模数为标准，计算几何尺寸要用大端模数。

(2) 两轴交角为90°时，由传动比确定齿数后，分度圆锥角δ_1和δ_2即由齿数比确定，应准确计算，不能圆整。

(3) 由强度计算求出小圆锥齿轮大端直径后，选定齿数，求大端模数并取标准值，即可求得锥距R、分度圆直径d_1和d_2，这些数值应准确计算，不能圆整。齿宽按齿宽系数$\psi_R = b/R$计算的齿宽数值进行圆整，大小齿轮宽度应相等。

3. 蜗杆传动

蜗杆传动的设计条件、要求、设计过程与圆柱齿轮传动的设计条件、要求、设计过程基本相同。蜗杆传动设计时还应注意如下问题。

(1) 蜗杆传动特点是相对滑动速度大，因此要求蜗杆副材料有较好的跑合性和耐磨性。不同的蜗杆副材料，适用的相对滑动速度范围不同，因此选材料时要初估相对滑动速度。待参数计算确定后再验算相对滑动速度，并考虑其影响，修正有关计算数据。

(2) 由于蜗杆的材料相对来说较硬，同时蜗杆本身的螺旋齿也是连续的，使得蜗杆传动的失效主要发生在蜗轮上，因此蜗杆传动的强度计算主要是针对蜗轮进行计算。一般情况下，闭式蜗杆传动的设计准则应是针对蜗轮按接触疲劳强度进行设计，然后再按弯曲疲劳强度进行校核。必要时还需要进行蜗杆杆体强度及刚度验算或蜗杆传动热平衡计算，但都要先画装配草图，确定蜗杆支点距离和机体轮廓尺寸以后，才能进行计算。

(3) 为了便于加工，蜗杆螺旋线方向尽量采用右旋。蜗杆转动方向则由工作机转动方向和蜗杆螺旋线方向确定。

(4) 中心距a应尽量圆整为尾数为0或5，此时为保证a、m、q、z_2的几何关系，常需对蜗杆传动进行变位，变位蜗杆传动只改变蜗轮的几何尺寸。

(5) 应由计算的蜗杆圆周速度来决定蜗杆位置在蜗轮上面还是下面，当蜗杆分度圆圆周速度v小于4～5 m/s时，可将蜗杆放置在蜗轮下面。

(6) 蜗杆和蜗轮的结构尺寸，除啮合尺寸外，均应适当进行圆整。

第 4 章　减速器设计

减速器是由封闭在箱体内的齿轮传动或蜗杆传动所组成的独立部件，被用来降低机械的转速及获得更大的转矩，齿轮减速器、蜗杆减速器常安装在机械的原动机与工作机之间，以满足生产工作的需要，在机器设备中被广泛采用。

4.1　减速器的组成

减速器的主要部件包括轴系零件、箱体及附件，即齿轮（或蜗轮蜗杆）、轴承组合、箱体及各种附件，如图 4-1 至图 4-4 所示。

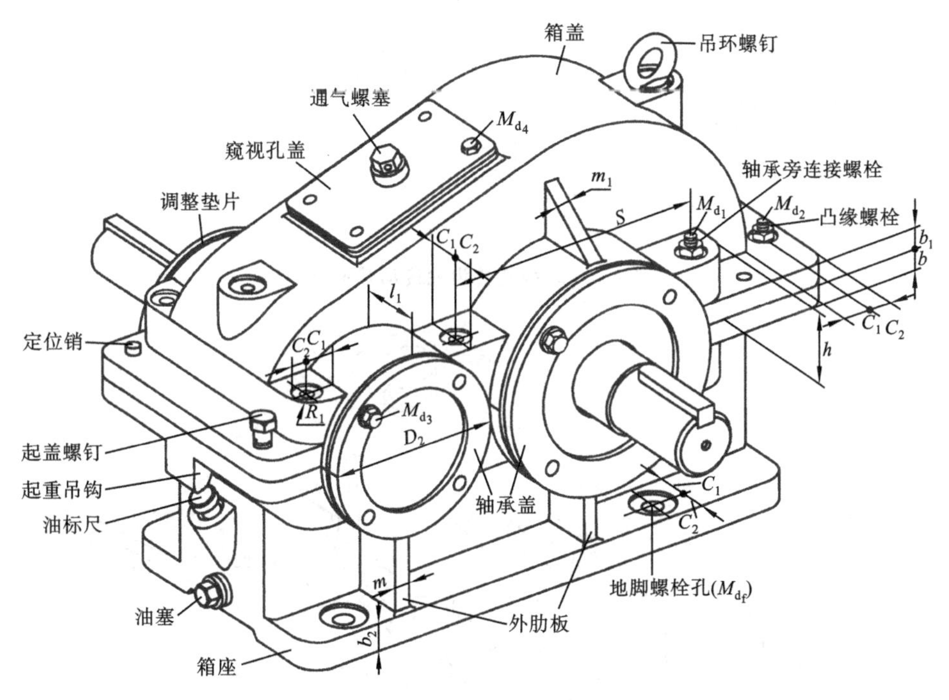

图 4-1　单级圆柱齿轮传动减速器

1. 减速器的轴系零件

减速器的轴系零件包括齿轮（或蜗轮蜗杆）、带轮、链轮、轴和轴承等，在齿轮和轴的直径较小的情况下，小齿轮也会和轴一起制作成齿轮轴。减速器所用齿轮的直径较大时，把齿轮和轴分离为两个零件，用平键连接作周向固定。轴系则通过轴承盖加以固定和调整。

减速器轴系零件的润滑是一个重要的讨论部分，一般来说齿轮可以用油润滑。轴承可以利用齿轮旋转时带起的油液进行润滑，或使用专门的润滑脂进行润滑，若使用润滑脂润滑则要防止齿轮带起的油液与润滑脂的混合，可使用挡油环将其分开。

2. 减速器的箱体

减速器的箱体用来支承和固定轴系零件，应保证传动件轴线相互位置的正确性，因而轴孔

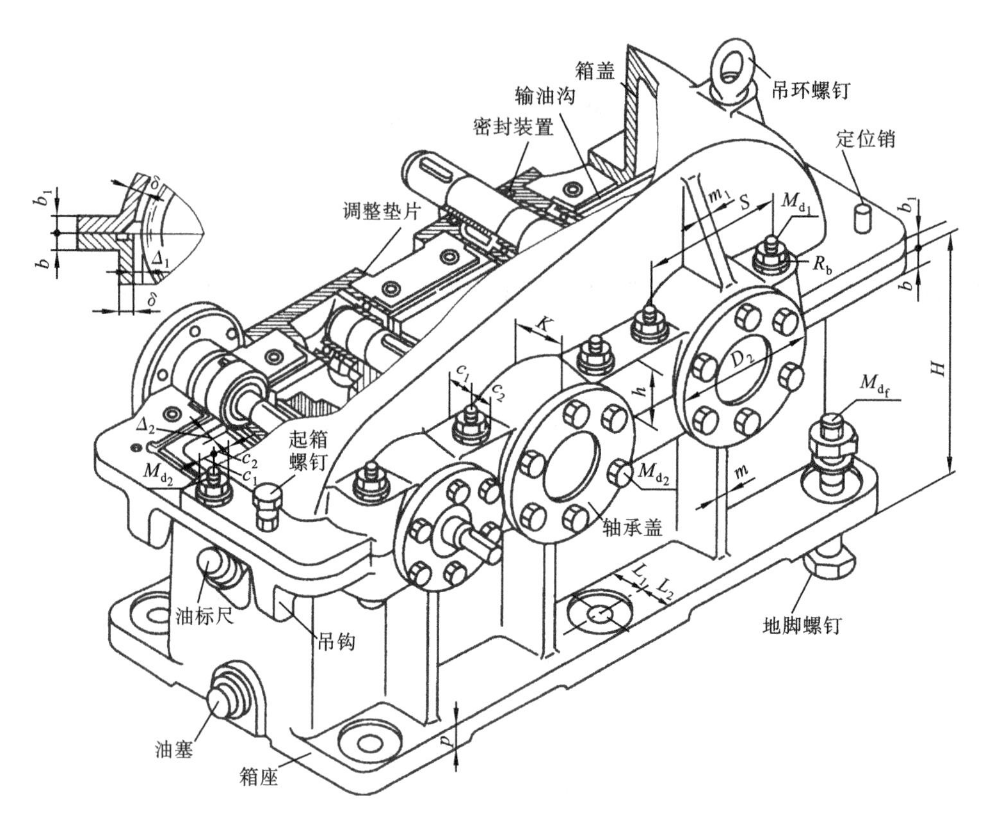

图 4-2　二级圆柱齿轮传动减速器

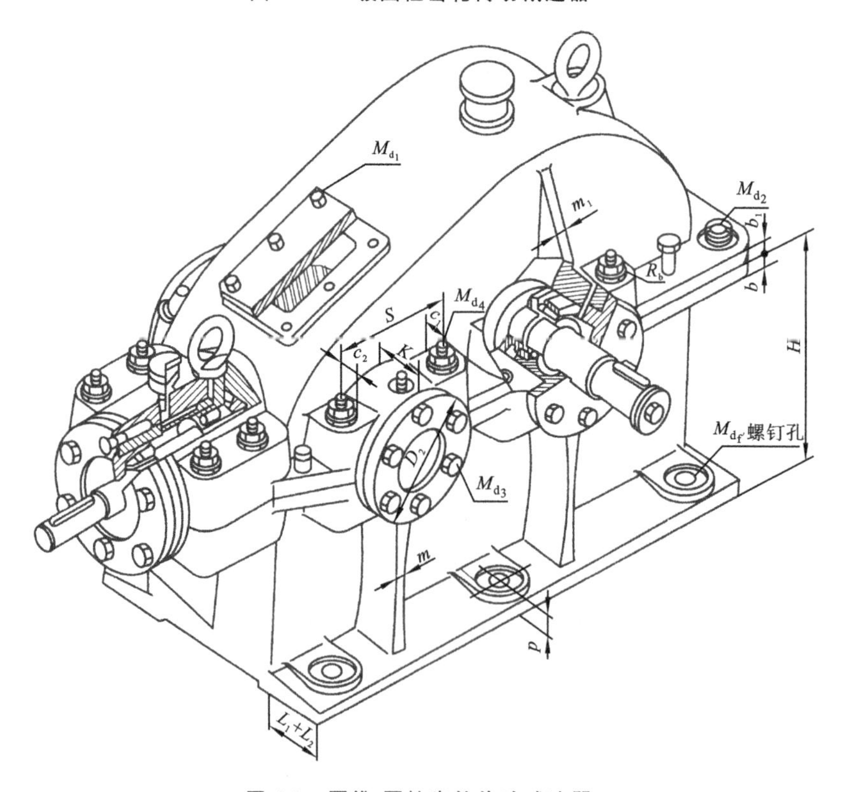

图 4-3　圆锥-圆柱齿轮传动减速器

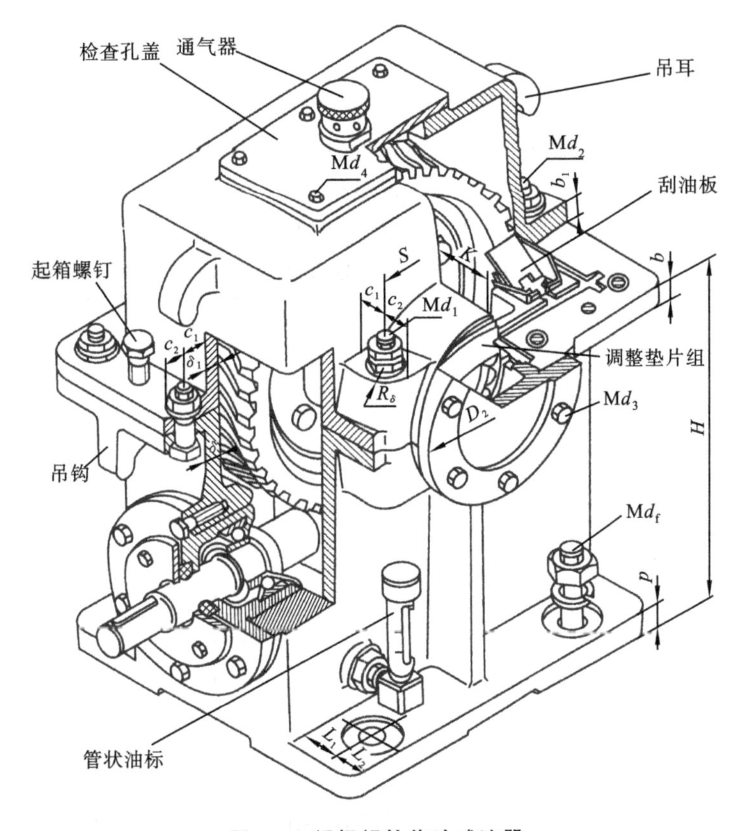

图 4-4　蜗杆蜗轮传动减速器

必须精确加工。箱体必须具有足够的强度和刚度，以免引起沿齿轮齿宽上载荷分布不均匀。为了增加箱体的刚度，通常在箱体上设置肋板。

为了便于轴系零件的安装和拆卸，箱体通常制成剖分式。剖分面一般取在轴线所在的水平面内（即水平剖分），以便于加工。箱盖和箱座之间用螺栓连接成一整体，为了增加轴承支座的刚度，应在轴承座旁制出凸台。

3. 减速器的附件

减速器的附件有检查孔及检查孔盖、油标尺、通气器、放油孔及油塞、吊环螺钉、起箱螺钉以及定位销等，如图 4-2 及图 4-4 所示。

减速器在设计时除了要对传动零件和箱体有足够的重视外，附件的设计也要注重合理性。减速器的附件是除传动零件和箱体以外的其他部件，这些部件对减速器的运转起辅助作用。

4.2　减速器结构设计的常用资料

1. 减速器箱体外部结构设计

减速器箱体剖分成箱座和箱盖两部分，为了增加轴承盖的刚度，设置了若干肋板。图4-1 至图 4-4 的肋板位于箱体外侧，称为外肋板；肋板也可以分布在箱体内侧，称为内肋板。箱座与箱盖通过轴承旁的螺栓和凸缘处的螺栓进行连接，整个减速器通过箱座底部的地脚螺栓安装在机座上。减速器中的各个轴系用轴承端盖定位和密封，轴承端盖有凸缘式和嵌入式两种见附表 H-1、附表 H-2。图 4-1 至图 4-4 所示减速器中使用了凸缘式端盖，轴承端盖与轴承座之间设置了垫片，通过调整垫片的厚度可以调整轴承游隙。嵌入式端盖通过轴承座孔上的环形沟槽来定位，不需要螺钉连接。

表 4-1、图 4-1 至图 4-4 给出了齿轮减速器、蜗杆减速器的箱体主要结构尺寸及与零件相互尺寸之间关系的经验值。这是在保证箱体强度、刚度和箱体连接刚度的条件下，考虑结构紧凑、制造方便等要求，由经验决定的。所以在设计时，要先计算表 4-1 所示中箱体结构尺寸，对得到的数值适当圆整，有些数值也可以根据具体情况加以修改。

表 4-1　减速器铸造箱体的结构尺寸

名　　称	符号	结构尺寸/mm			
		齿轮减速器		锥齿轮减速器	蜗杆减速器
箱座(体)壁厚	δ	一级	$0.025a+1\geqslant 8$	$0.125(d_{1m}+d_{2m})+1\geqslant 8$ 或 $0.01(d_1+d_2)+1\geqslant 8$	$0.04a+3\geqslant 8$
		二级	$0.025a+3\geqslant 8$		
箱盖壁厚	δ_1	一级	$0.02a+1\geqslant 8$	$0.01(d_{1m}+d_{2m})+1\geqslant 8$ 或 $0.008\,5(d_1+d_2)+1\geqslant 8$	上置蜗杆$\approx\delta$，下置蜗杆为$(0.8\sim0.85)\delta$
		二级	$0.02a+3\geqslant 8$		
箱座、箱盖、箱底凸缘的厚度	b b_1 b_2	$b=1.5\delta$ $b_1=1.5\delta$ $b_2=2.5\delta$			
箱座、箱盖上的肋板厚	m m_1	$m\geqslant 0.85\delta$ $m_1=0.85\delta_1$			
轴承旁凸台的高度和半径	h R_1	h 由结构确定，应保证轴承座旁凸台的扳手空间 $R_1=C_2$(见本表)			
轴承盖(即轴承座)外径	D_2	凸缘式：$D+(5\sim5.5)d_3$(d_3 见本表，D 为轴承外径) 嵌入式：$1.25D+10$(D 为轴承外径)			
地脚螺栓直径	d_f	$0.036a+12$		$0.018(d_{1m}+d_{2m})+1\geqslant 12$ 或 $0.015(d_1+d_2)+1\geqslant 12$	$0.036a+12$
地脚螺栓数目	n	$a\leqslant 250$ 时，$n=4$ $a\geqslant 250\sim500$ 时，$n=6$ $a>500$ 时，$n=8$		$n=\dfrac{\text{底凸缘周长之半}}{200\sim300}\geqslant 4$	
轴承旁螺栓直径	d_1	$d_1=0.75d_f$			
箱盖、箱座连接螺栓(凸缘螺栓)直径	d_2	$(0.5\sim0.6)d_f$，螺栓间距 $L\leqslant 150\sim200$			
轴承盖螺钉直径	d_3	$d_3=(0.4\sim0.5)d_f$，螺钉数量见附表 H-1			
视孔盖螺钉直径	d_4	$d_4=(0.3\sim0.4)d_f$			
吊环螺钉直径	D_5	按减速器重量确定，详见附录 I			
定位销直径	d	$d=(0.7\sim0.8)d_2$			

续表

名　　称	符号	结构尺寸/mm								
		齿轮减速器			锥齿轮减速器			蜗杆减速器		
d_f、d_1、d_2 至箱壁距离、至凸缘边缘距离	C_1 C_2	螺栓直径	M8	M10	M12	M16	M20	M24	M27	M30
		C_{1min}	14	16	18	22	26	34	38	40
		C_{2min}	12	14	16	20	24	28	32	35
箱体外壁至轴承座端面距离	l_1	$l_1=C_1+C_2+(5\sim8)$								
大齿轮齿顶至箱体内壁距离	Δ_1	$\Delta_1\geqslant1.2\delta$								
齿轮端面至箱体内壁距离	Δ_2	$\Delta_2\geqslant\delta$（或 $\Delta_2\geqslant10\sim15$）								
轴承旁连接螺栓距离	S	尽量靠近，以 Md_1 和 Md_3 互不干涉为准，一般取 $S=D_2$								

注：1. 多级传动，a 取低速级中心距。对于圆锥-圆柱齿轮减速器，按圆柱齿轮中心距取值。

2. 焊接箱体的箱壁厚度约为铸造箱体壁厚的 0.7～0.8 倍。

3. 计算壁厚时，d_1、d_2 分别为大、小锥齿轮大端直径；d_{1m}、d_{2m} 分别为大、小锥齿轮的平均直径。

1）减速器箱体的结构形式与材料

减速器箱体根据其毛坯制造方法和箱体剖分与否分为铸造箱体和焊接箱体、剖分式箱体和整体式箱体。

铸造箱体一般采用灰口铸铁（HT150 或 HT200）铸造。为了提高箱体的强度与刚度，也可以使用铸钢（ZG200-400 或 ZG230-450）铸造。铸造箱体刚度高，易获得合理和复杂的结构形状，适合于大批量生产。

在单件小批生产或大型减速器中，箱体还可以用钢板（Q215 或 Q235）焊接而成。焊接箱体重量轻、结构紧凑、生产周期短，但是需要较高的焊接技术。

2）减速器箱体的外部结构设计

部分减速器箱体的尺寸（如轴承旁螺栓凸台高度 h、箱座的高度 H 及凸缘连接螺栓的布置等）常需要根据结构与润滑要求确定，同时要充分考虑箱体的结构工艺性。

(1) 如轴承旁螺栓凸台高度 h 的确定。如图 4-5 所示，为尽量增加剖分式箱体轴承座的刚度，轴承旁连接螺栓的位置在与轴承盖螺钉、轴承孔及输油沟不相干涉（距离为一个壁厚）的前提下，两螺栓的距离越近越好，通常取 $S\approx D_2$，其中 D_2 为轴承盖的外径。在尺寸最大的那个轴承旁螺栓中心线确定以后，随着轴承旁螺栓凸台高度的增加，C_1 值也在增加，当满足扳手空间的 C_1 值时，凸台的高度 h 就随之确定。扳手空间 C_1、C_2 值由螺栓直径确定。考虑到加工工艺性要求，减速器轴承旁的凸台高度应尽可能的一致。

(2) 减速器箱盖外表面圆弧 R 的确定。大齿轮所在一侧箱盖的外表面圆弧半径等于齿顶圆半径加齿顶圆到箱体内壁的距离再加上箱盖壁厚，即 $R=(d_a/2)+\Delta_1+\delta_1$。一般情况下，轴承旁凸台均在箱盖外表面圆弧之内，设计时按有关尺寸画出即可。小齿轮一侧的箱盖外表面圆弧半径不能用公式计算，需要根据结构作图确定，条件是使小齿轮轴承旁螺栓凸台位于外表面圆弧之内，即 $R'<R$。在主视图上小齿轮一侧箱盖结构确定以后，将有关部分投影到俯视图

上，便可以画出俯视图箱体内壁、外壁和凸缘等结构，如图 4-6 所示。

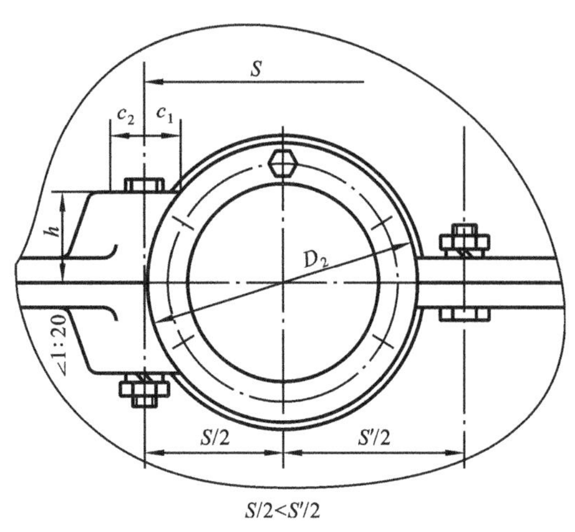

图 4-5 轴承旁螺栓凸台高度

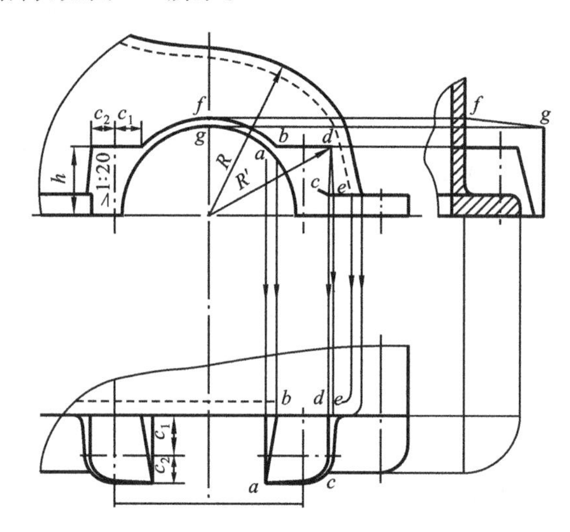

图 4-6 小齿轮端箱盖圆弧 R 的确定

(3) 凸缘连接螺栓的布置。为保证箱座与箱盖连接的紧密性，凸缘连接螺栓的间距不宜过大。由于中小减速器连接螺栓数目较少，间距一般不大于 150 mm；大型减速器可取 150～200 mm。在布置上尽量做到均匀对称，符合螺栓组连接的结构要求，注意不要与吊耳、吊钩及定位销等干涉。

(4) 油面及箱座高度 H 的确定。箱座高度 H 通常先按结构需要确定。为避免齿轮回转时将油池底部沉积的污物搅起，大齿轮的齿顶圆离油池底面的距离应大于 30 mm，一般为 30～50 mm，如图 4-7 所示。

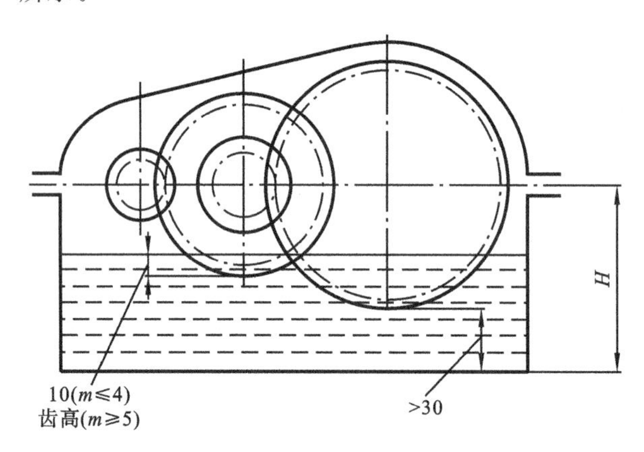

图 4-7 减速器油面及油池深度

大齿轮在油池中的浸油深度为一个齿高，但不应小于 20 mm，这样确定出的油面可作为最低油面。考虑到在使用中油不断蒸发、损耗以及搅油损失等因素，还应确定最高油面，最高油面一般不大于传动件半径的 1/3，中小型减速器最高油面比最低油面高出 5～10 mm。当旋转件外缘线速度大于 12 m/s 时，应考虑喷油润滑。

根据以上原则确定油面位置后，可以计算出实际装油量 V，V 应不小于传动的需油量 V_0。若 V 小于 V_0，则应加大箱座的高度 H，以增大油池深度，直到 V 大于 V_0。一般按每级每千瓦 0.35～0.70 dm^3 设计，其中小值用于低黏度油，大值用于高黏度油。

(5) 箱座底面设计。箱座底面是安装面,需要切削加工,为减少加工面积,设计时可参考图 4-8,其中图(b)、图(c)结构较合理。

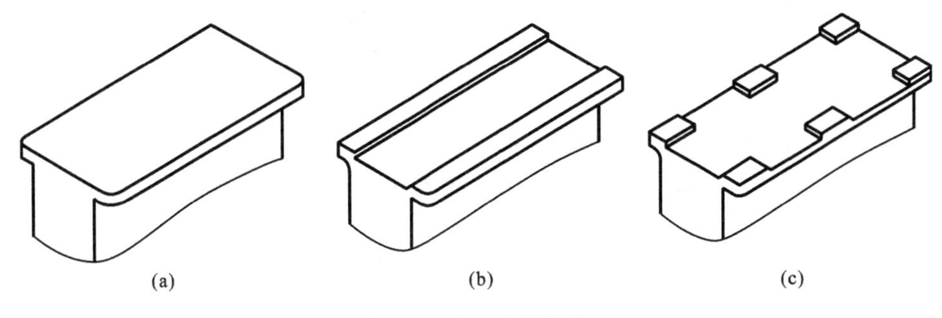

(a)　　(b)　　(c)

图 4-8　箱座底面结构

2. 减速器箱体的内部结构设计

减速器箱体内部结构应容纳并能正确支承传动零件。在设计时,要考虑润滑密封问题。当轴承利用齿轮飞溅起来的润滑油润滑时,应在箱座的凸缘上开设输油沟,使溅起的油沿箱盖内壁经斜面流入输油沟,再经轴承盖上的导油槽流入轴承室润滑轴承,如图 4-9 所示。输油沟分为机械加工油沟(见图 4-9(a))和铸造油沟(见图 4-9(b))两种。机械加工油沟工艺性好、容易制造,应用较多,机械加工油沟的宽度最好与刀具的尺寸相吻合,以保证在宽度方向一次加工就可以达到要求的尺寸;铸造油沟由于工艺性不好,用得较少。当轴承采用脂润滑时,轴承孔中,应预留挡油盘或者封油盘的位置。

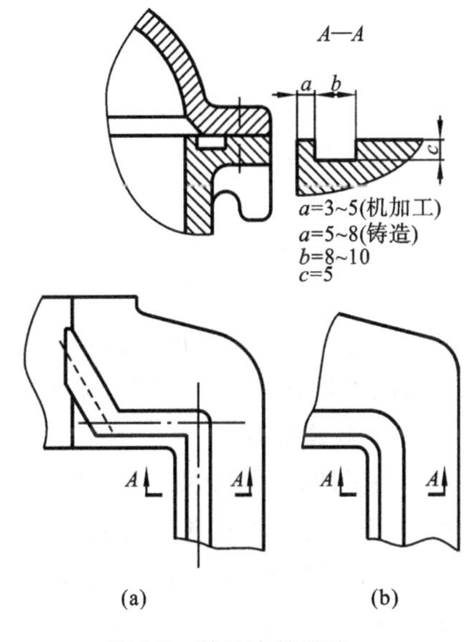

图 4-9　输油沟的结构

3. 箱体的结构工艺性

箱体的结构工艺性分为铸造工艺性以及机械加工工艺性。

设计铸造箱体时,应该考虑铸造工艺要求,力求外形简单、壁厚均匀、过渡平缓,避免出现缩孔与疏松。设计铸件时,铸造表面相交处,应设计圆角过渡,以便于液态金属的流动以及减小应力集中,还应注意设计拔模斜度,便于拔模,相关数值查阅相关标准。

在考虑铸造工艺的同时,应尽可能地减少机械加工的面积,以提高生产率和降低生产成本。

同一轴心线上轴承孔的直径、精度和表面粗糙度尽可能一致,以便一次镗出。这样既可以保证精度,又能缩短工时。

箱体上各轴承座的端面应位于同一铅垂平面内,且箱体两侧轴承座端面应与箱体中心平面对称,以便于加工和检验。

箱体上任何一处加工表面与非加工表面应严格分开,不要使它们处于同一表面上,凸出或者凹入应根据加工方法而定。

对于焊接箱体的结构工艺性,可查阅相关资料。

4. 减速器附件的选择与设计

1）减速器的起吊装置

为了便于搬运和装拆箱盖，在箱盖上设置了吊环螺钉或起重吊耳；为了搬运箱座或整个减速器，在箱座上设置了起重吊钩。起吊装置的结构尺寸见附表 H-12。

2）窥视检查孔盖

为了便于减速器的日常维护以及观察齿轮啮合状态，箱盖上加工了窥视检查孔，平时用视孔盖封闭起来。窥视检查孔盖尺寸见附表 H-8，窥视孔尺寸，可参考视孔盖尺寸确定。

3）通气塞

通气塞通常安装在窥视孔盖上或者箱盖的最高位置，便于减速器内空气热胀冷缩时流入或流出，同时防止灰尘进入。通气器、通气塞的结构尺寸见附表 H-5、附表 H-6、附表 H-7。

4）油标尺

为了监视减速器内的润滑油油量，箱座上加工了油标尺凸台和油标尺安装孔，使用油标尺可以不必打开箱盖来检查润滑油油量。油标尺的结构尺寸见附表 H-9、附表 H-10。

5）放油螺塞

减速器经过一段时间运行必须更换润滑油，为此在箱座下方加工了螺塞凸台和螺纹孔，其位置应该能尽量把箱体里的润滑油放尽，将螺塞安装在螺纹孔上，并加装螺塞垫。放油螺塞及螺塞垫的结构尺寸参见附表 H-11。

6）轴承端盖与套杯

减速器轴系部件的轴向定位与固定通常使用轴承端盖。外伸轴处的轴承端盖的尺寸与所采用的密封方式有关。轴承端盖、套杯的选择设计参考附表 H-1、附表 H-2 及附表 H-3。

7）起箱螺钉

为了加强密封效果，在装配时通常于箱体剖分面上涂以水玻璃或者密封胶，往往因胶结紧密，上下箱体分开困难。为此常在箱盖连接凸缘的适当位置设置起箱螺钉，起箱螺钉的直径一般与箱体凸缘连接螺栓直径相同，其长度应大于箱盖连接凸缘的厚度 b_1。起箱螺钉的钉杆端部应有一小段制成无螺纹的圆柱端或锥端，以免反复拧动时将杆端螺纹磨损。

8）定位销

为了确定箱盖与箱座的相互位置，并在每次拆装后轴承座的上下半孔始终保持加工时的位置精度，应在精加工轴承座孔前，在箱盖与箱座的连接凸缘上装配两个定位销。两定位销应布置在箱体对角线位置上，并且两定位销到箱体对称轴线的距离不等，以防止安装时上下箱的位置与加工时不符而影响精度，两定位销的距离尽量远些，以提高定位精度。此外还要拆装方便，避免与其他零件相干涉。

4.3 减速器装配图中的尺寸与技术要求

减速器装配图除了有一组完整正确的视图以外，还应该有尺寸标注、技术要求、技术特性表、零件编号、明细表和标题栏等。

1. 尺寸标注

减速器装配工作图上应标注 4 类尺寸。

1）特性尺寸

特性尺寸如传动零件的中心距及偏差，是设计和选用机器或部件的依据。在确定这类尺寸时，要充分了解工作原理，对装配体的影响最大的那些尺寸即为特性尺寸。特性尺寸提供减速器性能、规格和特征信息。

2）外形尺寸

外形尺寸为减速器总长、总宽、总高等，提供装配车间布置及装箱运输所需信息。

3）配合

在主要零件的配合处都应标出尺寸、配合性质和公差等级。配合性质和公差等级的选择对减速器的工作性能、加工工艺制造成本等有很大影响，也是选择装配方法的依据，应根据手册中有关资料认真确定，表 4-2 给出了减速器主要零件配合的推荐值，设计时可以参考。

表 4-2　减速器主要零件的常用配合

配合零件	推荐配合	拆装方法
大中型减速器的低速级齿轮（蜗轮）与轴的配合，轮缘与轮芯的配合	$\frac{H7}{r6}$；$\frac{H7}{s6}$	用压力机和温差法（中等压力的配合，小过盈配合）
一般齿轮、蜗轮、带轮联轴器与轴的配合	$\frac{H7}{r6}$	用压力机（中等压力的配合）
要求对中性良好及很少装拆的齿轮、蜗轮、联轴器与轴的配合	$\frac{H7}{n6}$	用压力机（较紧的过渡配合）
小锥齿轮及经常拆装的齿轮、联轴器与轴的配合	$\frac{H7}{m6}$；$\frac{H7}{k6}$	手锤打入（过渡配合）
滚动轴承内孔与轴的配合（内圈旋转）	j6（轻负荷）； k6，m6（中等负荷）	用压力机（实际是过盈配合）
滚动轴承外圈与轴承座孔的配合	H7；H6（精度高时要求）	木锤或徒手拆装
轴套、挡油盘、溅油轮与轴的配合	$\frac{D11}{k6}$；$\frac{F9}{k6}$；$\frac{F9}{m6}$；$\frac{H8}{h7}$；$\frac{H8}{h8}$	
轴承套杯与轴承座孔	$\frac{H7}{js6}$；$\frac{H7}{h6}$	
轴承盖与箱座孔（或套杯孔）的配合	$\frac{H7}{d11}$；$\frac{H7}{h8}$	
嵌入式轴承盖的凸缘厚与箱体孔凹槽之间的配合	$\frac{H7}{h11}$	
与密封件相接触轴段的公差带	F9；h11	

4）安装尺寸

安装尺寸有减速器中心高、地脚螺栓的直径和位置尺寸、箱座底面尺寸、主动与从动轴外伸端的配合长度和直径、轴外伸端面与减速器某基准轴线的距离等。安装尺寸提供减速器与其他有关零部件连接所需信息。

2. 技术要求

装配图的技术要求是用文字说明在视图上无法表达的关于装配、调整、检验、润滑、维护等方面的内容，正确制定技术要求能保证减速器的工作性能。技术要求主要包括以下几方面。

1）零件的清洁

装配前所有零件均应清除铁屑并用煤油或汽油清洗，箱内不应有任何杂物，箱体内壁应涂防蚀剂。

2）减速器的润滑与密封

润滑剂对减小运动副的摩擦、降低磨损、增强散热与冷却方面起着重要作用。技术要求中要注明传动件及轴承所需润滑剂牌号、用量、补充及更换周期。

选择传动件的润滑剂时，应考虑传动特点、载荷性质、大小及运转速度。重型齿轮传动可选择黏度高、油性好的齿轮油；蜗杆传动由于不利于形成油膜，可选用既含有极压添加剂又含有油性添加剂的工业齿轮油；对于轻载、高速、间歇工作的传动件可选用黏度较低的润滑油；对于开式齿轮传动可选耐腐蚀、抗氧化及减磨性好的开式齿轮油。

当传动件与轴承采用同一润滑剂时，应优先满足传动件要求，适当兼顾轴承要求。

对于多级传动，应按高速级和低速级对润滑剂黏度要求的平均值来选择润滑剂，正常工作期间半年左右应更换润滑油。

为了防止灰尘和杂质进入减速器内部和润滑油泄漏。在箱体剖分面、各接触面均应密封。剖分面上允许涂密封胶或水玻璃，但不允许塞入任何垫片或填料，轴伸处应涂上润滑油。

3）滚动轴承轴向游隙

对于可调游隙轴承（如圆锥滚子轴承、角接触轴承）应标明轴承游隙数值；两端固定支承的轴系，若采用不可调游隙轴承（如深沟球轴承），要注明轴承盖与轴承外圈端面之间的轴向游隙。

4）传动侧隙

齿轮副的侧隙用最小极限偏差与最大极限偏差来保证，最小、最大极限偏差应根据齿厚极限偏差和传动中心距极限偏差等通过计算确定，具体计算方法和数值参阅相关资料，确定后标注在技术要求中，供装配检查时用。

检查侧隙的方法可用塞尺或将铅丝放进传动件啮合的间隙中，然后测量塞尺或铅丝变形后的厚度即可。

5）接触斑点

检查接触斑点的方法是在主动件齿面上涂色，并将其转动，观察从动件齿面的着色情况，由此分析接触区位置及接触面积大小。若侧隙及接触斑点不符合要求时，可对齿面进行刮研、跑和或调整传动件的啮合位置。对于锥齿轮减速器，可通过调整大小齿轮位置，使两轮锥顶重合；对于蜗杆减速器，可调整蜗轮轴承端盖与箱体轴承座之间的垫片（一端加垫片，一端减垫片），使蜗轮中间平面与蜗杆中心平面重合，以改善接触情况。

6）减速器试验

减速器装配好后，应做空载试验，正反转各 1 h，要求运转平稳，噪声小，固定连接处不得松动。做负载试验时，油池温升不得超过 35 ℃，轴承温升不得超过 40 ℃。

7）对外观、包装和运输要求

箱体表面应涂漆，外伸轴及零件需涂油并包装严密，运输及装卸时不可倒置。

3. 技术特性表

减速器的技术特性包括输入功率、输入转速、传动效率、总传动比及各级传动比、传动特性（各级传动件的主要几何参数、公差等级）等减速器的技术特性可在装配图上适当位置列表表示，如表 4-3 所示。

表 4-3　技术特性表

输入功率 /kW	输入转速 /(r/min)	效率 η	总传动比 i	传动特性							
				第　一　级				第　二　级			
				m_n	z_2/z_1	β	公差等级	m_n	z_2/z_1	β	公差等级

4. 零件序号编排

零件序号要完全，但不能重复。图上相同的零件只能有一个编号。编号引线不应相交，并尽量不要与剖面线平行。独立组件（如滚动轴承、螺母及垫圈等）可作为一个零件进行编号。对装配关系清楚的零件组（如螺栓、螺母及垫圈等）可利用公共引线。编号应按顺时针或逆时针方向顺次排列，注意要尽量将所有序号排列在整个视图的周围。编号的数字高度应比图中所标注的尺寸数字高度大一号。

5. 标题栏和明细表

标题栏和明细表的尺寸应按国家标准规定或企业标准绘制于图纸右下角指定位置。

明细表是减速器所有零件的详细目录，对每一个编号的零件都应在明细表内列出。编制明细表的过程也是最后确定材料及标准件的过程。标准件必须按照规定标记，完整地写出零件名称、材料、规格及标准代号，同时注意查阅最新国家标准，按要求填写相关内容；材料应注明牌号。非标准件应写出材料、数量及零件图号。

4.4　减速器装配图的设计示例

装配工作图表明了机器总体结构、零部件的工作原理和装配关系，也表达出各类零件间的相互位置、尺寸及结构形状。装配图是绘制零件图的依据，也是产品装配、调试及维护的技术依据。设计装配工作图时要综合考虑工作要求、材料、强度、刚度、加工工艺性、装配工艺性、润滑和维护等多方面因素，并且视图选择要合理，表达要清楚。

装配工作图的设计既包括结构设计又包括校核计算，设计过程比较复杂，常常需要边绘图边计算、边修改。因此，在设计时需要先绘制草图（又称底图），经过设计过程的不断修改，全部完成并检查无误后，再加深为正式装配图。

减速器的装配工作图可以按以下步骤进行设计。

（1）准备阶段。

（2）减速器装配草图设计。

（3）传动件的结构设计，轴承端盖的结构设计、轴承的组合设计。

（4）轴系零件强度校核。

（5）减速器箱体及附件设计。

（6）检查装配草图。

（7）完成减速器装配图。

1. 准备阶段

对于学生来说，在画装配图之前，应查阅大量资料，或者通过减速器拆装实验，搞清楚减速器各零部件的作用、类型及结构，同时还要确定减速器的如下技术资料。

(1) 电动机的型号、输出轴的直径、轴伸长度以及电动机的中心高。

(2) 联轴器的型号、孔径范围孔宽和装拆尺寸要求。

(3) 齿轮传动的中心距、分度圆直径、齿顶圆直径以及齿宽。

(4) 滚动轴承类型。

(5) 箱体的结构类型并计算相关尺寸。

画装配图时，首先应选好比例尺，尽量选择 1∶1 绘制，这样绘图比较方便，直观感也强；其次应做好幅面设计，除了选择好视图以外，还要考虑技术要求、尺寸标注及明细栏等的位置。

2. 绘制装配草图

画图时由箱内的传动件画起，由内向外，内外兼顾；绘图时，先画主要零件，后画次要零件。三个视图中以俯视图为主，兼顾主视图。具体来说过程如下。

1) 确定箱内各传动零件的轮廓及其相对位置

首先画箱内传动件的中心线、齿轮的齿顶圆(或蜗轮外圆)、节圆、齿根圆、轮缘及轮毂宽度等轮廓尺寸。对于圆锥齿轮传动，要使两齿轮大端端面对齐，锥顶交于一点。对于蜗杆传动，要使蜗杆轴向平面与蜗轮中间平面重合。

2) 齿轮与箱体内壁以及箱体内各传动零件之间位置的确定

(1) 圆柱齿轮传动　圆柱齿轮减速器箱体一般采用剖分面通过各齿轮轴线的结构形式。在计算出齿轮传动的基本参数和主要尺寸的前提下，可以在主视图和俯视图上画出各齿轮的中心线、分度圆、齿顶圆、齿宽，如图 4-10 所示。其中 Δ_1、Δ_2、Δ_6 分别是齿顶圆至箱盖内壁、齿轮端面至箱体内壁、大齿轮齿顶圆至箱底内壁的最小距离，反映箱体内运动零件与静止零件之间的必要空间；Δ_4、Δ_5 分别是齿轮端面之间、齿顶圆与相邻轴之间的最小距离，反映箱体内运动速度不同的零件之间的必要空间；δ_1 是箱盖壁厚，这些参数参照表 4-1、表 4-4 确定。Δ_3 是轴承端面至箱体内壁的距离。

表 4-4　减速器零件的位置尺寸

代　号	名　称	推　荐　值
Δ_3	轴承端面至箱体内壁的距离	10～15 mm(轴承采用脂润滑)
		3～5(轴承采用油润滑)
Δ_4	旋转零件之间的轴向距离	10～15
Δ_5	齿轮顶圆至轴表面的距离	≥10
Δ_6	大齿轮顶圆至箱座内壁的距离	>30～50
e	轴承端盖凸缘厚度	见附表 H-1、附表 H-2

(2) 圆锥-圆柱齿轮传动　圆锥-圆柱齿轮减速器箱体一般采用圆锥齿轮轴线与圆柱齿轮轴线所确定的平面作为剖分面。在计算出齿轮传动的基本参数和主要尺寸的基础上，可以在主视图和俯视图上画出各齿轮的中心线、分度圆、齿顶圆、齿宽，如图 4-11 所示。其中 Δ_1、Δ_2、Δ_6 分别是齿顶圆至箱盖内壁、齿轮端面至箱体内壁、大齿轮齿顶圆至箱底内壁的最小距离，反映箱体内运动零件与静止零件之间的必要空间；Δ_4、Δ_5 分别是齿轮端面之间、齿顶圆与相邻轴之间的最小距离，反映箱体内运动速度不同的零件之间的必要空间；δ_1 是箱盖壁厚，δ 是箱座壁厚，这些参数参照表 4-1、表 4-2 确定。B_1、b、e 在第 3 章齿轮参数设计中已经确定，$B_2 \approx (1.5 \sim 1.8)e$，$B_2$ 的最后确定要等到轴及键设计完成后，其长度要满足键的强度和装配要求。

圆锥-圆柱齿轮减速器箱体一般做成关于小锥齿轮轴线的对称结构，中间轴和低速轴可以

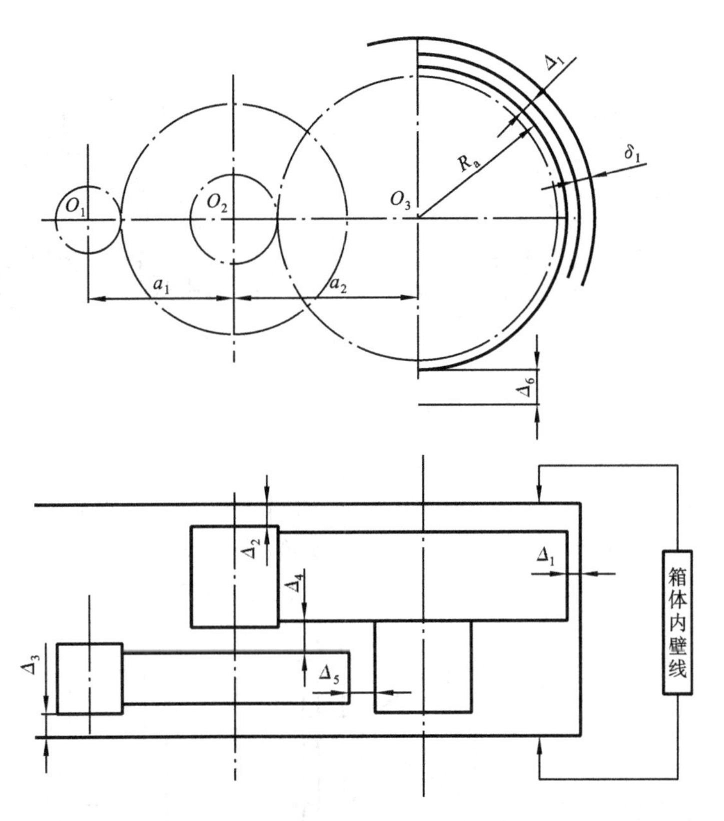

图 4-10　二级圆柱齿轮传动中齿轮与箱体内壁以及箱体内各传动零件之间位置

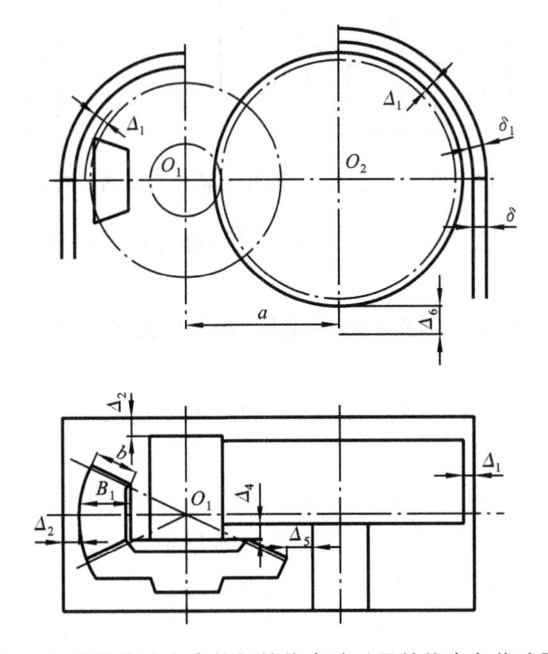

图 4-11　圆锥-圆柱齿轮传动中齿轮与箱体内壁以及箱体内各传动零件之间位置

调头安装，方便输出轴位置的改变，箱体与各齿轮的相对位置，如图 4-11 所示。

(3) 蜗杆蜗轮传动　剖分式蜗杆减速器箱体一般采用通过蜗轮轴线平行蜗杆轴线的平面作为剖分面，为了提高蜗杆的刚度，蜗杆轴承座多采用内伸进箱体的结构，如图 4-12 所示。

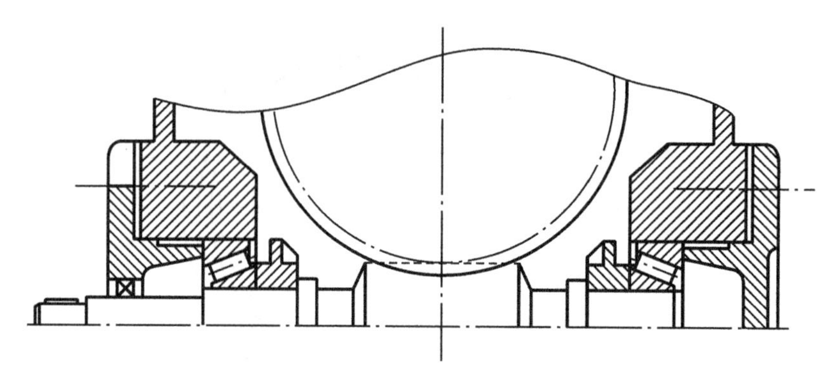

图 4-12 轴承座内伸

在已经计算出蜗杆蜗轮传动的基本参数和主要尺寸的基础上，可以在主视图和左视图上画出蜗杆和蜗轮的中心线、分度圆、齿顶圆、齿宽，如图 4-13 所示。其中 Δ_1、Δ_2 分别是齿顶圆至箱盖内壁、齿轮端面至箱体内壁的最小距离，反映箱体内运动零件与静止零件之间的必要空间；δ_1 是箱盖壁厚，δ 是箱座壁厚，这些参数参照表 4-1、表 4-2 确定。

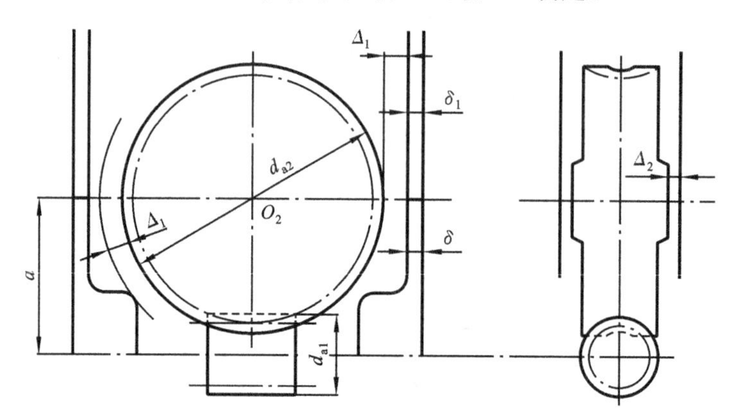

图 4-13 蜗杆蜗轮传动中齿轮与箱体之间的相对位置

按着蜗杆减速器的散热要求确定润滑油储量后，确定箱座底面位置，进而蜗杆至箱座内壁的最小距离。

3. 传动件的结构设计，轴承端盖的结构设计、轴承的组合设计

1）轴的结构设计

轴的结构设计包括确定轴的形状、轴的径向尺寸和轴向尺寸。设计时一般从高速轴开始，然后进行中间轴和低速轴设计。

（1）轴的径向尺寸的确定　在估算轴的最小直径的基础上，考虑到轴的强度及轴上零件定位和固定以及便于加工装配等因素，常把轴做成阶梯轴，其直径中部大，两端小。

图 4-14 所示最小轴径 d_1，是在估算轴径的基础之上，结合联轴器的规格型号确定；轴径 d_2 由轴肩和密封圈的标准确定的。轴肩高度应比该处轴上零件的倒角 C 或者圆角半径 r' 大 2～3 mm，轴肩的圆角半径 r 应小于零件孔的倒角 C 或者圆角半径 r'；固定轴承的轴肩高度应小于轴承内圈厚度，便于轴承拆卸，具体数值查轴承标准。

轴径 d_3 和轴径 d_8 与滚动轴承内圈配合，应符合滚动轴承标准。

当相邻两轴直径变化仅仅是为了轴上零件装拆方便或区别加工精度时，其直径变化值应较小，通常为 1～2 mm（见图 4-14 的 d_3、d_4）；也可以采用同一公称直径而取不同的偏差值；当轴的表面需要磨削加工或者切削螺纹时，轴径变化处应留有砂轮越程槽或者退刀槽，具体尺寸查阅相关手册。

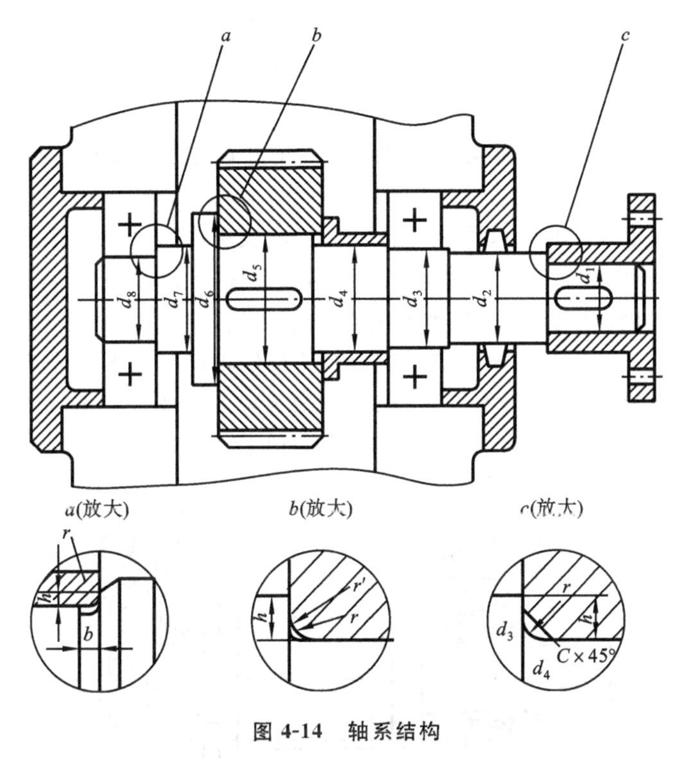

图 4-14　轴系结构

（2）各轴段轴向尺寸确定　各轴段轴向尺寸的确定，分为两种情况，其一是与轴上零件配合的轴段即轴头部分，该轴段的长度应比轴上零件的轮毂宽度小 1～3 mm；轴身部分各段长度要考虑相邻零件之间必要的间距以及定位可靠要求；轴的外伸长度与箱外零件的装卸及轴承盖螺钉的装卸要求有关，必须保证装卸方便，如图 4-15 所示。

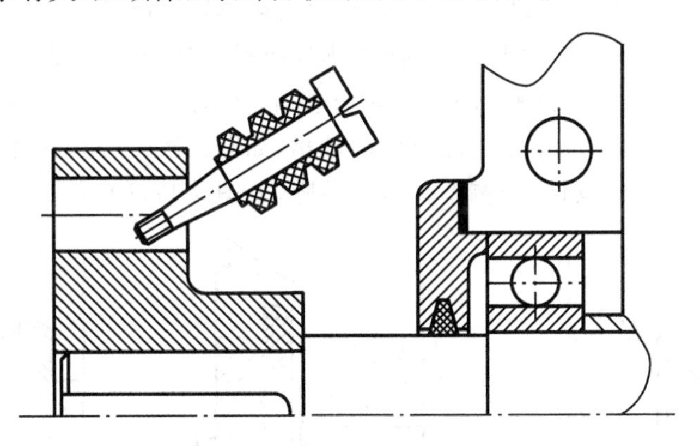

图 4-15　轴外伸端长度的确定

2）轴上键槽位置的确定

键槽的尺寸根据所在轴段的直径和长度查阅相关标准，为了保证装配零件时轮毂上的键槽与轴上的键容易对准，轴上键槽的位置应靠近轮毂装入一侧的轴段端部，长度应比轴段小 5～10 mm，不要太靠近轴肩以免加重应力集中。

3）滚动轴承的组合与润滑设计

滚动轴承的设计包括轴承类型及型号的选择、组合设计以及润滑与密封设计。

（1）滚动轴承类型选择　选择滚动轴承类型时应考虑轴承承受载荷的大小、方向、性质及轴的转速高低。一般直齿圆柱齿轮减速器常优先选用深沟球轴承；对于斜齿圆柱齿轮减速器，如果轴承受载荷不是很大，可选用角接触球轴承；对于载荷不平稳或载荷较大的减速器，宜选用圆锥滚子轴承。

（2）滚动轴承的组合设计　滚动轴承常用的固定方式有三种：两端固定、一端固定一端游动和两端都游动。合理的组合设计应考虑轴的正确位置，防止轴向串动以及轴受热膨胀后不至卡死等因素。一般来说，圆柱、圆锥减速器轴的跨度较小，常采用两端固定支承；蜗杆蜗轮传动在温升较大、蜗杆较长时采用一端固定一端游动的方式。

在课程设计中，轴承内圈在轴上的轴向定位一般采用轴肩或轴套方式，轴承外圈的轴向定位一般采用轴承端盖。设计两端固定支承应留有适当的轴向间隙来补偿轴受热伸长量。这个间隙的大小与轴的跨距、运转温升等因素有关，可调游隙的轴承间隙参考轴承标准，对于固定间隙的轴承（如深沟球轴承），可取 0.25～0.4 mm，如图 4-16 所示。

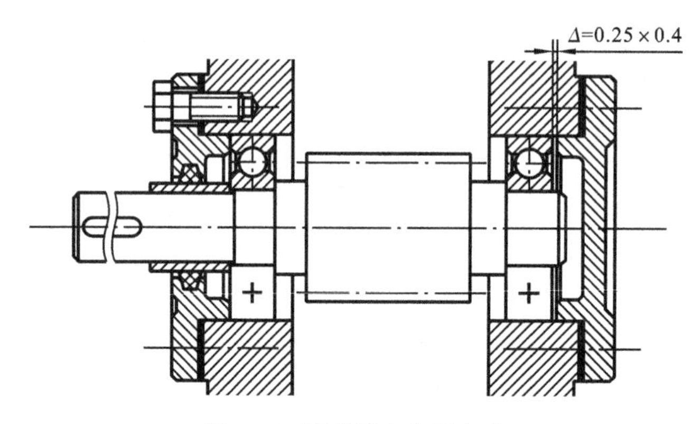

图 4-16　两端固定支承方式

如采用凸缘式端盖（见附表 H-1），可在轴承盖与箱体轴承座端面之间设置调整垫片，在装配过程中通过增加或者减少垫片来调整轴向间隙，如图 4-16 所示。如采用嵌入式端盖（见表 4-8），也可以在轴承盖与轴承外圈之间设置调整垫片，如图 4-17(a)、(c)所示，但是调整垫片时，需要打开箱盖，比较麻烦。对于间隙可调的轴承，如圆锥滚子轴承或者角接触轴承，可用调整垫片的方式，也可以用螺纹件，来调整轴承的游隙，如图 4-17(b)所示。

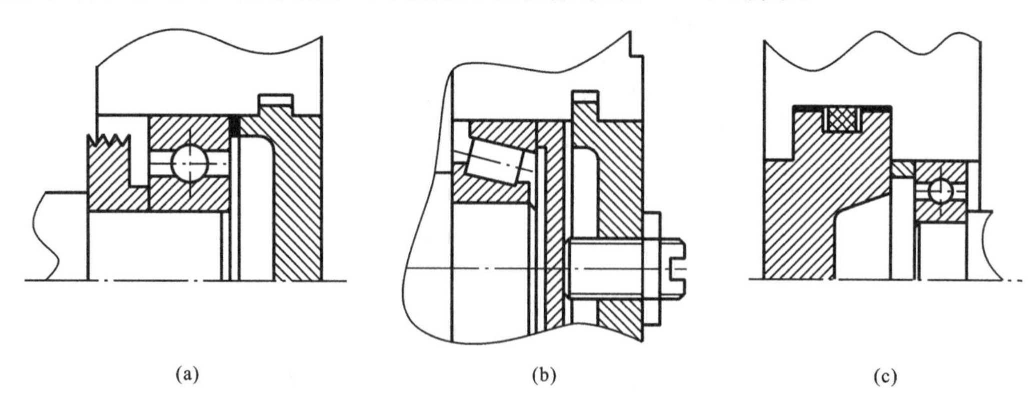

图 4-17　采用嵌入式轴承端盖时轴承座的结构

圆锥齿轮减速器需要调整大小齿轮的轴向位置，使两齿轮分度圆锥锥顶重合。为了达到这个目的，小圆锥齿轮的两个轴承装在套杯中，如图 4-18 所示。通过调整套杯与箱体轴承座端面之间的垫片引起套杯轴向移动，从而调整小锥齿轮分度圆锥顶的位置。处于悬臂状态的小锥齿轮通常有两种结构：一是当齿轮轮毂上键槽的槽底与齿根圆锥的最小距离 e 小于1.6 m时，小齿轮与轴做成一体的，如图 4-18(a)所示；反之轴与齿轮分开制造，如图 4-18(b)所示。

小锥齿轮采用悬臂结构，齿宽中点至轴承受力点之间的轴向距离 L_a 为悬臂长度。设计时应尽量减小悬臂长度。为了使轴系具有较大的刚度，两个轴承支点之间的距离不宜过小，一般取 $L_b \approx 2L_a$ 或 $L_b \approx 2.5d$(d 为轴承内圈直径)。为了提高轴系刚度，可采取轴承反装的方式，如图 4-18(a)所示。轴承反装时，轴承支点之间的距离增大，悬臂长度减小，但两轴承受载不均匀程度扩大。

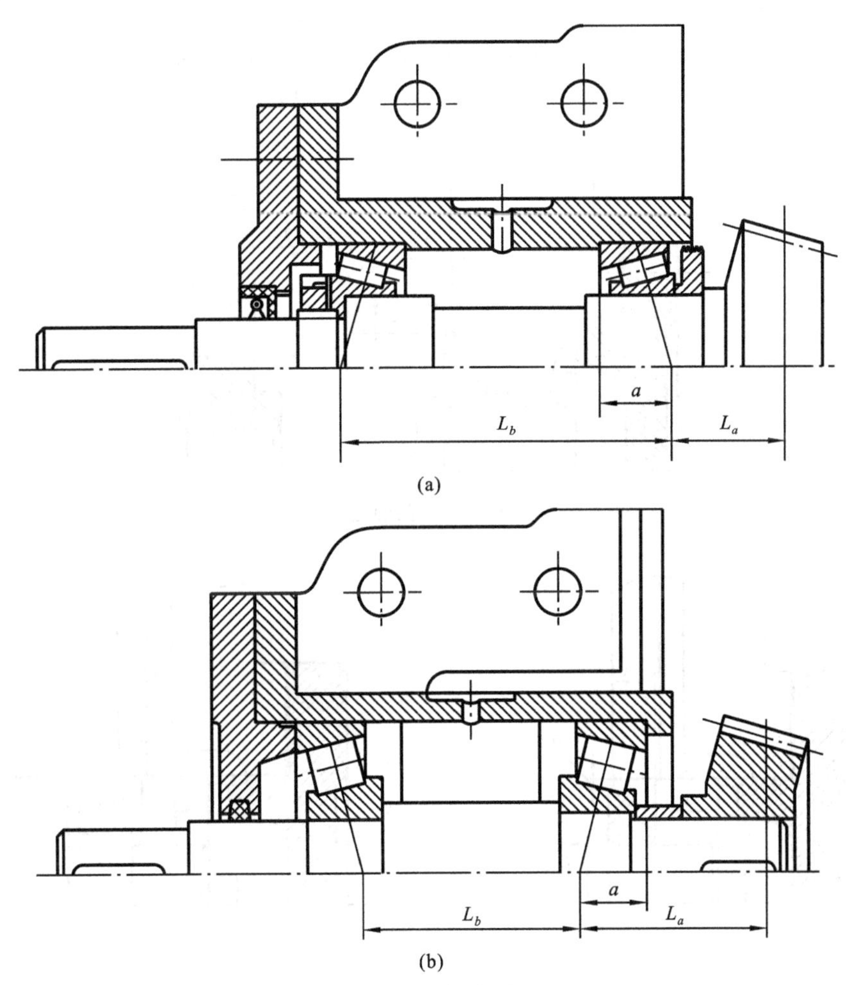

图 4-18　小锥齿轮轴的定位及轴承的安装结构

当精度要求不高，温升不大且蜗杆刚度较高时，蜗杆轴的支承可采用两端固定方式；否则应采用一端固定一端游动的方式，如图 4-19 所示。固定端一般选在非外伸端并常采用套杯结构，以便固定轴承。为便于加工，游动端也常采用套杯或选用外径与箱座孔径尺寸相同的轴承。

(3) 轴承的润滑与密封滚动轴承的润滑　当浸油齿轮的圆周速度小于 2 m/s 或滚动轴承

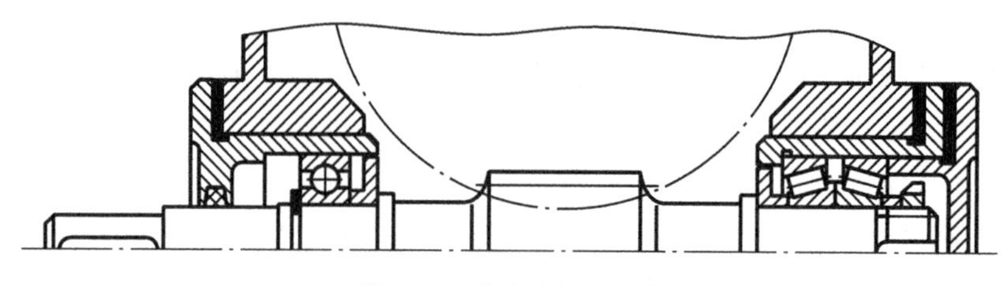

图 4-19　蜗杆轴系结构

dn 值小于 2×10^5 mm · r/min 时，一般采用脂润滑。为防止箱内润滑油进入轴承，使轴承内润滑脂稀释而流出，通常在箱体轴承座内侧一端设置封油环。封油环的尺寸结构以及安装位置如图 4-20 所示，润滑脂的装填量为轴承空间的 1/3～1/2。当轴承采用脂润滑时，如果轴承旁的小齿轮的齿顶圆直径小于轴承外圈，为防止齿轮啮合时挤出的高压热油冲向轴承内部，增加轴承阻力，应设置挡油盘。挡油盘可冲压制造，如图 4-21(b)所示；也可采用车制(单件或小批量生产)，如图 4-21(a)图所示，轴承内侧端面至箱体内壁距离为 $\Delta_3=10\sim15$ mm。

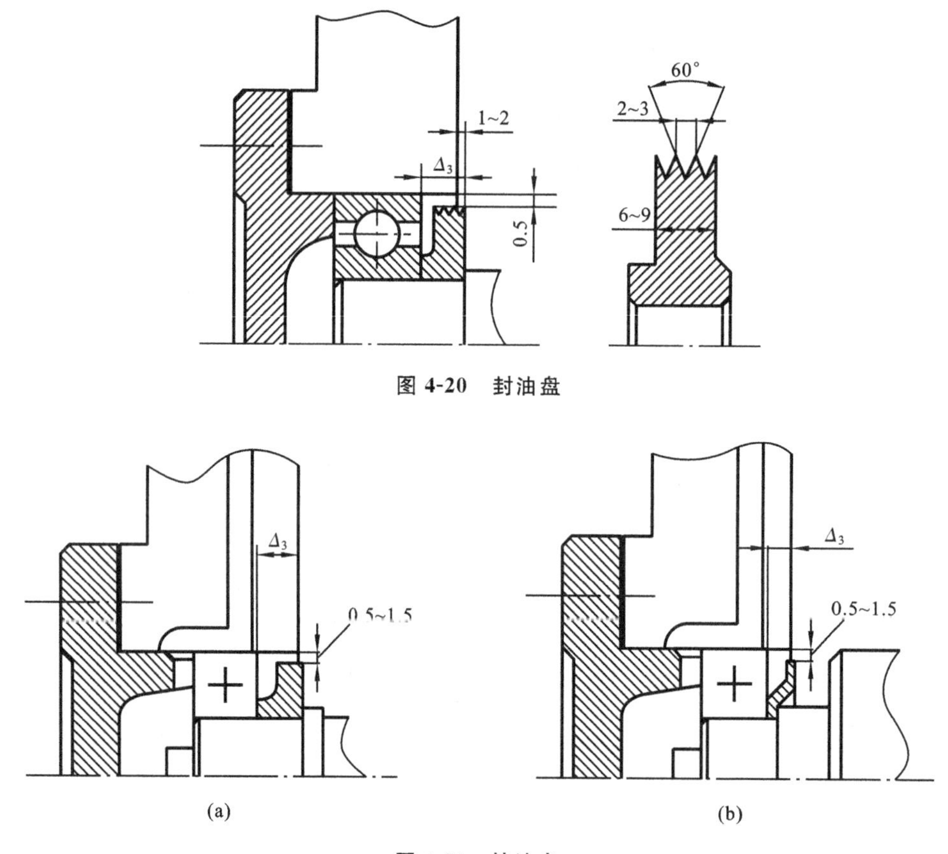

图 4-20　封油盘

图 4-21　挡油盘

当传动件的边缘圆周速度大于 2～3 m/s 时，可利用传动件进行飞溅润滑，轴承内侧端面至箱体内壁的距离 $\Delta_3=3\sim5$ mm。如图 4-22 所示，当轴承采用油润滑时，箱盖要设计引油斜面，箱座要设计输油沟，具体的结构如图 4-9 所示。

下置式蜗杆轴的轴承，由于位置较低，可以利用箱体内油池来保证轴承的充分润滑，同时注意油面不应高于最下面滚动体的中心，以免搅油功率损耗太大。

(4) 滚动轴承的密封　为防止轴承内的润滑剂向外泄漏，以及外界的灰尘杂质等渗入，导致轴承磨损或腐蚀，应该设置密封装置常用的密封类型很多，密封效果也不相同，同时不同的密封形式还会影响到该轴的长度尺寸，设计时可参照附录 D。一般来讲，轴承采用脂润滑的可采用毡圈密封件；轴承采用油润滑的，可采用唇形密封圈、迷宫等密封件。

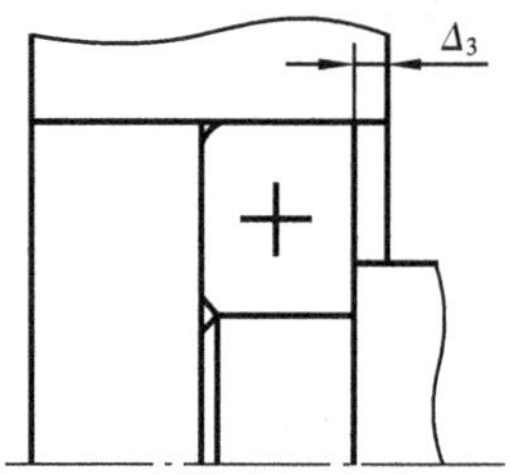

图 4-22　油润滑时轴承装配结构

4. 轴系零件强度校核

(1) 确定轴上力的作用点　轴的强度校核首先要确定轴上力的作用点，在轴的结构设计完成以后，可以从草图上确定轴上受力的作用点和轴的跨距。轴上力的作用点取在传动件宽度的中点，支承点位置是由轴承类型确定的，作用点的具体位置，查阅轴承标准。作用在轴上的力位置确定以后，就可以进行力的分析，并绘制出轴的受力图、弯矩图、转矩图，判断危险截面，进行强度校核。如果载荷较大，轴径较小，应力集中严重的话，需要按疲劳强度对危险截面进行安全系数校核。对于蜗杆减速器中的蜗杆轴，通常还对其进行刚度校核，以保证啮合精度。

(2) 滚动轴承寿命计算　计算滚动轴承寿命时，一般以轴承寿命为减速器工作寿命。若轴承寿命低于减速器寿命时，一般不轻易改变轴承的内径尺寸，而是通过改变轴承类型或者尺寸系列，来满足要求。

(3) 键连接强度校核　键连接的校核主要是验算挤压强度。如果强度不满足要求，可以通过增大轴径、增加键长或者是采用双键、花键等措施来满足强度要求。

5. 减速器箱体及附件设计

计算器箱体及附件设计已经在 4.2 节中作了详细叙述，设计时可参考，在这里不再赘述。

6. 检查装配草图

装配草图完成以后，应认真检查核对、修改、完善，然后才能正式绘制装配工作图。检查的主要内容如下。

(1) 总体布置方面　检查装配草图与传动装置方案简图是否一致。装配草图上运动输入、输出端以及传动零件在轴上的位置是否与传动方案一致。

(2) 计算方面　传动件、轴、轴承及箱体主要零件是否满足强度、刚度要求，计算结果(中心距、传动件和轴的尺寸、轴承尺寸与支点跨距等)是否与草图一致。

(3) 轴系结构方面　传动零件、轴、轴承和轴上其他零件的结构是否合理，定位、固定、调整、装卸以及润滑和密封是否合理。

(4) 箱体及附件结构方面　箱体的结构及加工工艺性是否合理，附件的布置是否恰当，结构是否正确。

(5) 绘图规范方面　视图选择是否恰当，投影是否正确，是否符合机械制图国家标准规定。

7. 完成减速器装配图

这一阶段是完成课程设计的关键环节，应认真完成其中的每一项内容，这一环节的主要内容如下。

(1) 绘制装配工作图各视图，应选择两个或者三个视图为主，用必要的剖视、剖面或局部视图加以辅助。要尽量将减速器的工作原理和主要装配关系集中表达在一个基本视图上。如齿轮减速器可用去掉箱盖的俯视图作为集中表达的基本视图；蜗杆减速器可用主视图作为基本视图。

在装配图中，尽量避免使用虚线来表达零件结构，必须表达的内部结构或某些细部结构，可采用局部剖视图或者向视图表示。画剖视图时，相邻零件的剖面线方向或者疏密程度应不同，以便区别。对于剖面宽度较小(小于 2 mm)的零件，其剖面线允许涂黑表示。应特别注意的是，同一零件在各个视图上的剖面线方向及疏密程度必须一致。装配工作图上的某些结构允许采用机械制图国家标准规定的简化画法表示。

(2) 完成尺寸标注，尺寸标注既要完整、正确、清晰又不能重复与多余，要符合尺寸标注的国家标准，具体需要标注的尺寸详见 4.3 节减速器装配图中的尺寸与技术要求。

(3) 依据具体的工作情况及使用要求编写技术要求，正确制定技术要求，有利于保证减速器的工作性能，在制定技术要求时，参阅 4.3 节减速器装配图中的尺寸与技术要求。

减速器技术特性表、零件序号的编排以及编制明细表和标题栏等工作，也是装配工作图中必不可少的内容，必须认真完成，内容及编制的注意事项参阅 4.3 节减速器装配图中的尺寸与技术要求。

图 4-23、图 4-24、图 4-25、图 4-26 分别是一级圆柱齿轮减速器、二级圆锥-圆柱齿轮减速器、二级展开式圆柱齿轮减速器以及单级蜗杆减速器装配图，在设计时可以参考。

4.5　减速器零件图的设计示例

零件工作图是零件制造、检验以及制定工艺规程的主要技术文件，是在装配工作图的基础上测绘和设计而成的。它既要反映设计意图，又要考虑零件制造的可行性及合理性。因此，零件图应包括制造和检验所需的全部内容，如图形、尺寸及公差、表面粗糙度、形位公差、材料、热处理及技术要求、标题栏等。零件图设计时，应注意以下事项。

(1) 视图选择　每个零件应该单独绘制在一张标准幅面的图纸上，尽量选用 1∶1 的比例尺。视图选择要合理，能够清楚、准确地表达出零件的结构形状及尺寸，并且要符合机械制图国家标准的规定。在视图中所表达的零件的结构形状，应与装配工作图一致，如有改动，装配工作图也要做相应的修改。

(2) 正确标注零件尺寸　尺寸标注要符合机械制图国家标准的规定。尺寸要足够，不要多余，要标出制造及检验所需的全部尺寸。大部分尺寸应尽量集中标注在最能反映零件特征的视图上。标注的数字、符号要工整、清楚，并按一定的规律排列整齐。零件图上的尺寸应与装配图一致。标注时应正确选择尺寸基准，标注时应考虑便于零件的加工和检验，尽可能避免加工时做任何计算。对于配合尺寸及要求精确的几何尺寸，如轴孔配合尺寸、键配合尺寸、箱体孔中心距等，均应标注出尺寸的极限偏差。

(3) 零件表面粗糙度的标准　零件的所有表面都应注明表面粗糙度的数值，如较多表面具有相同的表面粗糙度，可在图纸右上角统一标注，并加注“其余”字样，表面粗糙度的选择，查阅相关国家标准。

(4) 形位公差的标注　零件工作图应标注必要的形位公差。形位公差是评定零件加工质量的重要指标之一。不同零件的工作要求不同，形位公差的项目及等级也不同。标注时可查阅相关国家标准。

(5) 技术要求　对于零件在制造时必须保证的技术要求，但又不便用图形或符号表达时，可用文字简明扼要地书写在技术要求中，主要包括零件材料的力学性能指标及化学成分；热处理方法及表面硬度；加工要求，如是否保留中心孔、是否需要与其他零件组合加工；未标注圆

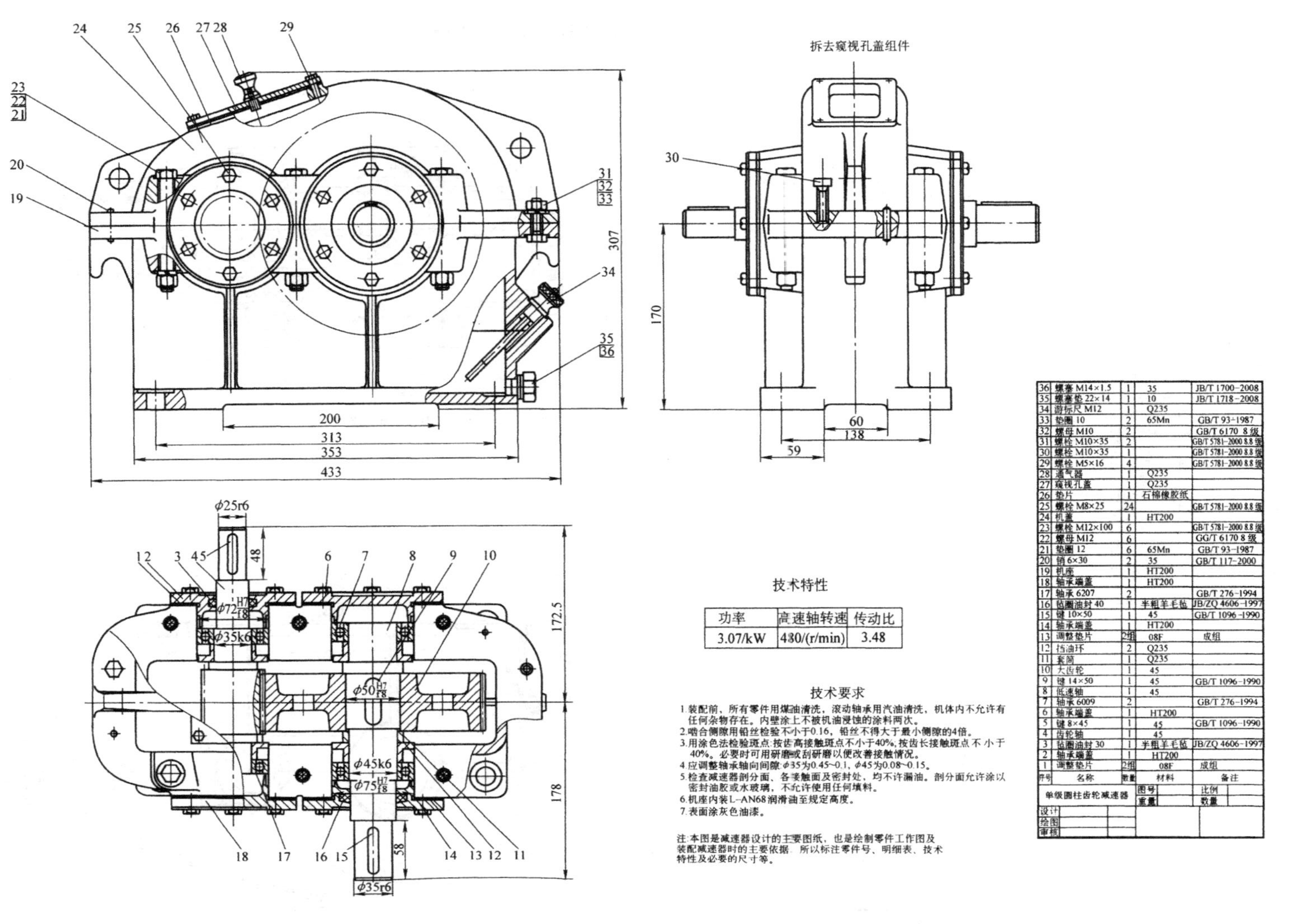

技术特性

功率	高速轴转速	传动比
3.07/kW	480/(r/min)	3.48

技术要求

1. 装配前，所有零件用煤油清洗，滚动轴承用汽油清洗，机体内不允许有任何杂物存在。内壁涂上不被机油浸蚀的涂料两次。
2. 啮合侧隙用铅丝检验不小于0.16，铅丝不得大于最小侧隙的4倍。
3. 用涂色法检验斑点：按齿高接触斑点不小于40%，按齿长接触斑点不小于40%。必要时可用研磨或刮研磨以便改善接触情况。
4. 应调整轴承轴向间隙：$\phi35$为0.45~0.1，$\phi45$为0.08~0.15。
5. 检查减速器剖分面、各接触面及密封处，均不许漏油。剖分面允许涂以密封油胶或水玻璃，不允许使用任何填料。
6. 机座内装L-AN68润滑油至规定高度。
7. 表面涂灰色油漆。

注：本图是减速器设计的主要图纸，也是绘制零件工作图及装配减速器时的主要依据。所以标注零件号、明细表、技术特性及必要的尺寸等。

序号	名称	数量	材料	备注
36	螺塞 M14×1.5	1	35	JB/T 1700-2008
35	螺塞垫 22×14	1	10	JB/T 1718-2008
34	游标尺 M12	1	Q235	
33	垫圈 10	2	65Mn	GB/T 93-1987
32	螺母 M10	2		GB/T 6170 8级
31	螺栓 M10×35	2		GB/T 5781-2000 8.8级
30	螺栓 M10×35	1		GB/T 5781-2000 8.8级
29	螺栓 M5×16	4		GB/T 5781-2000 8.8级
28	通气器	1	Q235	
27	窥视孔盖	1	Q235	
26	垫片	1	石棉橡胶纸	
25	螺栓 M8×25	24		GB/T 5781-2000 8.8级
24	机盖	1	HT200	
23	螺栓 M12×100	6		GB/T 5781-2000 8.8级
22	螺母 M12	6		GG/T 6170 8级
21	垫圈 12	6	65Mn	GB/T 93-1987
20	销 6×30	2	35	GB/T 117-2000
19	机座	1	HT200	
18	轴承端盖	1	HT200	
17	轴承 6207	2		GB/T 276-1994
16	毡圈油封 40	1	半粗羊毛毡	JB/ZQ 4606-1997
15	键 10×50	1	45	GB/T 1096-1990
14	轴承端盖	1	HT200	
13	调整垫片	2组	08F	成组
12	挡油环	2	Q235	
11	套筒	1	Q235	
10	大齿轮	1	45	
9	键 14×50	1	45	GB/T 1096-1990
8	低速轴	1	45	
7	轴承 6009	2		GB/T 276-1994
6	轴承端盖	1	HT200	
5	键 8×45	1	45	GB/T 1096-1990
4	齿轮轴	1	45	
3	毡圈油封 30	1	半粗羊毛毡	JB/ZQ 4606-1997
2	轴承端盖	1	HT200	
1	调整垫片	2组	08F	成组

单级圆柱齿轮减速器	图号		比例	
	重量		数量	
设计				
绘图				
审核				

图 4-23　一级圆柱齿轮减速器

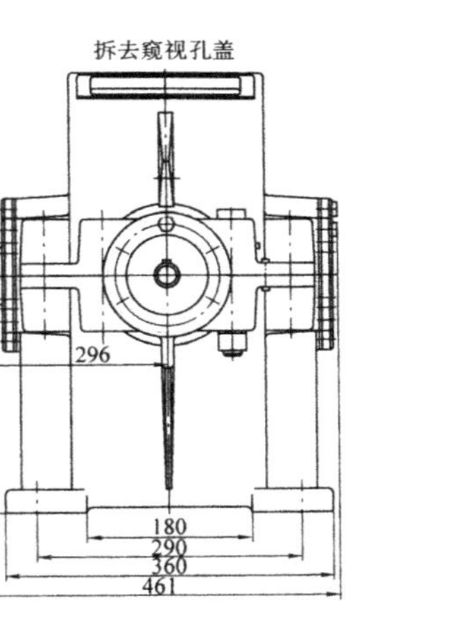

技术特性

功率/kW	高速轴转速/(r/min)	传动比
6.04	720	12.56

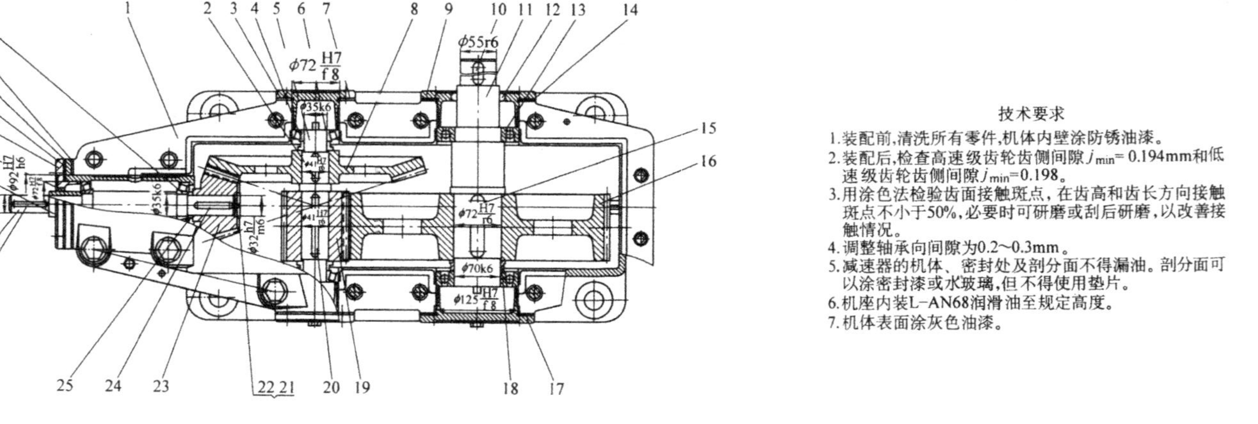

技术要求

1. 装配前,清洗所有零件,机体内壁涂防锈油漆。
2. 装配后,检查高速级齿轮齿侧间隙 j_{min}= 0.194mm和低速级齿轮齿侧间隙 j_{min}=0.198。
3. 用涂色法检验齿面接触斑点,在齿高和齿长方向接触斑点不小于50%,必要时可研磨或刮后研磨,以改善接触情况。
4. 调整轴承向间隙为0.2~0.3mm。
5. 减速器的机体、密封处及剖分面不得漏油。剖分面可以涂密封漆或水玻璃,但不得使用垫片。
6. 机座内装L-AN68润滑油至规定高度。
7. 机体表面涂灰色油漆。

序号	名称	数量	材料	备注
52	六角螺塞M16×1.5	1	35	JB/T 1700—2008
51	螺塞垫24×16	1	10	JB/T 1718—2008
50	油标尺M16	1	Q235	
49	螺栓M16×50	2		GB/T 5782 8.8级
48	螺母M16	2		GB/T 6170 8级
47	垫圈16	2	65Mn	GB/T 93—1987
46	螺栓M10×25	24		GB/T 5782 8.8级
45	垫片	1	石棉橡胶纸	
44	窥视孔盖	1	Q235	
43	通气器	1	Q235	
42	螺栓M6×16	4		GB/T 5782 8.8级
41	螺栓M20×160	12		GB/T 5782 8.8级
40	螺母M20	12		GB/T 6170 8级
39	垫圈20	12	65Mn	GB/T 93—1987
38	机盖	1	HT200	
37	销5×35	2	35	GB/T 117—2000
36	螺栓M10×30	1		GB/T 5782 8.8级
35	螺栓M10×35	6		GB/T 5782 8.8级
34	轴承30207	2		GB/T 297—2007
33	调整垫片	2组	08F	成组
32	轴承套杯	1	Q235	
31	调整垫片	2组	08F	成组
30	轴承端盖	1	HT200	
29	毡圈40	1	半粗羊毛毡	JB/ZQ 4606—1997
28	套筒	1	Q235	
27	高速轴	1	45	
26	键8×56	1	45	GB/T 1096—2003
25	套	1	Q235	
24	键10×63	1	45	GB/T 1096—2003
23	小锥齿轮	1	45	$m=5, z_1=23$
22	挡圈B40	1	Q235	GB/T 891—1986
21	螺钉M5×12	1		GB/T 68—2000
20	键10×100	1	45	GB/T 1096—2003
19	小圆柱齿轮	1	45	$m_n=4.0, z_3=23$
18	套筒	1	Q235	
17	轴承端盖	1	HT200	
16	大圆柱齿轮	1	45	$m_n=4.0, z_4=98$
15	键20×100	1	45	GB/T 1096—2003
14	调整垫片	2组	08F	成组
13	轴承7014C	2		GB/T 272—1994
12	毡圈65	1	半粗羊毛毡	GB/ZQ 4606 1997
11	低速轴	1	45	
10	键16×100	1	45	GB/T 1096—2003
9	轴承端盖	1	HT200	
8	大锥齿轮	1	45	$m=5, z_2=6.8$
7	调整垫片	2组	08F	成组
6	套筒	2	Q235	
5	中间轴	1	45	
4	轴承30208	2		GB/T 297—1994
3	轴承端盖	1	HT200	
2	键10×45	1	45	GB/T 1096—2003
1	机座	1	HT200	

		图号		比例	
		重量		数量	
设计					
读图					
审核					

图 4-24　二级展开式圆锥-圆柱齿轮减速器

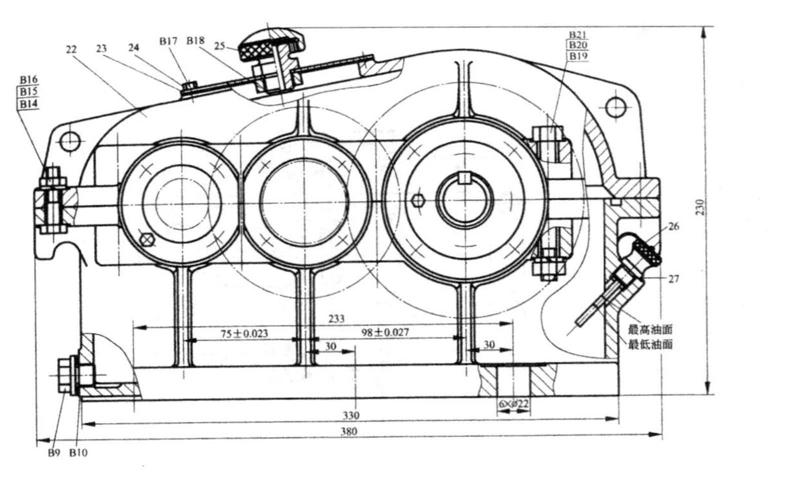

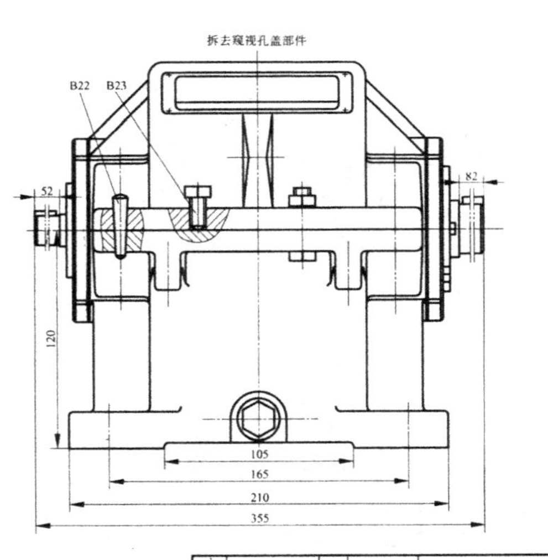

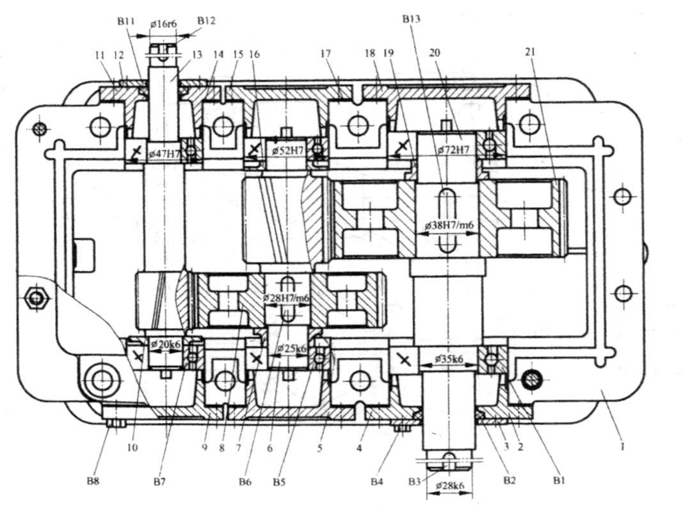

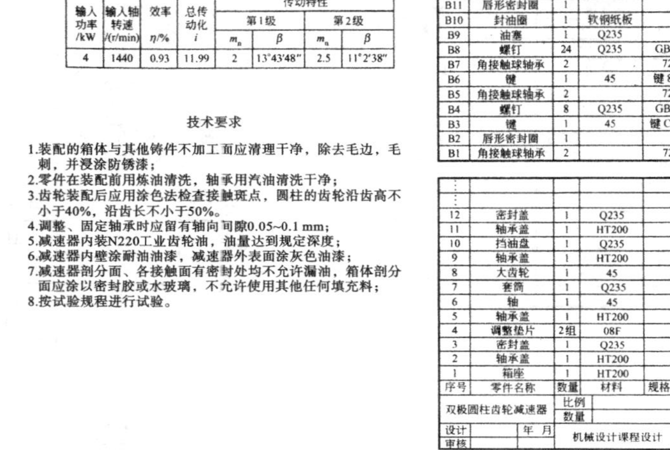

技术特性

输入功率/kW	输入轴转速/(r/min)	效率 η/%	总传动比 i	传动特性			
				第1级		第2级	
				m_n	β	m_n	β
4	1440	0.93	11.99	2	13°43′48″	2.5	11°2′38″

技术要求

1.装配的箱体与其他铸件不加工面应清理干净，除去毛边，毛刺，并浸涂防锈漆；
2.零件在装配前用煤油清洗，轴承用汽油清洗干净；
3.齿轮装配后应用涂色法检查接触斑点，圆柱的齿轮沿齿高不小于40%，沿齿长不小于50%。
4.调整、固定轴承时应留有轴向间隙0.05~0.1 mm；
5.减速器内装N220工业齿轮油，油量达到规定深度；
6.减速器内壁涂耐油油漆，减速器外表面涂灰色油漆；
7.减速器剖分面、各接触面有密封处均不允许漏油，箱体剖分面应涂以密封胶或水玻璃，不允许使用其他任何填充料；
8.按试验规程进行试验。

⋮				
⋮				
B14	螺栓	3	Q235	GB/T5782–2000 M10×35
B13	键	1	45	键 5×30 GB/T1096–1979
B12	键	1	45	键 8×40 GB/T1096–1979
B11	唇形密封圈	1		F(B)-32-45
B10	封油圈	1	软钢纸板	
B9	油塞	1	Q235	
B8	螺钉	24	Q235	GB/T5783–2000 M8×12
B7	角接触球轴承	2		7204C GB/T292–1994
B6	键	1	45	键 8×28 GB/T1096–1979
B5	角接触球轴承	2		7205C GB/T292–1994
B4	螺钉	8	Q235	GB/T5782–2000 M5×10
B3	键	1	45	键 C8×52 GB/T1096–1979
B2	唇形密封圈	1		GB/T 13871
B1	角接触球轴承	2		7207C GB/T292–1994

⋮					
⋮					
12	密封盖	1	Q235		
11	轴承盖	1	HT200		
10	挡油盘	1	Q235		
9	轴承盖	1	HT200		
8	大齿轮	1	45		
7	套筒	1	Q235		
6	轴	1	45		
5	轴承盖	1	HT200		
4	调整垫片	2组	08F		
3	密封盖	1	Q235		
2	轴承盖	1	HT200		
1	箱座	1	HT200		
序号	零件名称	数量	材料	规格及标准代号	备注

双极圆柱齿轮减速器			比例		图号	
			数量		质量	
设计		年 月	机械设计课程设计		(校名)	
审核					(班号)	

图 4-25　二级展开式圆柱齿轮减速器

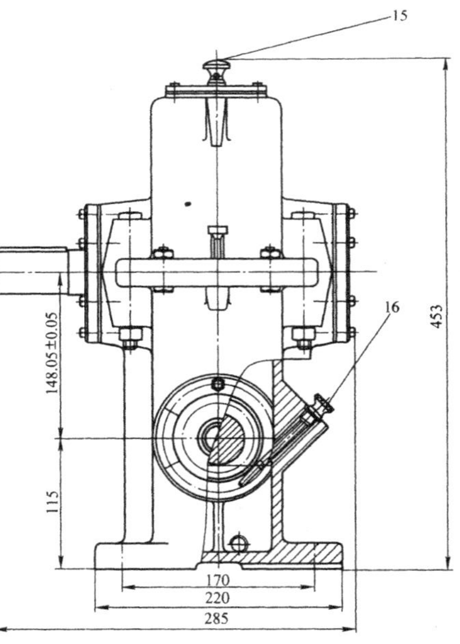

技术特性

功率	高速轴转速	传动比
2.39 kW	960 r/min	18.42

技术要求

1.装配前，所有零件用煤油清洗，滚动轴承用汽油清洗，机体内不允许有任何杂物存在。内壁涂上不被机油浸蚀的涂料两次。
2.啮合侧隙用铅丝检验不小于0.16，铅丝不得大于最小侧隙的4倍。
3.用涂色法检验斑点：按齿高接触斑点不小于40%；按齿长接触斑点不小于40%。必要时可用研磨或刮后研磨以便改善接触情况。
4.蜗杆轴承的轴向间隙为0.04~0.07，蜗轮轴承的轴向间隙为0.05~0.07。
5.检查减速器剖分面，各接触面及密封处，均不许漏油。剖分面允许涂以密封油胶或水玻璃，不允许使用任何填料。
6.机座内装L—AN100润滑油至规定高度，轴承用ZN—3钠基脂润滑。
7.表面涂灰色油漆。

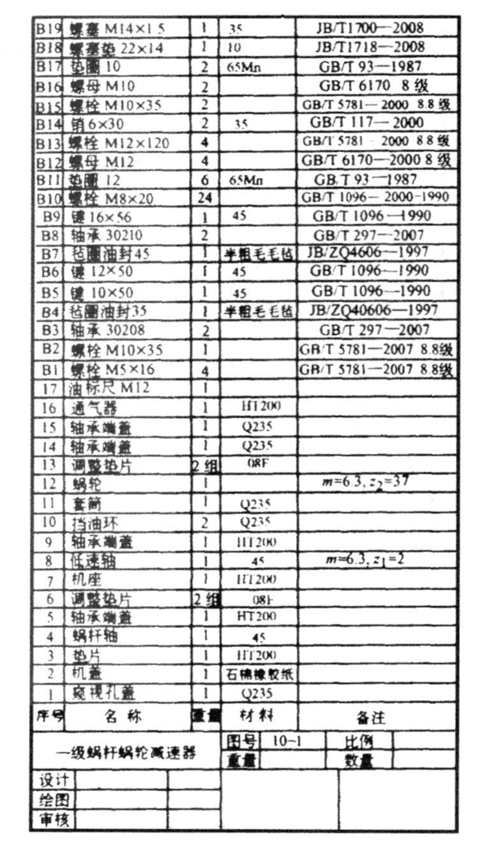

序号	名称	数量	材料	备注
B19	螺塞 M14×1.5	1	35	JB/T1700—2008
B18	螺塞垫 22×14	1	10	JB/T1718—2008
B17	垫圈 10	2	65Mn	GB/T 93—1987
B16	螺母 M10	2		GB/T 6170　8级
B15	螺栓 M10×35	2		GB/T 5781—2000　8.8级
B14	销 6×30	2	35	GB/T 117—2000
B13	螺栓 M12×120	4		GB/T 5781—2000　8.8级
B12	螺母 M12	4		GB/T 6170—2000 8级
B11	垫圈 12	6	65Mn	GB/T 93—1987
B10	螺栓 M8×20	24		GB/T 1096—2000-1990
B9	键 16×56	1	45	GB/T 1096—1990
B8	轴承 30210	2		GB/T 297—2007
B7	毡圈油封45	1	半粗毛毛毡	JB/ZQ4606—1997
B6	键 12×50	1	45	GB/T 1096—1990
B5	键 10×50	1	45	GB/T 1096—1990
B4	毡圈油封35	1	半粗毛毛毡	JB/ZQ40606—1997
B3	轴承 30208	2		GB/T 297—2007
B2	螺栓 M10×35	1		GB/T 5781—2007 8.8级
B1	螺栓 M5×16	4		GB/T 5781—2007 8.8级
17	油标尺 M12	1		
16	通气器	1	HT200	
15	轴承端盖	1	Q235	
14	轴承端盖	1	Q235	
13	调整垫片	2组	08F	
12	蜗轮	1		m=6.3, z_2=37
11	套筒	1	Q235	
10	挡油环	2	Q235	
9	轴承端盖	1	HT200	
8	低速轴	1	45	m=6.3, z_1=2
7	机座	1	HT200	
6	调整垫片	2组	08F	
5	轴承端盖	1	HT200	
4	蜗杆轴	1	45	
3	垫片	1	HT200	
2	机盖	1	石棉橡胶纸	
1	窥视孔盖	1	Q235	

一级蜗杆蜗轮减速器	图号	10-1	比例	
	重量		数量	
设计				
绘图				
审核				

图 4-26　单级蜗杆减速器

角、倒角的说明等等。

(6) 标题栏　零件标题栏应布置在图纸的右下角，用以说明零件的名称、材料、数量、图号、比例及设计者姓名等，应按国家标准规定或企业标准绘制。

1. 轴类零件工作图设计

1) 视图的选择

轴类零件是简单的回转体，一般只需要一个主要视图，在有键槽和孔的部位使用必要的剖视图。对于零件的细部结构，如退刀槽、砂轮越程槽、中心孔等位置，使用局部放大图表达。

2) 尺寸标注

轴的零件图主要标注各轴段的直径和长度尺寸。直径尺寸可直接标注在相应的轴段上，必要时可标注在引出线上。在轴的工作图上，尺寸及公差都相同的各段轴径的尺寸及公差均应逐一标注，不得省略。对所有倒角、圆角等尺寸都应标注或在技术要求中说明。

标注轴向尺寸时，为了保证轴上所有零件的轴向定位，应根据设计和工艺要求确定主要基准和辅助基准，并选择合理的标准形式。标注的尺寸，应反映加工工艺及测量要求，还应避免出现封闭的尺寸链。通常使轴上最不重要的轴段的轴向尺寸作为尺寸的封闭环而不标注，如图 4-27 所示为减速器输出轴的直径和长度标注示例，图中 I 基面为轴向尺寸的主要基准。

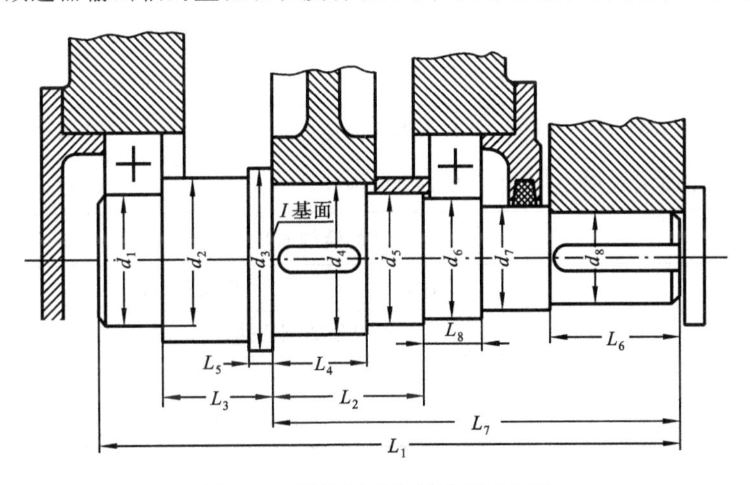

图 4-27　轴的直径和长度尺寸标注

图中 L_2、L_3、L_4、L_5 和 L_7 等尺寸都是以 I 基面作为基准标注的，加工时一次测量，可减小加工误差；标注 L_2 和 L_4 是考虑到齿轮固定及轴承定位的可靠性；而 L_3 与轴承支点的跨距有关；L_6 是考虑减速器外零件的轴向定位；d_1、d_7 轴段的长度，误差大小不影响装配精度及使用，故取为封闭环不标注尺寸，使加工误差累积在该轴段上，避免出现封闭的尺寸链。

3) 尺寸公差

轴的重要尺寸，如安装齿轮、链轮、轴承及联轴器部位的直径，均应依据装配工作图所选的配合性质，查出公差值，标注在图上；键槽的尺寸及公差应依据键连接公差规定进行标注。在普通减速器设计中，轴的轴向尺寸按自由公差处理，一般不标注尺寸公差。

4) 形位公差

轴的零件图除了尺寸公差以外，还需要标注必要的形位公差，以保证轴的加工精度和轴的装配质量。表 4-5 列出了轴的形位公差的推荐标注项目和公差等级，具体的数值在标注时查阅相关标准。

表 4-5　轴的形位公差推荐标注项目

加 工 表 面	标 注 项 目	精 度 等 级
与普通精度的滚动轴承配合的圆柱面	圆柱度	6
	圆跳动	6～7
普通精度的滚动轴承的定位端面	端面圆跳动	6
与传动件配合的圆柱面	圆跳动	6～8
传动件的定位端面	端面圆跳动	6～8
平键键槽侧面	对称度	7～9

5）表面粗糙度

轴的所有表面都要加工。轴类零件加工的表面粗糙度 *Ra* 的推荐值可参考表 4-6。

表 4-6　轴的表面粗糙度的 *Ra* 推荐值

<table>
<tr><th>加 工 表 面</th><th colspan="4">Ra</th></tr>
<tr><td>与传动零件、联轴器配合的表面</td><td colspan="4">3.2～0.8</td></tr>
<tr><td>传动零件、联轴器的定位端面</td><td colspan="4">6.3～1.6</td></tr>
<tr><td>与普通精度的滚动轴承配合的表面</td><td colspan="2">1.0(轴承内径≤80 mm)</td><td colspan="2">1.6(轴承内径>80 mm)</td></tr>
<tr><td>普精度的滚动轴承的定位端面</td><td colspan="2">2.0(轴承内径≤80 mm)</td><td colspan="2">2.5(轴承内径>80 mm)</td></tr>
<tr><td>平键键槽</td><td colspan="2">3.2(键槽侧面)</td><td colspan="2">6.3(键槽底面)</td></tr>
<tr><td rowspan="4">密封处的表面</td><td>毛毡</td><td colspan="2">橡胶密封圈</td><td>油沟、迷宫式</td></tr>
<tr><td colspan="3">密封处的圆周速度/(m/s)</td><td rowspan="3">3.2～1.6</td></tr>
<tr><td>≤3</td><td>>3～5</td><td>>5～10</td></tr>
<tr><td>1.6～0.8</td><td>0.8～0.4</td><td>0.4～0.2</td></tr>
</table>

6）技术要求

轴类零件图上提出的技术要求如下。

(1) 材料的化学成分及机械性能。

(2) 热处理方法和热处理后硬度及表面质量要求。

(3) 图中未注明的圆角、倒角尺寸。

(4) 其他必要的说明，如图中未画中心孔，则应注明中心孔的类型及标准代号。

图 4-28 是轴类零件工作图，设计时可参考。

2. 齿轮类零件

1）视图的选择

圆柱齿轮可视为回转体，一般用一至两个视图即可表达清楚。选择主视图时，常把齿轮的轴线水平放置，且用全剖或半剖视图表示孔、键槽、轮毂、轮辐及轮缘的结构；左视图可以全部画出，也可以将表示轴孔和键槽的形状和尺寸的局部绘制成局部视图。

对于组合式的蜗轮结构，则应分别画出组合前的齿圈、轮芯的零件图及装配后的蜗轮组件图。蜗轮的齿形加工是在组装后进行的，因此组装前零件的相关尺寸应留出必要的加工余量，

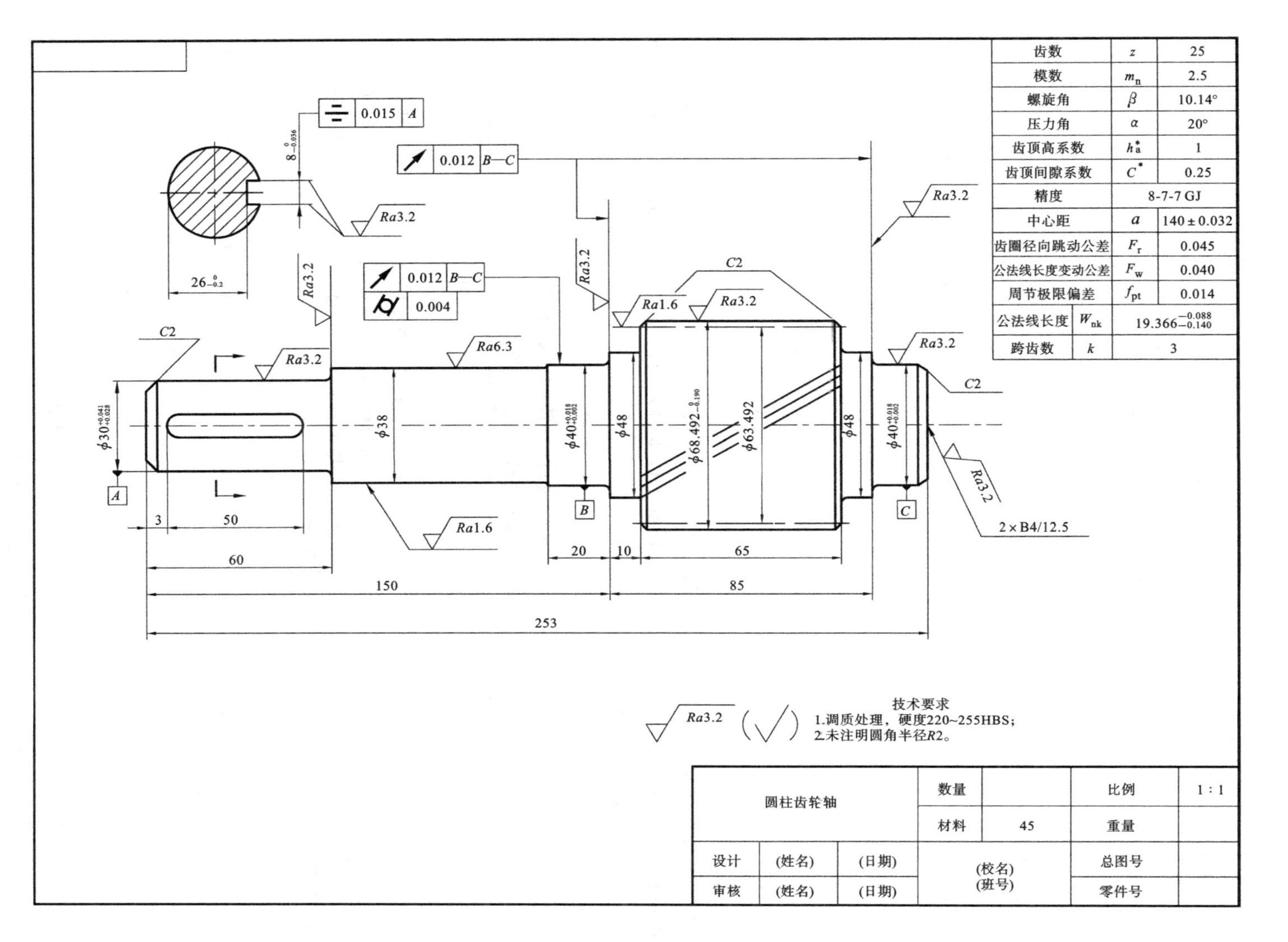

图 4-28　轴类零件工作图

待组装后再加工到最后需要的尺寸。

蜗杆轴、齿轮轴的视图与轴类零件工作图相似。

2）尺寸标注

在标注尺寸时，首先应明确尺寸基准。齿轮类零件的轮毂孔不仅是装配的基准，也是齿形加工和检验的基准，所以各径向尺寸应以孔的轴心线为基准。轮毂孔的端面是装配时的定位基准，也是切齿时的定位基准，故齿宽方向的尺寸应以端面为基准标注出。

分度圆直径是设计的基本尺寸，必须标注出，精确到小数点后两位；而齿根圆是根据齿轮参数加工得到的，在图上不必标注。

锥齿轮的锥距和锥角是保证啮合的重要尺寸，标注时锥距应精确到小数点后两位，锥角精确到分，分锥角应精确到秒。为了控制锥顶的位置，还应注出基准端面到锥顶的距离，它影响到锥齿轮的啮合精度。

蜗轮组件图中，应注出齿圈和轮芯相配合处的配合尺寸、精度及配合性质。齿轮类零件中按结构要求确定的尺寸，如轮圈厚度、腹板厚度、腹板孔的直径等，按经验公式计算后，均应圆整。对于铸造毛坯或者锻造毛坯，应注出拔模斜度和必要的工艺圆角等。

3）尺寸公差

齿轮类零件的轮毂孔是重要基准，其加工质量直接影响到零件的旋转精度，故孔的尺寸精度一般选为基孔制 7 级；由于轮毂端面要影响安装质量和切齿精度，故对蜗轮和锥齿轮要标注出以端面为基准的尺寸和极限偏差。

圆柱齿轮和蜗轮的齿顶圆常作为工艺基准和测量定位基准，所以应标注出齿顶圆尺寸偏差；锥齿轮应注出锥体大端直径极限偏差、顶锥角极限偏差及齿宽尺寸极限偏差。轮毂上键槽的尺寸公差查阅相关国家标准。

4）形位公差

表 4-7 列出了齿轮类零件的形位公差推荐项目，具体的参数值查阅附录 G。

表 4-7　齿轮类零件形位公差推荐项目

<table>
<tr><th>项　目</th><th>精度等级</th><th>对工作性能的影响</th></tr>
<tr><td>圆柱齿轮以齿顶圆作为测量基准时齿顶圆的径向圆跳动</td><td rowspan="5">按齿轮、蜗轮精度等级确定</td><td rowspan="4">影响齿厚的测量精度，并对切齿时产生相应的齿圈径向跳动误差；产生传动件的加工中心与使用中心不一致，引起分齿不均。同时会使轴线与机床垂直导轨不平行而引起齿向误差</td></tr>
<tr><td>锥齿轮的齿顶圆锥的径向圆跳动</td></tr>
<tr><td>蜗轮外圆的径向圆跳动</td></tr>
<tr><td>蜗杆外圆的径向圆跳动</td></tr>
<tr><td>基准端面对轴线的端面圆跳动</td><td>加工时引起齿轮倾斜或心轴弯曲，对齿轮加工精度有较大影响</td></tr>
<tr><td>键槽中心面对空轴线的对称度</td><td>7～9</td><td>影响键侧面受载的均匀性</td></tr>
</table>

5）表面粗糙度

齿轮零件除了标注尺寸公差、形位公差以外，还要标注各个加工表面的表面粗糙度，表4-8 列出了齿轮类零件表面粗糙度 Ra 的推荐值，设计时可以参考。

表 4-8　齿轮(蜗轮)类零件表面粗糙度 Ra 的推荐值

加工表面		表面粗糙度　$Ra/\mu m$		
轮齿齿面	零件名称	传动精度等级		
		7	8	9
	圆柱齿轮、蜗轮	1.6～0.8	1.6	3.2
	圆锥齿轮、蜗杆	0.8	1.6	3.2
齿顶圆		3.2～1.6	3.2	6.3～3.2
轮毂孔		1.6～0.8	1.6	3.2
基准端面		3.2～1.6	3.2	3.2
平键键槽		工作表面 6.3～3.2　非工作表面 12.5～6.3		
齿圈与轮芯的配合表面		0.8	1.6	1.6
自由端面、倒角表面		12.5～6.3		

6）啮合参数表

在齿轮、蜗轮、蜗杆等零件工作图中，应编写啮合特性表，表中列出齿轮的基本参数、精度等级和检验项目。

一般减速器中齿轮和蜗杆的精度等级通常为 7～9 级，按对传动性能影响不同，每个精度等级的公差分为Ⅰ、Ⅱ、Ⅲ三个公差组，在设计时，应根据不同使用要求，选择相应的公差等级以及相应的公差项目。表 4-9 推荐了常用的公差检验项目，供设计时参考，具体的数值查阅附录 G。

表 4-9　齿轮类零件工作图上标注的精度及公差项目

零件名称	公差组别	公差项目(7～9 级精度)
圆柱齿轮	Ⅰ	齿圈径向跳动公差 F_r 和公法线长度变动公差 F_w
	Ⅱ	基节极限偏差 f_{pb} 和齿形公差 f_f
	Ⅲ	齿向公差 F_β
圆锥齿轮	Ⅰ	齿距累积公差 F_p 或 F_r
	Ⅱ	齿距极限偏差 $\pm f_{pt}$
	Ⅲ	接触斑点
蜗轮	Ⅰ	齿距累积公差 F_p
	Ⅱ	齿距极限偏差 $\pm f_{pt}$
	Ⅲ	齿形公差 f_{f2}
蜗杆	Ⅱ	轴向齿距极限偏差 f_{px} 和轴向齿距累积公差 f_{pxL}
	Ⅲ	齿形公差 f_{f1}

图 4-29 是斜齿轮零件工作图、图 4-30 锥齿轮零件工作图、图 4-31 蜗轮零件工作图，设计时可参考。

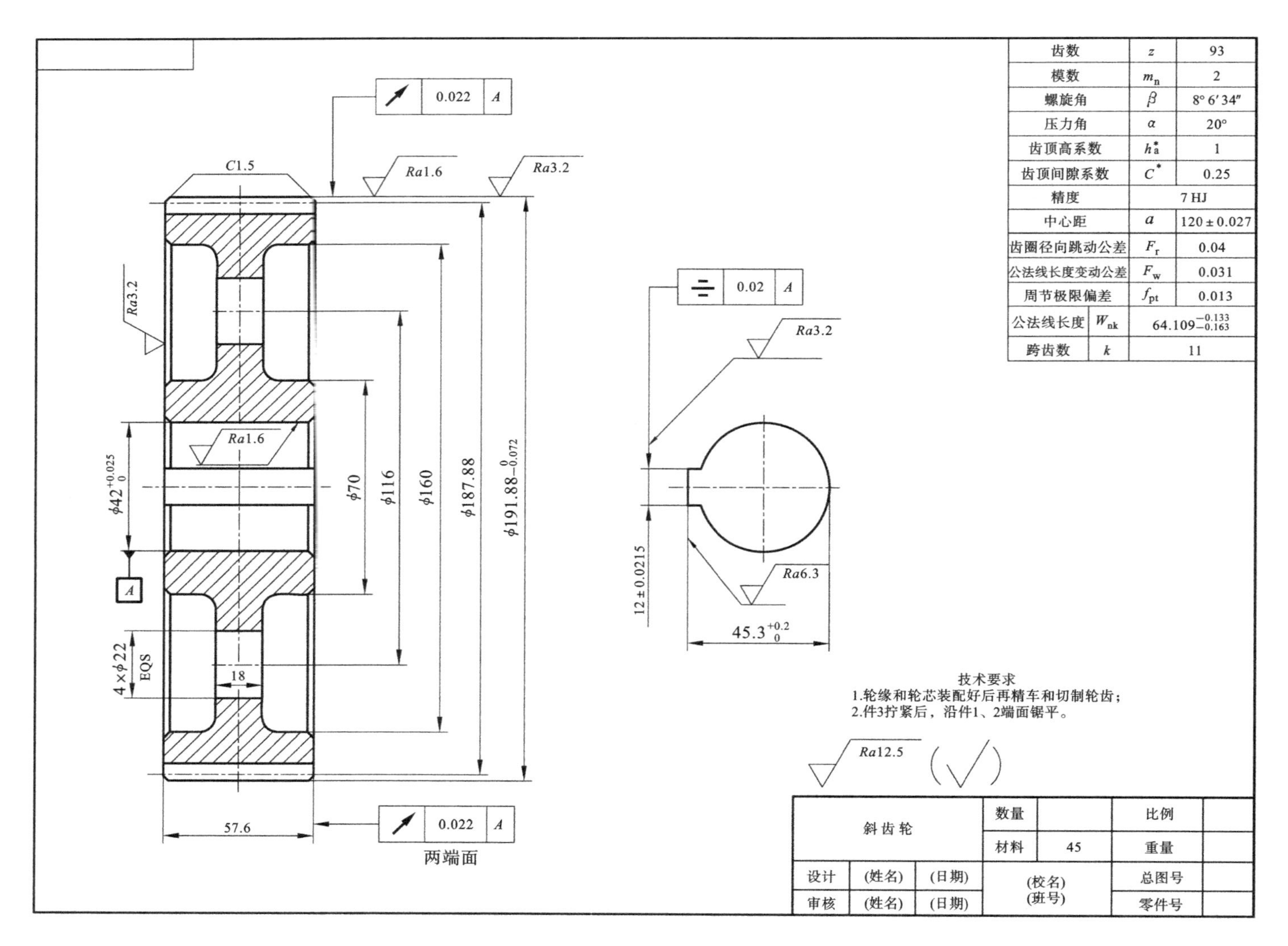

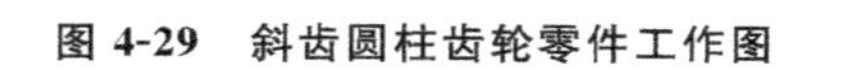
图 4-29 斜齿圆柱齿轮零件工作图

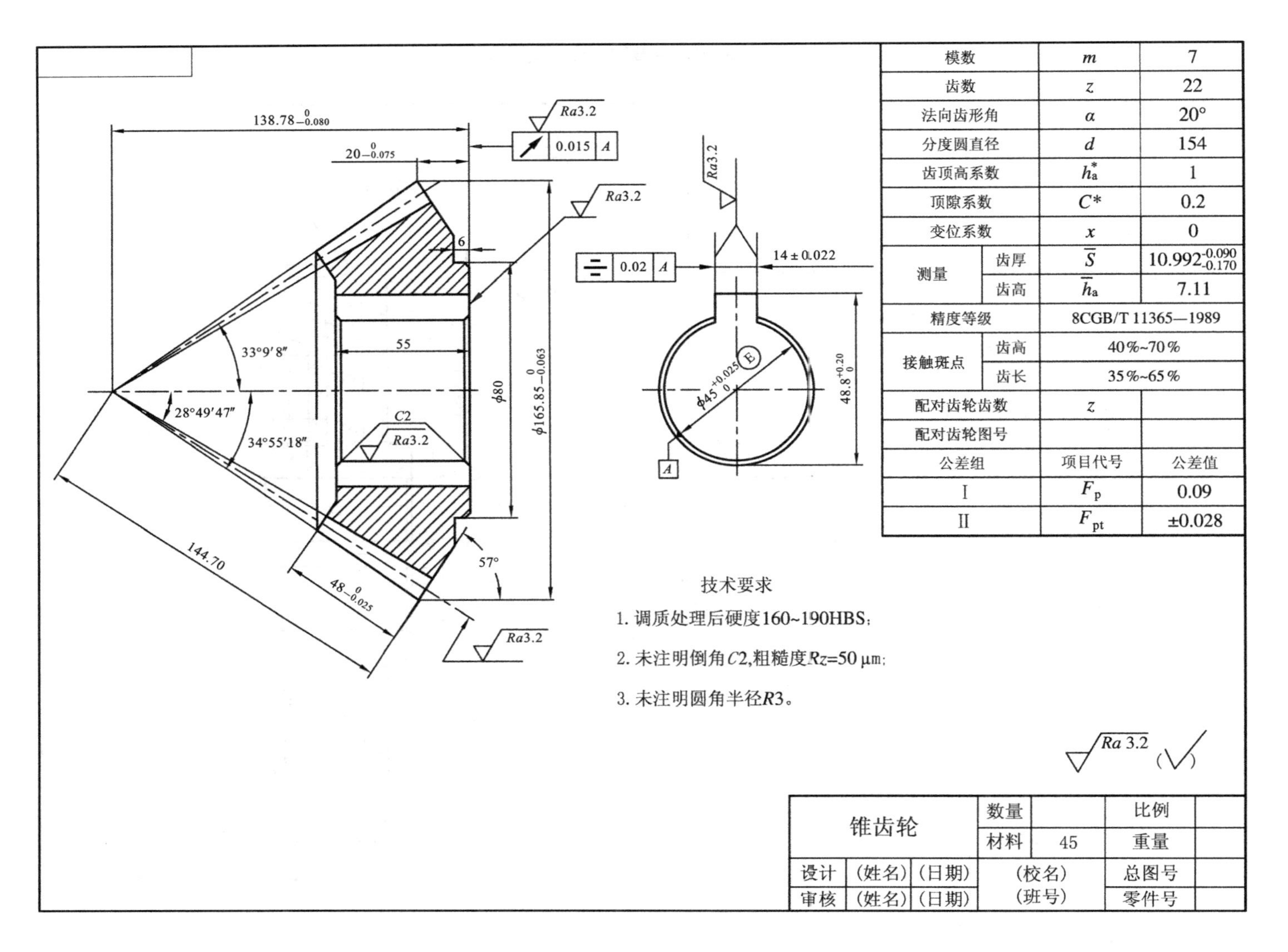

图 4-30　圆锥齿轮工作图

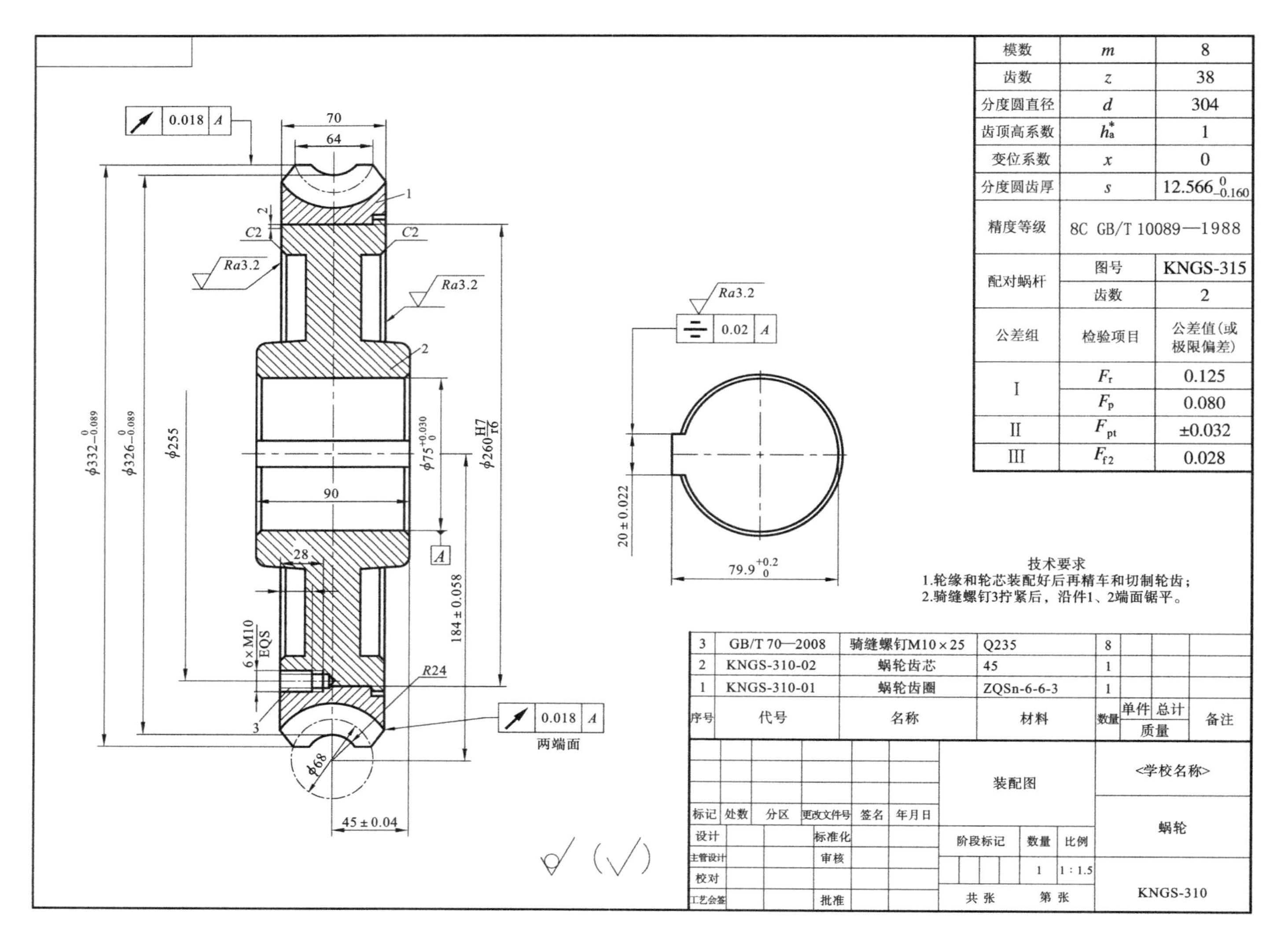

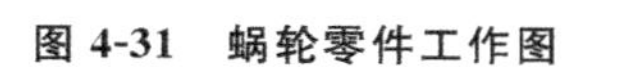

图 4-31　蜗轮零件工作图

7）齿轮类零件工作图上提出的技术要求

（1）对铸造毛坯、锻造毛坯或其他类型毛坯件的要求。

（2）材料的热处理方法及表面硬度。齿轮表面硬化处理时，还应根据设计要求说明硬化方法（如渗碳、渗氮等）和硬化层的深度。

（3）对图上未注明的倒角、圆角半径的说明。

3. 箱体类零件工作图设计

1）视图的选择

箱体类零件的结构比较复杂，为了将各部分的结构表达清楚，通常不能少于三个视图，另外还应增加必要的剖视图、向视图和局部放大图。

2）尺寸标注

箱体的尺寸标注比轴、齿轮等零件复杂得多，标注尺寸时应注意以下事项。

（1）选基准时，最好采用加工基准作为尺寸标注的基准，这样便于加工和测量。如箱座和箱盖的高度方向尺寸最好以剖分面（加工基准面）为基准；箱体宽度方向尺寸应采用宽度对称中心线为基准；箱体长度方向尺寸以轴承孔中心线作为基准。

（2）箱体的尺寸分为形状尺寸和定位尺寸。形状尺寸是箱体各部分形状大小的尺寸，如壁厚、圆角半径、槽的深度、箱体的长、宽、高，各个孔的直径和深度以及螺纹孔的尺寸等，这类尺寸应该直接标出，而不应该有任何运算。定位尺寸是确定箱体的各部分相对于基准的尺寸，如孔的中心线、曲线的中心位置及其他有关部位的平面和基准的距离等，这类尺寸应从基准直接注出。

（3）对于影响机械工作性能的尺寸，如箱体孔的中心距及其偏差应直接标注出来，以保证加工准确性。

（4）配合尺寸都应标注出偏差。标注尺寸时应避免出现封闭尺寸链。

（5）所有圆角、倒角、拔模斜度等都必须标注，或在技术要求中加以说明。

（6）各基本形体部分的尺寸，在基本形体的定位尺寸标出以后，都应从各自的基准出发进行标注。

3）形位公差

表 4-10 给出了箱体类零件推荐的形位公差，供设计时参考，形位公差数值查阅附录 G。

表 4-10　箱体形位公差推荐标注项目

类别	标注项目名称	符号	推荐用公差等级	对工作性能的影响
形状公差	轴承孔的圆柱度	⌭	6～7	影响箱体与轴承的配合性质
	分箱面的平面度	▱	7～8	影响箱体剖分面的密封性能
位置公差	轴承孔中心线的平行度	//	6～7	影响传动件的接触精度及传动平稳性
	轴承座孔端面对其中心线的垂直度	⊥	7～8	影响轴承固定及轴向受载均匀性

续表

类别	标注项目名称	符号	推荐用公差等级	对工作性能的影响
位置公差	齿轮减速器轴承座孔中心线相互间的垂直度	⊥	7	影响传动零件的传动平稳性和载荷分布均匀性
	两轴承座孔中心线的同轴度	◎	7～8	影响减速器的装配及传动零件载荷分布均匀性

4）表面粗糙度

箱体零件加工表面粗糙度的推荐值如表 4-11 所示。

表 4-11　箱体加工表面粗糙度 *Ra* 推荐值　单位：μm

加 工 表 面	表面粗糙度 *Ra* 值
箱体剖分面	3.2～1.6
与滚动轴承配合的孔	1.6(轴承外径 $D \leqslant 80$ mm) 3.2(轴承外径 $D > 80$ mm)
轴承座外端面	6.3～3.2
箱体底面	12.5～6.3
油沟及检查孔的接触面	12.5～6.3
螺栓孔及沉头座	25～12.5
圆锥销孔	3.2～1.6
轴承盖及套杯的其他配合面	6.3～3.2

5）技术要求

箱体类零件的技术要求如下。

(1) 对铸件质量的要求(如铸件不允许有缩孔、缩松等缺陷)。

(2) 铸件的失效处理、清砂及表面防护等要求。

(3) 箱座与箱盖装配固定后，配钻、铰定位销孔。

(4) 箱座与箱盖的轴承孔应用螺栓连接并装入定位销后镗孔。

(5) 组装后，分箱面不允许出现渗漏现象，必要时涂密封胶。

(6) 未注圆角、倒角和铸造拔模斜度的说明。

图 4-32 所示的箱盖零件工作图、图 4-33 所示的箱座零件工作图，图 4-34 所示的二级圆柱齿轮减速器装配图供设计时参考。

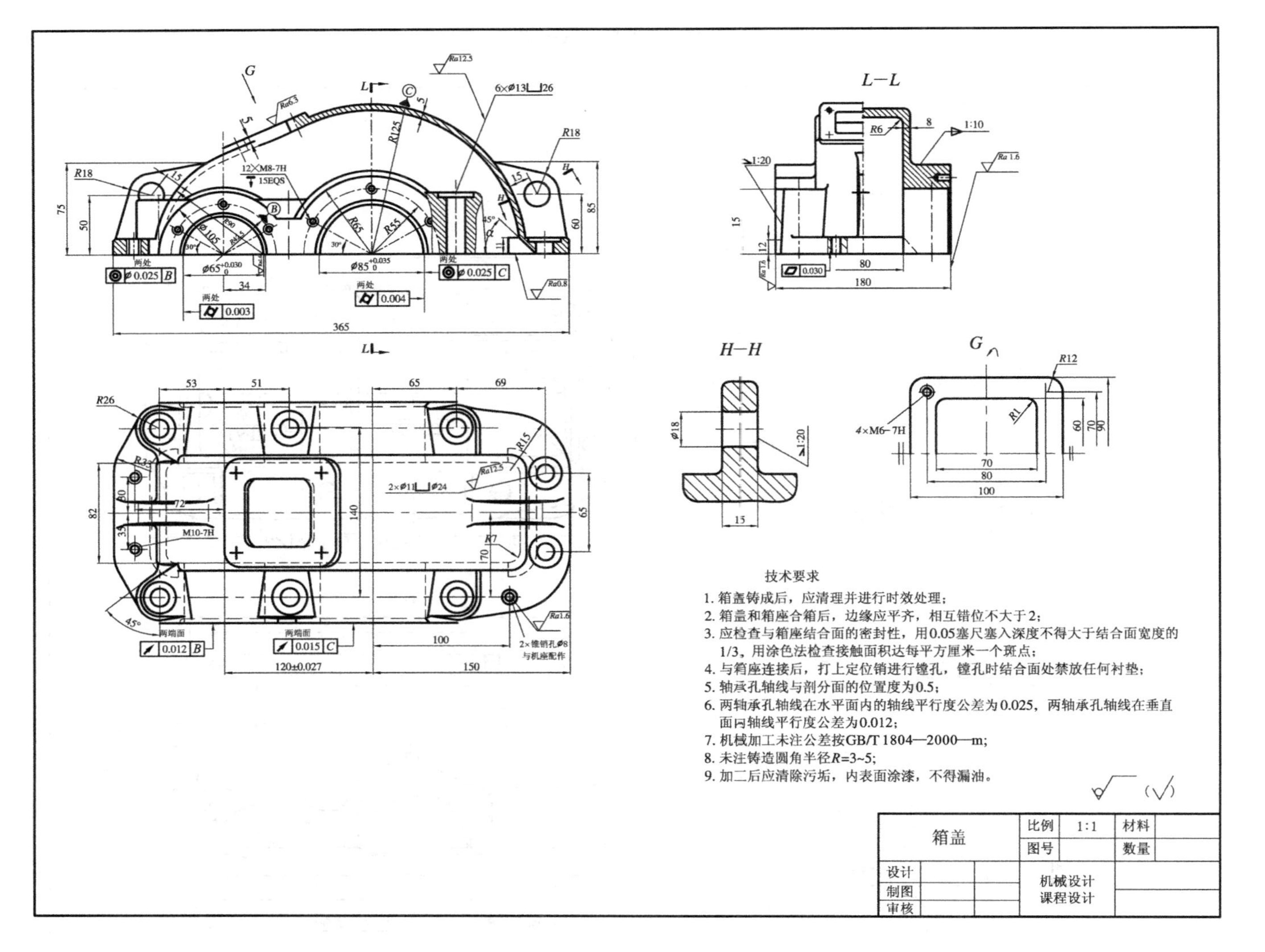
L—L
H—H
G
技术要求
1. 箱盖铸成后，应清理并进行时效处理；
2. 箱盖和箱座合箱后，边缘应平齐，相互错位不大于2；
3. 应检查与箱座结合面的密封性，用0.05塞尺塞入深度不得大于结合面宽度的1/3，用涂色法检查接触面积达每平方厘米一个斑点；
4. 与箱座连接后，打上定位销进行镗孔，镗孔时结合面处禁放任何衬垫；
5. 轴承孔轴线与剖分面的位置度为0.5；
6. 两轴承孔轴线在水平面内的轴线平行度公差为0.025，两轴承孔轴线在垂直面内轴线平行度公差为0.012；
7. 机械加工未注公差按GB/T 1804—2000—m；
8. 未注铸造圆角半径R=3~5；
9. 加二后应清除污垢，内表面涂漆，不得漏油。
箱盖
比例 1:1
材料
图号
数量
设计
制图
审核
机械设计
课程设计

图 4-32　箱盖工作图

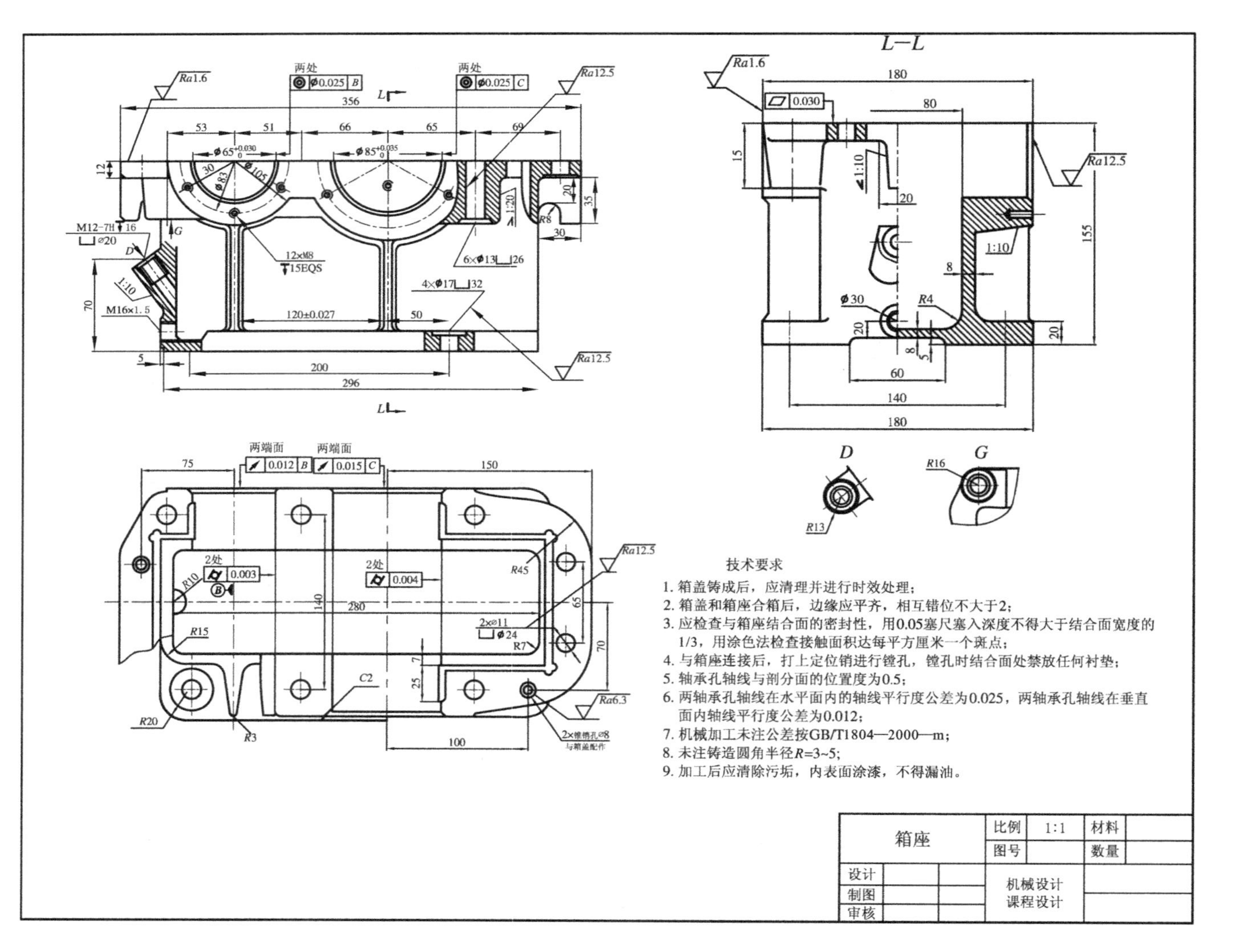

图 4-33　箱座零件工作图

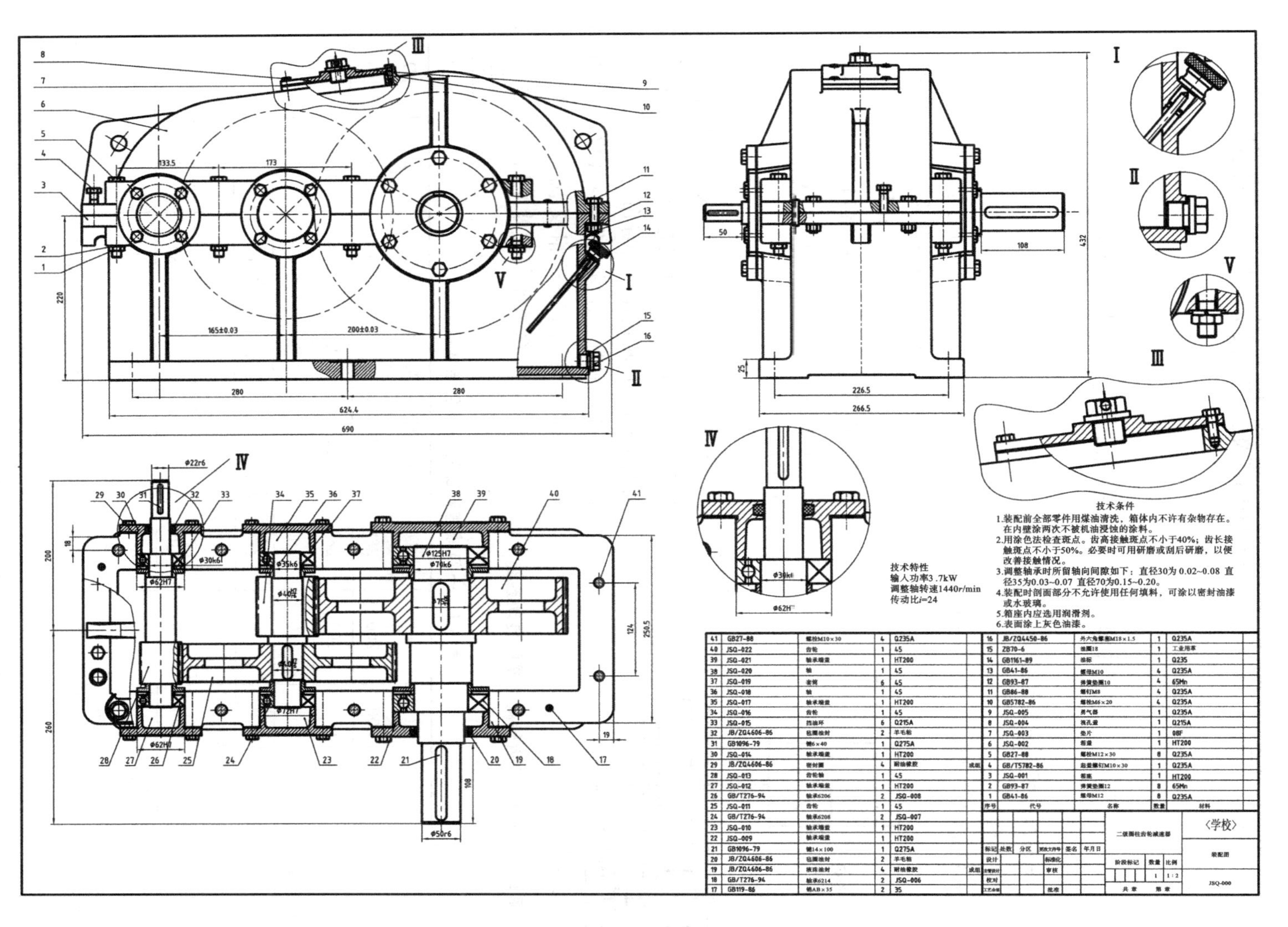

图 4-34　二级圆柱齿轮减速器装配图

第5章　传动装置的选题与设计原始数据

5.1　各种类型的减速器设计与原始数据

1. 一级圆柱齿轮减速器设计

1）设计题目

带式输送机传动装置有：①一级直齿圆柱齿轮减速器；②一级斜齿圆柱齿轮减速器。采用一级圆柱齿轮减速器的传动系统参考方案如图5-1所示。带式输送机由电动机1驱动，通过联轴器2将动力传入单级圆柱齿轮减速器3，再通过联轴器4，将动力传至输送机卷筒5，带动输送带工作。

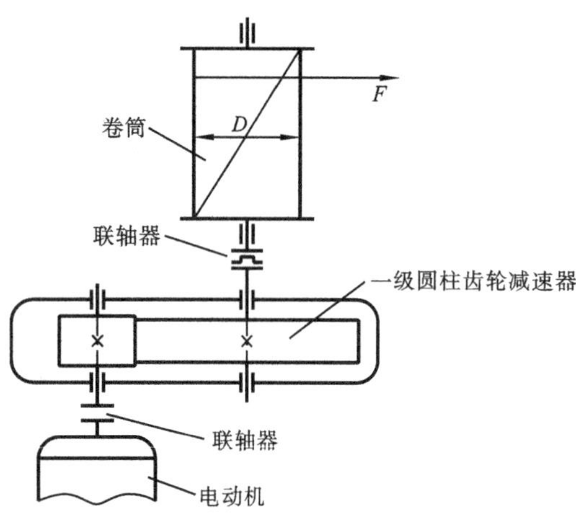

图5-1　一级圆柱齿轮减速器的传动系统

2）设计数据

已知输送带有效拉力F(N)，减速器3的输出转速n(r/min)、允许误差±5%，输送机滚筒直径D(mm)，减速器设计寿命为10年。工作条件：两班制，常温下连续工作；空载启动，工作载荷平稳，单向运转；三相交流电源，电压为380/220 V。一级减速器设计原始数据如表5-1所示。

表5-1　一级减速器课程设计原始数据

学　号	题　目	F	n	D	学　号	题　目	F	n	D
1	①	3 600	260	280	13	①	3 000	260	340
2	②	3 600	260	280	14	②	3 000	260	340
3	①	3 300	260	300	15	①	3 100	260	340
4	②	3 300	260	300	16	②	3 100	260	340
5	①	3 400	260	300	17	①	2 800	260	350
6	②	3 400	260	300	18	②	2 800	260	350
7	①	3 500	260	300	19	①	2 900	260	350
8	②	3 500	260	300	20	②	2 900	260	350
9	①	3 200	260	320	21	①	3 000	260	350
10	②	3 200	260	320	22	②	3 000	260	350
11	①	2 900	260	340	23	①	2 800	260	360
12	②	2 900	260	340	24	②	2 800	260	360

续表

学　号	题　目	F	n	D	学　号	题　目	F	n	D
25	①	2 600	260	380	38	②	4 800	265	340
26	②	2 600	260	380	39	①	4 500	265	350
27	①	4 000	260	300	40	②	4 500	265	350
28	②	4 000	260	300	41	①	4 200	240	380
29	①	3 600	260	360	42	②	4 200	240	380
30	②	3 600	260	360	43	①	4 000	240	400
31	①	3 800	260	380	44	②	4 000	240	400
32	②	3 800	260	380	45	①	3 600	240	420
33	①	3 400	260	400	46	②	3 600	240	420
34	②	3 400	260	400	47	①	4 500	240	450
35	①	4 600	265	320	48	②	4 500	240	450
36	②	4 600	265	320	49	①	4 200	236	420
37	①	4 800	265	340	50	②	4 200	236	420

3）设计任务

（1）根据原始数据确定电动机的功率与转速，计算传动比，并进行运动与动力参数计算。

（2）进行传动零件的强度计算，确定其主要参数。

（3）对减速器进行结构设计，并绘制一级减速器装配图与主要零件图。

（4）对低速轴上的轴承、键以及轴等进行寿命计算和强度校核计算。

（5）对主要零件如轴、齿轮、箱体等进行结构设计，并绘制零件工作图。

（6）编写设计计算说明书。

2. 二级齿轮减速器设计

1）设计题目

带式输送机传动装置设计有：①二级直齿圆柱齿轮减速器；②二级斜齿圆柱齿轮减速器；③二级圆锥圆柱齿轮减速器。带式输送机传动系统，采用二级（直齿或斜齿）圆柱齿轮减速器的传动系统参考设计方案，如图 5-2 所示。电动机 1 通过联轴器 2 将动力传入二级圆柱齿轮减速器 3，再通过联轴器 4，将动力传至输送机滚筒 5，带动输送带 6 工作或采用二级圆锥圆柱齿轮减速器参考设计方案，如图 5-3 所示。

2）设计数据

已知输送带有效拉力 F(N)，减速器的输出转速 n(r/min)，允许误差±5%，输送机滚筒直径 D(mm)，减速器设计寿命为 10 年。工作条件：两班制，常温下连续工作；空载启动，工作载荷平稳，单向运转；三相交流电源，电压为 380/220 V。二级减速器设计原始数据，如表 5-2 所示。

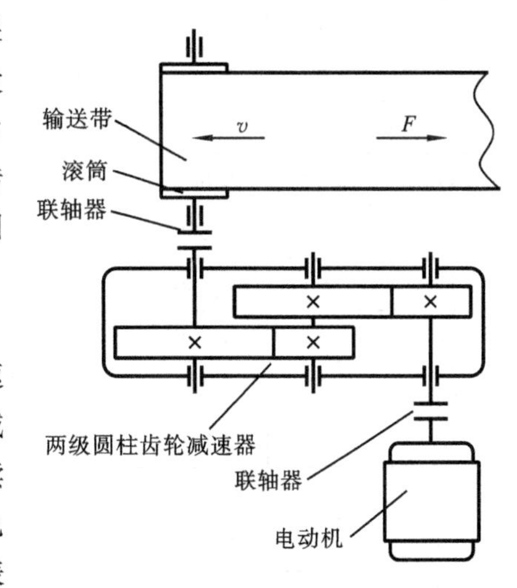

图 5-2　两级圆柱齿轮减速器

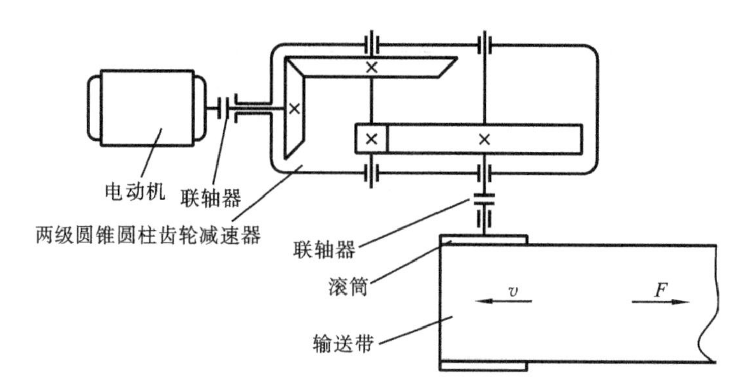

图 5-3　两级圆锥圆柱齿轮减速器

表 5-2　二级减速器课程设计原始数据

学号	题目	F	n	D	学号	题目	F	n	D
1	①③	3 600	60	280	26	②	2 600	60	380
2	②	3 600	60	280	27	①③	4 000	60	300
3	①③	3 300	60	300	28	②	4 000	60	300
4	②	3 300	60	300	29	①③	3 600	60	360
5	①	3 400	60	300	30	②	3 600	60	360
6	②	3 400	60	300	31	①③	3 800	60	380
7	①③	3 500	60	300	32	②	3 800	60	380
8	②	3 500	60	300	33	①③	3 400	60	400
9	①③	3 200	60	320	34	②	3 400	60	400
10	②	3 200	60	320	35	①③	4 600	65	320
11	①③	2 900	60	340	36	②	4 600	65	320
12	②	2 900	60	340	37	①③	4 800	65	340
13	①③	3 000	60	340	38	②	4 800	65	340
14	②	3 000	60	340	39	①③	4 500	65	350
15	①③	3 100	60	340	40	②	4 500	65	350
16	②	3 100	60	340	41	①③	4 200	40	380
17	①③	2 800	60	350	42	②	4 200	40	380
18	②	2 800	60	350	43	①③	4 000	40	400
19	①③	2 900	60	350	44	②	4 000	40	400
20	②	2 900	60	350	45	①③	3 600	40	420
21	①③	3 000	60	350	46	②	3 600	40	420
22	②	3 000	60	350	47	①③	4 500	40	450
23	①③	2 800	60	360	48	②	4 500	40	450
24	②	2 800	60	360	49	①③	4 200	36	420
25	①③	2 600	60	380	50	②	4 200	36	420

3）设计任务

(1) 根据原始数据确定电动机的功率与转速，分配各级传动的传动比，并进行运动与动力参数计算。

(2) 进行传动零件的强度计算，确定其主要参数。

(3) 对减速器进行结构设计，并绘制二级减速器装配图与主要零件图。

(4) 对低速轴上的轴承、键以及轴等进行寿命计算和强度校核计算。

(5) 对主要零件如轴、齿轮、箱体等进行结构设计，并绘制零件工作图。

(6) 编写设计计算说明书。

3. 一级蜗轮蜗杆减速器设计

1）设计题目

某带式输送机传动装置采用一级蜗轮蜗杆减速器，如图 5-4 所示。蜗杆材料采用 45 钢，齿面硬度 45～50 HRC。蜗轮齿圈采用青铜类材料（自选），电动机 1 通过联轴器 2 将动力传入一级蜗轮蜗杆减速器 3，再通过联轴器 4，将动力传至输送机滚筒 5，带动输送带 6 工作。

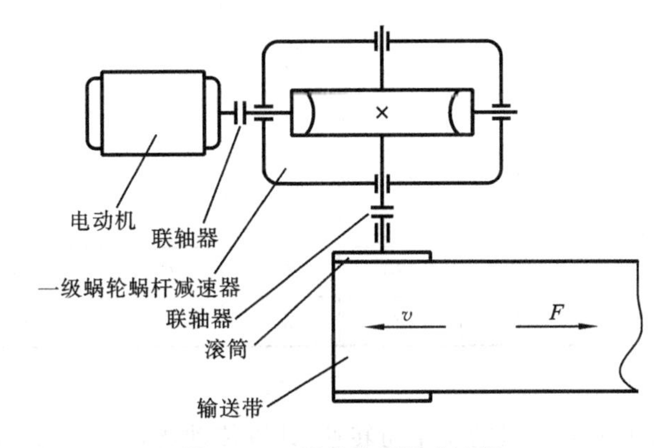

图 5-4　一级蜗轮蜗杆减速器

2）设计数据

蜗杆位置有：①蜗杆上置；②蜗杆下置两种。输送带有效拉力 F(N)，输送机滚筒转速 n(r/min)，允许误差±5%，输送机滚筒直径 D(mm)，减速器设计寿命为 10 年。工作条件：两班制，常温下连续工作，空载启动，工作载荷平稳，单向运转；三相交流电源，电压为 380 V。一级蜗轮蜗杆减速器课程设计原始数据，如表 5-3 所示。

表 5-3　一级蜗轮蜗杆减速器课程设计原始数据

学　号	题目	F	n	D	学　号	题目	F	n	D
1	①	3 600	40	280	9	①	3 200	50	320
2	②	3 600	40	280	10	②	3 200	45	320
3	①	3 300	40	300	11	①	2 900	35	340
4	②	3 300	45	300	12	②	2 900	50	340
5	①	3 400	45	300	13	①	3 000	45	340
6	②	3 400	35	300	14	②	3 000	45	340
7	①	3 500	45	300	15	①	3 100	45	340
8	②	3 500	50	300	16	②	3 100	50	340

续表

学　号	题目	F	n	D	学　号	题目	F	n	D
17	①	2 800	35	350	34	②	3 400	60	400
18	②	2 800	35	350	35	①	4 600	55	320
19	①	2 900	35	350	36	②	4 600	55	320
20	②	2 900	45	350	37	①	4 800	55	340
21	①	3 000	45	350	38	②	4 800	55	340
22	②	3 000	50	350	39	①	4 500	65	350
23	①	2 800	50	360	40	②	4 500	65	350
24	②	2 800	55	360	41	①	4 200	40	380
25	①	2 600	55	380	42	②	4 200	40	380
26	②	2 600	60	380	43	①	4 000	40	400
27	①	4 000	45	300	44	②	4 000	40	400
28	②	4 000	45	300	45	①	3 600	45	420
29	①	3 600	60	360	46	②	3 600	45	420
30	②	3 600	60	360	47	①	4 500	45	450
31	①	3 800	60	380	48	②	4 500	50	450
32	②	3 800	60	380	49	①	4 200	45	420
33	①	3 400	50	400	50	②	4 200	45	420

3）设计任务

（1）根据原始数据确定电动机的功率与转速，计算传动比，并进行运动与动力参数计算。

（2）进行传动零件的强度计算，确定其主要参数。

（3）对蜗杆减速器进行结构设计，并绘制装配图与主要零件图。

（4）对蜗轮轴上的轴承、键以及轴等进行寿命计算和强度校核计算。

（5）对主要零件如轴、蜗轮、箱体等进行结构设计，并绘制零件工作图。

（6）编写设计计算说明书。

5.2　单边辊轴自动送料机构传动装置的设计与原始数据

1. 设计题目

冲压机床本身是通用机械，只能单件冲压零件，效率低，通过对现有的冲压机床进行改造，设计“单边辊轴自动送料机构”使冲压零件实现连续自动化。图 5-5 为单边辊轴自动送料机构传动装置机构简图。图中，滑块重力 $G_7=1\ 500$ N，大齿轮回转中心的转动惯量 $J_{O2}=0.8\ \mathrm{kg\cdot m^2}$，一对辊轴中心的转动惯量分别为 $J_{O3}=0.4\ \mathrm{kg\cdot m^2}$，$J_{O4}=0.3\ \mathrm{kg\cdot m^2}$。现要求完成单边辊轴自动送料机构的尺寸综合，并进行机构的运动分析与动力分析，设计该机构装配图。

2. 设计数据

题目的原始数据如表 5-4 所示。

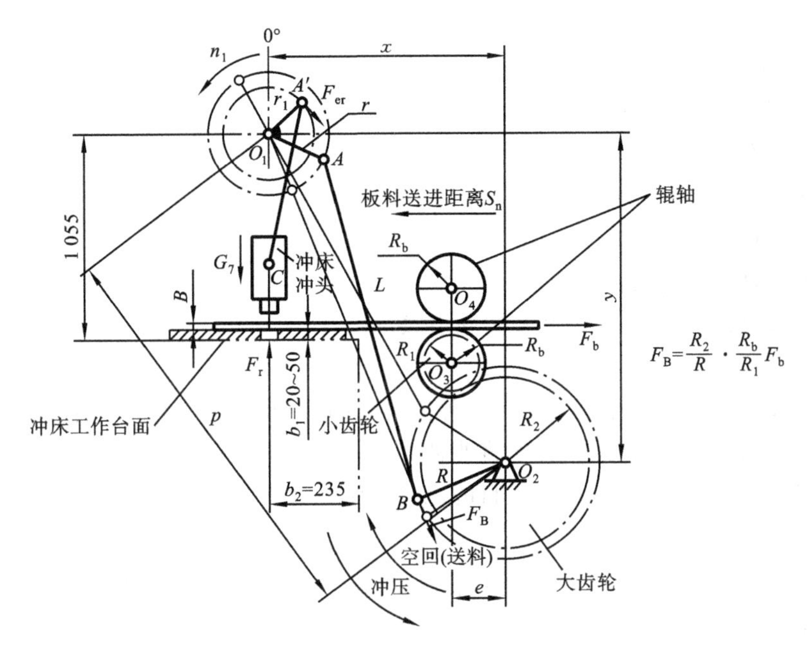

图 5-5　单边辊轴送料机构简图

表 5-4　单边辊轴自动送料装置题目的原始数据

方案	S_n /mm	n /(次/分)	B /mm	H /mm	F_b /N	F_r /N	[α] /(°)	δ	R_b /mm	R_2 /mm	R /mm	L /mm	x /mm	y /mm	学号
1	135	250	2	80	500	2 000	25	0.04	60	120	180	1 300	370	1 250	1～4
2	140	230	2	80	510	2 100	25	0.03	60	120	180	1 300	370	1 250	5～8
3	145	220	2	80	520	2 200	25	0.03	60	120	180	1 300	370	1 250	9～12
4	150	200	2.5	80	530	2 300	25	0.03	60	120	180	1 300	370	1 250	13～16
5	155	180	2.5	80	540	2 400	25	0.04	60	120	180	1 300	370	1 250	17～20
6	160	170	2.5	80	550	2 500	25	0.03	60	120	180	1 300	370	1 250	21～24
7	165	160	3	80	560	2 600	25	0.03	60	120	180	1 300	370	1 250	25～28
8	170	150	3	80	570	2 700	25	0.03	60	120	180	1 300	370	1 250	29～32
9	175	140	3	80	580	2 800	25	0.03	60	120	180	1 300	370	1 250	33～36
10	180	120	3	80	590	2 900	25	0.04	60	120	180	1 300	370	1 250	37～40
11	185	100	3	80	600	3 000	25	0.03	60	120	180	1 300	370	1 250	41～44
12	42.57	150	2	80	600	2 200	25	0.03	48	54	175	1 243	371	1 250	45～48

S_n——板料送进距离(根据冲压零件的大小确定一个合理的值)；

n——压机频次；

B——板料厚度；

H——冲压滑块行程；

$[\alpha]$——许用压力角；

F_b——板料送进阻力；

F_r——冲压板料时的阻力；

δ——速度不均匀系数；

e——偏心距，取 $e=0$；

R_b——辊轴半径；

R_1——小齿轮分度圆半径；

R_2——大齿轮分度圆半径；

R——摇杆半径；

板料底面至冲床工作台面距离为 $b_1=20\sim50$ mm。

3. 机构分析和设计的具体内容及实施步骤

1）方案设计

根据题目要求与原始数据，提出 2～3 种方案，并进行机构尺寸综合，绘出机构运动简图。从中选择一种可行性方案，按照该方案将曲柄的一个运动循环分成 13 个位置，即 1～12 号位置始（开始冲压位置），然后绘滑块及板料的位移线图和速度线图。

2）机构尺寸综合

根据表 5-4 数据，首先确定机构尺寸：l_{O_1A}，$l_{O_1A'}$，$l_{A'C}$，及开始冲压时滑块 C 至板料的距离 S_1。

步骤如下。

（1）求辊轴转角

$$\alpha_R=\frac{S_n\times180}{\pi\times R_b}$$

（2）摇杆摆角

$$\alpha_A=\alpha_R\frac{R_1}{R_2}$$

（3）机架中心距

$$P=L_{O_1O_2}=\sqrt{x^2+y^2}$$

（4）求曲柄摇杆机构的曲柄半径

$$r=l_{O_1A}$$

$$r^2=l_{O_1A}^2=(P^2+R^2+l^2)-\frac{2l^2-2\cos\frac{\alpha_A}{2}\sqrt{\left(l^2-p^2\sin^2\frac{\alpha_A}{2}\right)\left(l^2-R^2\sin^2\frac{\alpha_A}{2}\right)}}{\sin^2\frac{\alpha_A}{2}}$$

（5）曲柄滑块机构的曲柄半径

$$r_1=l_{O_1A'}=\frac{H}{2}$$

（6）根据许用压力角[α]调节连杆长 l_1，取 $l_1=560$ mm，并验算。

$$l_1=l_{A'C}\geqslant\frac{\frac{H}{2}}{\sin[\alpha]}$$

式中　R_1、R_2——齿轮分度圆半径，由齿轮的模数 m 和齿数 z 确定，根据机构综合得到的尺寸，用长度比例尺 μ_1(m/mm)，绘制机构运动简图。

3）送料时间及其调整方法

送料时间一般在上止点前后为宜，这样可避免冲头干涉，一般取在曲柄转角 270°～90°之间，如图 5-6 所示。当曲柄在 270°时，摇杆应位于下极限位置，由此可确定原动件上两曲柄之

间的夹角 α，如图 5-6(c)所示。当送料距离一定时，应尽可能加长送进时间，通常用改变偏心的圆周位置来实现。

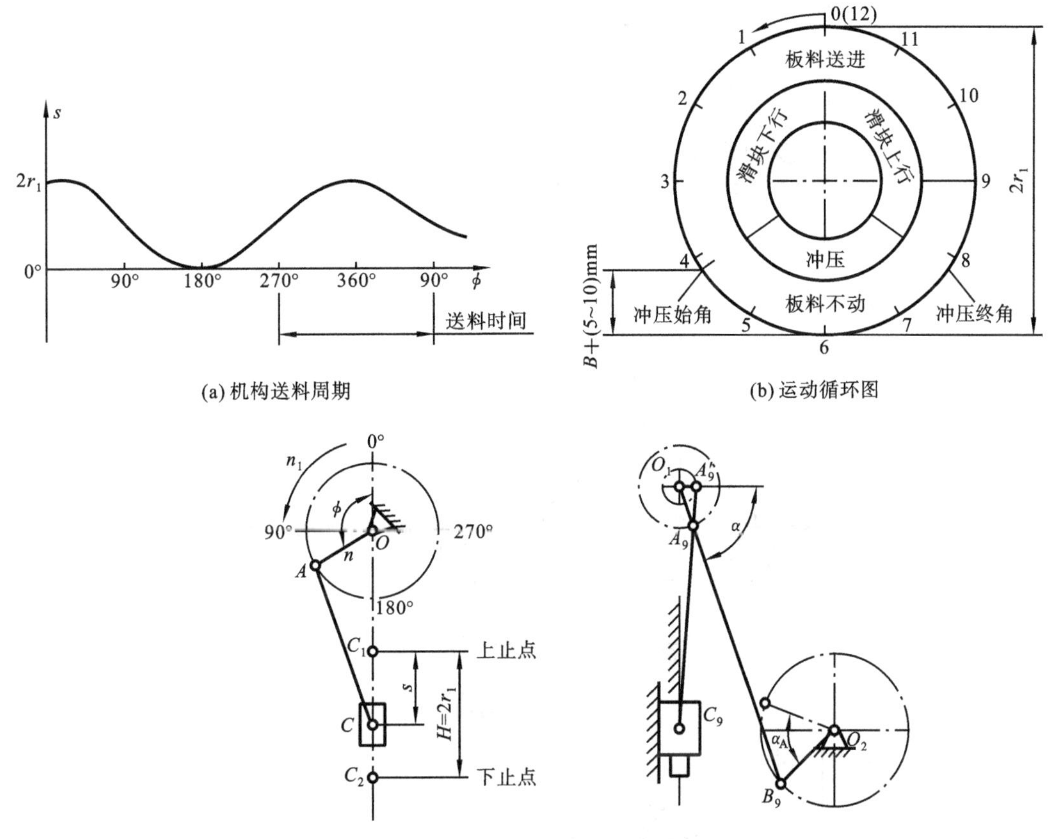

图 5-6　机构送料与运动循环图

4）单边辊轴送料装置机构运动分析

作滑块 7 的位移线图 s-φ 曲线，板料的位移曲线 s'-φ。

将曲柄 l_{O_1A} 的圆周按曲柄的转向依次分为 12 等份，另外补充冲头开始冲压时的一个位置，取曲柄 1 为原点，这时滑块 7 在最高点（上止点），板料应进入送进阶段，使曲柄按图 5-6 所示转向依次转到各个位置，可找出滑块 7 上点 C 的位置和板料移动的距离，取长度比例尺 μ_s 及时间比例尺 $\mu_t=T/L=60/n_1L$(s/mm)，分别作滑块的位移线图和板料的位移线图（一个周期内），L 为图上横坐标的长度。

5）用图解微分法分别作滑块和板料的速度线图

下面以图 5-7 为例来说明图解微分法的作图步骤，图 5-7(a)所示为某一切线法位移线图，曲线上任一点的速度可表示为

$$v=\frac{\mathrm{d}s}{\mathrm{d}t}=\frac{\mu_s\mathrm{d}y}{\mu_t\mathrm{d}x}=\frac{\mu_s}{\mu_t}\tan\alpha$$

式中　$\mathrm{d}y$、$\mathrm{d}x$——$s=s(t)$线图中代表微小位移 $\mathrm{d}s$ 和微小时间 $\mathrm{d}t$ 的线段；

　　α——曲线 $s=s(t)$在所研究位置处切线的倾角。

表明曲线在每一位置处的速度 v 与曲线在该点处的斜率成正比，即 $v\propto\tan\alpha$，为了用线段来表

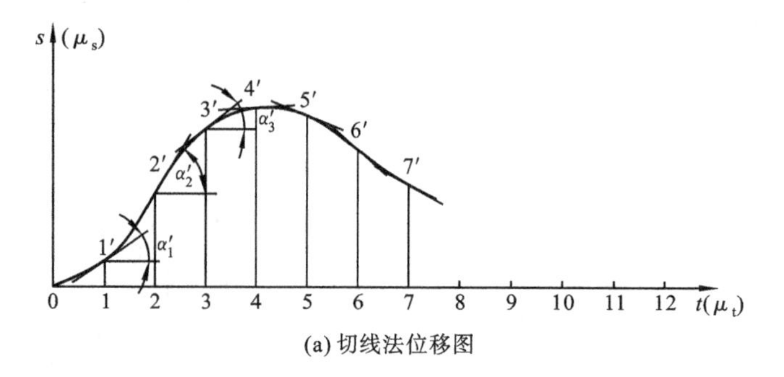

(a) 切线法位移图

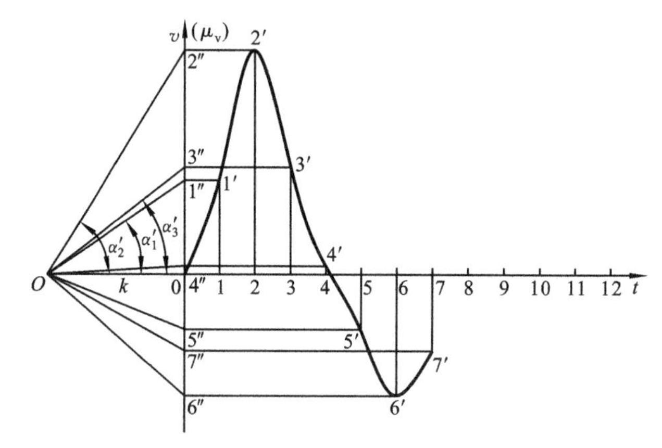

(b) 切线法速度图

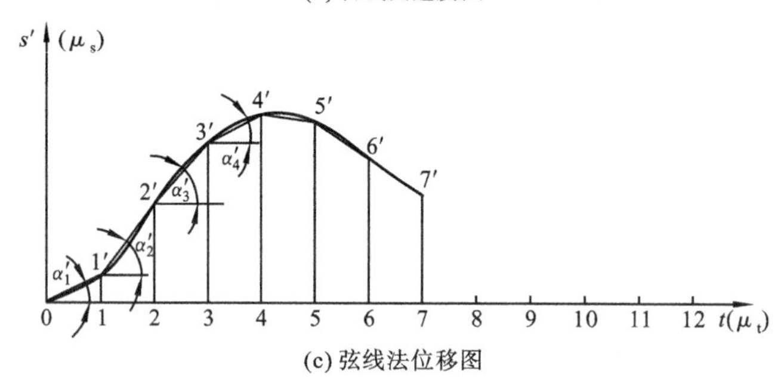

(c) 弦线法位移图

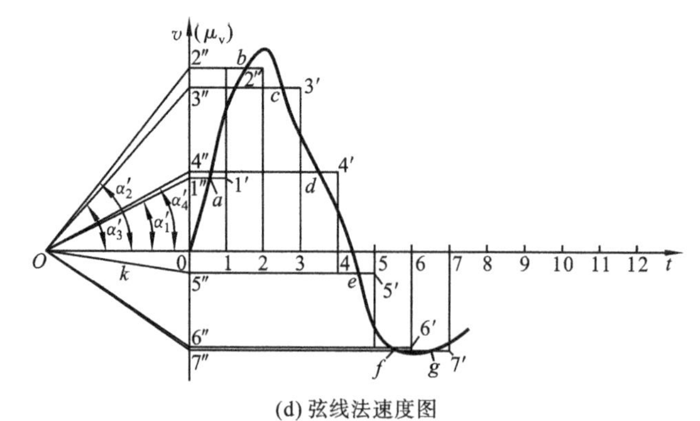

(d) 弦线法速度图

图 5-7　速度线图

示速度，引入极距 K(mm)，则

$$v=\frac{\mu_s}{\mu_t}\tan\alpha=\frac{\mu_s}{\mu_t K}(K\tan\alpha)=\mu_v(K\tan\alpha)$$

式中　μ_v——速度比例尺，$\mu_v=\frac{\mu_s}{\mu_t K}$，(m/s)/mm。

K 为直角三角形中 α 角的邻边时，$K\tan\alpha$ 为角 α 的对边。由此可知，在曲线的各个位置，其速度 v 与以 K 为底边，斜边平行于 $s=s(t)$ 曲线在所研究点处的切线的直角三角形的对边高度 $K\tan\alpha$ 成正比。该式正是图解微分法的理论依据，按此便可由位移线图作得速度线图(v-t 曲线)。

先建立速度线图的坐标系 $v=v(t)$，如图 5-7(b)所示，其中分别以 μ_v 和 μ_t 作为 v 轴和 t 轴的比例尺，然后沿轴向左延长至点 o，使 $o0=K$(mm)，距离 K 称为极距，点 o 为极点。过点 o 作 $s=s(t)$ 曲线上各位置切线(见图 5-7(a))中的平行线 $o1''$、$o2''$、$o3''$等，在纵坐标轴上截得线段 $01''$、$02''$、$03''$等。由前面分析可知，这些线段分别表示曲线在 $1'$、$2'$、$3'$等位置时的速度，从而很容易画出位移曲线的速度曲线，如图 5-7(b)所示。

上述图解微分法称为切线法。该法要求在曲线的任意位置处很准确地作出曲线的切线，这常常是非常困难的，因此实际上常用“弦线”代替“切线”，即采用所谓弦线法，作图方便且能满足要求。依次连接图 5-7(c)中 $s-s(t)$ 曲线上相邻两点，可得弦线 $1'2'$、$2'3'$、$3'4'$等，它们与相应区间位移曲线上某点的切线平行。当区间足够小时，该弦线近似地认为是对应两点中点的切线。因此我们可以这样来作速度曲线：如图 5-7(d)所示，按上述切线法建立坐标系 $v=v(t)$，并取定极距 K 以及极点 o，从点 o 作辐射线 $o2''$、$o3''$、$o4''$等，使分别平行于弦线 $1'2'$、$2'3'$、$3'4'$并交纵坐标轴于 $2''$、$3''$等点，然后作水平线与作弦线的两坐标点的纵向线相交得到一个个小矩形(见图 5-7(d))，则过各矩形上底中点(见图 5-7 中点 a、b、c、d、e、f 等)作光滑曲线，即为所求位移曲线的速度线图(v-t 曲线)。

6）用相对运动图解法，分别作滑块和板料的速度分析

(1) 求 $v_{A'}$ 及 v_A

$$v_{A'}=r_1\omega_1,\quad v_A=r\omega_1$$

$$\omega_1=2\pi n/60\quad(\mathrm{rad/s})$$

(2) 列出向量方程，求 v_C，v_B

$$\vec{v_C}=\vec{v_{A'}}+\vec{v_{CA'}}$$

$$\vec{v_B}=\vec{v_A}+\vec{v_{BA}}$$

$$v_{板料}=\frac{R_2R_b}{R_1R}v_B$$

(3) 取速度比例尺 $\mu_v=v_{A'}/pa'$，作速度多边行，将结果列入表 5-5。

表 5-5　滑块、板料的速度分析汇总表

方法 \ 位置	1	2	3	4	5	6	7	8	9	10	11	12
图解微分法求滑块												
相对运动图解法求滑块												
图解微分法求板料												
相对运动图解法求板料												

7）辊轴送料装置的机构运动循环

以滑块最高点为曲柄转动起点，当滑块下行到开始冲压时的转角为冲压始角，冲压完毕时的角度为冲压终角，冲压时对应的板料必须保持不动。冲压完成后，滑块继续上行到最高点，完成一个循环。为保证板料送进时速度较低，应尽可能地使板料送进时间大于板料不动的时间。

8）飞轮设计

略（参考相关书籍）。

4. 设计任务

（1）绘制冲床机构的工作循环图，使送料运动与冲压运动相互协调。

（2）针对图5-5所示的冲床执行机构（冲压机构与送料机构）方案，依据设计要求和已知参数，确定各构件的运动尺寸，绘制机构运动简图。

（3）假设曲柄等速转动，画出滑块 C 的位移和速度的变化曲线，以及板料送进的位移与速度的变化曲线，如图5-8所示。

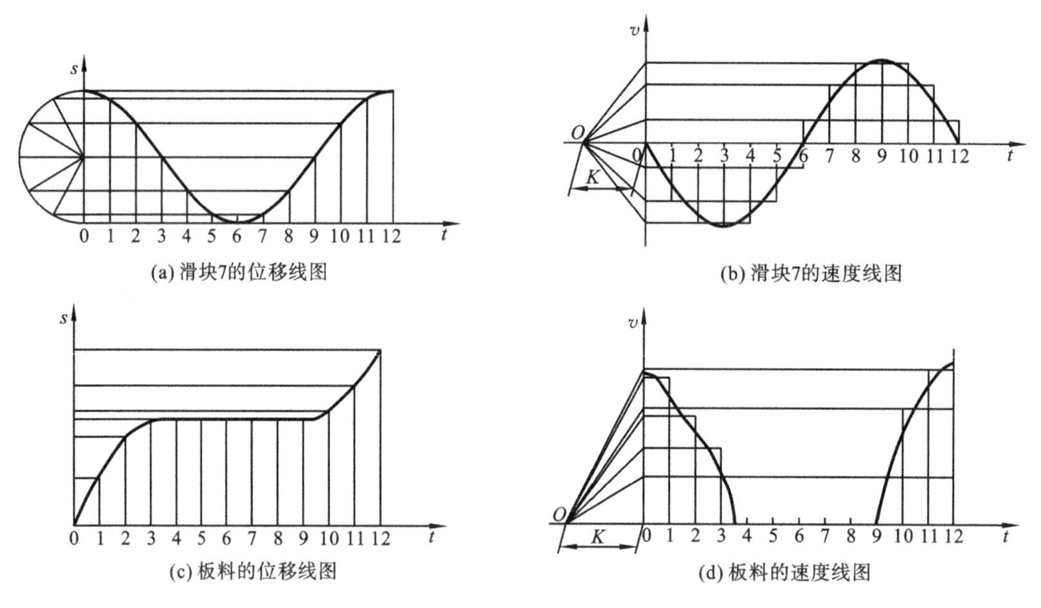

图5-8 滑块与板料送进的位移和速度的变化曲线

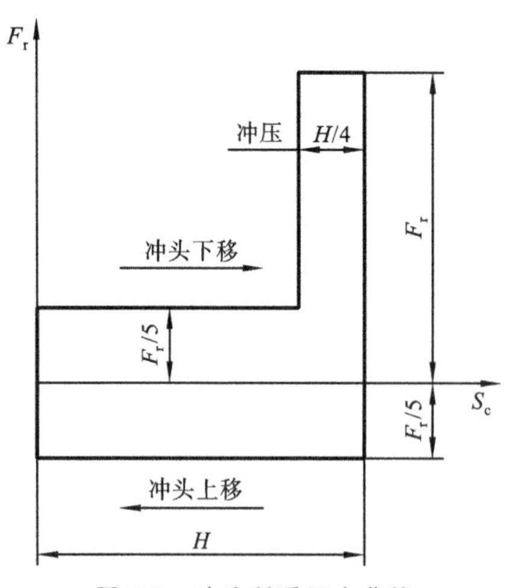

图5-9 冲头所受阻力曲线

（4）在冲床工作过程中，冲头所受的阻力变化曲线如图5-9所示。在不考虑各处摩擦、其他构件重力和惯性力的条件下，分析曲柄所需的驱动力矩。

（5）确定电动机的功率与转速。

（6）以曲柄为等效构件，确定应加于曲柄轴上飞轮的转动惯量。

（7）确定传动系统方案，设计传动系统中各零部件的结构尺寸。

（8）绘制送料机构的装配图与齿轮、轴等零件图。

（9）编写课程设计计算说明书。

5.3　颚式破碎机的机构综合与传动系统设计

1. 设计题目

颚式破碎机是一种利用颚板往复摆动压碎石料的设备。工作时，大块石料从上面的进料口进入，被破碎的小粒石料从下面的出料口排出。

复摆式颚式破碎机的结构示意图如图 5-10 所示。图中连杆 2 的扩大衬套 c 套在偏心轮 1 上，1 与带轮轴 6 固连，并绕其轴线转动；摇杆 3 在 C、D 两处分别与连杆 2 和机架相连；连杆 2（颚臂）上装有承压齿板 a，石料填放在空间 b 中；压碎的粒度用楔块机构 4 调整；弹簧 5 用以缓冲机构中的动应力。

简摆式颚式破碎机的结构示意图如图 5-11 所示。当与带轮固连的曲柄 1 绕轴心 O 连续回转时，在构件 2、3、4 的推动下，动颚板 5 绕固定点固定铰链 7 往复摆动，与固定颚板 6 一起，将矿石压碎。

设计颚式破碎机的执行机构和传动系统。

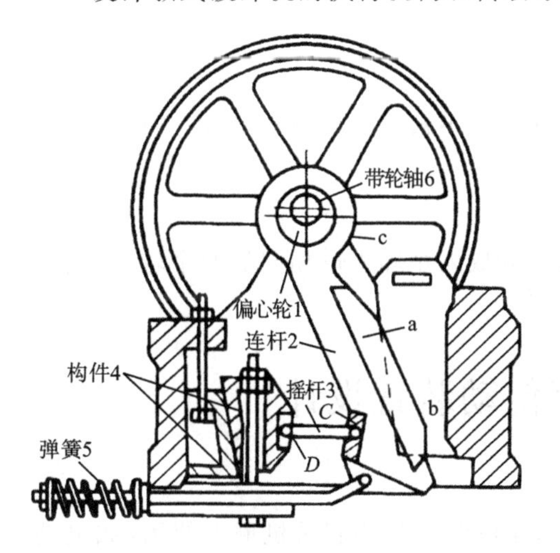

图 5-10　复摆式颚式破碎机

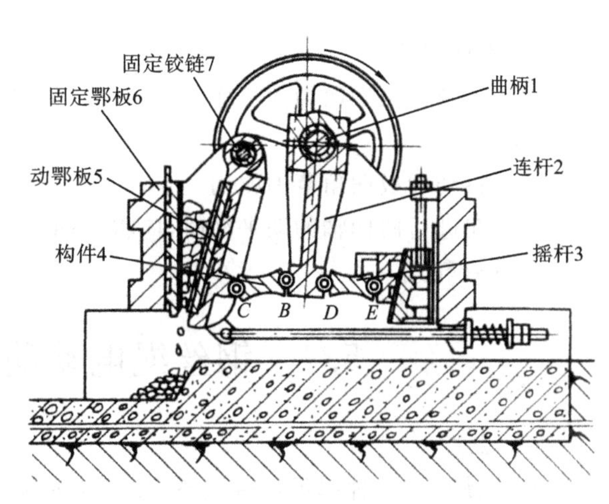

图 5-11　简摆式颚式破碎机

2. 设计数据与要求

颚式破碎机设计数据如表 5-6 所示。

表 5-6　颚式破碎机设计数据

分组号	进料口尺寸/mm	颚板有效工作面积/mm^2	最大进料粒度/mm	出料口调整范围/mm	最大挤压压强/MPa	曲柄转速/(r/min)
1	120×200	200×200	100	10～30	200	300
2	150×250	250×250	120	10～40	210	270
3	200×250	300×250	150	20～40	220	250
4	250×300	350×300	200	20～50	230	200

为了提高机械效率，要求执行机构的最小传动角大于 65°。为了防止压碎的石料在下落时进一步碰撞变碎，要求动颚板放料的平均速度小于压料的平均速度，但为了减小驱动功率，要求速比系数 k（压料的平均速度/放料的平均速度）不大于 1.2。采用 380 V 三相交流电动

机。该颚式破碎机的设计寿命为5年，每年300工作日，每日工作16小时。

3. 设计任务

(1) 针对图5-10、图5-11所示的颚式破碎机的执行机构方案，依据设计数据和设计要求，确定各构件的运动尺寸，绘制机构运动简图，并分析组成机构的基本杆组。

(2) 假设曲柄等速转动，画出颚板角位移和角速度的变化规律曲线。

(3) 在颚板挤压石料过程中，假设挤压压强线性增加由零到最大，并设石料对颚板的压强均匀分布在颚板有效工作面上，在不考虑各处摩擦、构件重力和惯性力的条件下，分析曲柄所需的驱动力矩。

(4) 确定电动机的功率与转速。

(5) 取曲柄轴为等效构件，要求其速度波动系数小于3%，确定应加于曲柄轴上的飞轮转动惯量。

(6) 对曲柄轴进行动平衡计算。

(7) 确定传动系统方案，设计传动系统中各零部件的结构尺寸。

(8) 绘制颚式破碎机的装配图和曲柄轴的零件图。

(9) 编写课程设计说明书。

4. 设计提示

(1) 动颚板长度取为其工作长度的1.2倍，为了使石料不被挤推出破碎室，两颚板间夹角α为18°～20°。

(2) 将动颚板摆角范围取为$\alpha/2$。

(3) 在进行曲柄轴的动平衡时，应将曲柄上的飞轮分成大小和重量相同的两个轮子，其中一个兼作带轮用。

5.4 钢丝绳电动葫芦传动装置设计

1. 概述

电动葫芦是一种起重机械设备，可安装在钢轨上，亦可配在某些起重机械上使用(如电动单梁桥式起重机、龙门起重机、摇臂起重机等)。由于它具有体积小、重量轻、结构紧凑和操作方便等优点，因此是厂矿、码头、仓库等常用的起重设备之一。

电动葫芦以起重量为0.5～5 t、起重高度为30 m以下者居多。如图5-12所示的电动葫芦主要由电动机(带制动器)、减速器、钢丝绳及卷筒、导绳器、吊钩及滑轮、行车机构和操纵按钮等组成。

电动葫芦起升机构如图5-13所示。它由电动机通过联轴器直接带动齿轮减速器的输入轴，通过齿轮减速器末级大齿轮带动输出轴(空心轴)，驱动卷筒转动，从而使吊钩起升或下降，其传动系统如图5-13所示。

如图5-14所示为电动葫芦起升机构传动系统，其齿轮减速器具有三级斜齿圆柱齿轮传动，为便于装拆，通常制成部件，并通过螺栓固紧在卷筒的外壳上。为使结构紧凑和降低重量，每级小齿轮的齿数选得较少，所有齿轮均用强度较高、并经热处理的合金钢制成。

图5-15所示为齿轮减速器的装配图。减速器的输入轴Ⅰ和中间轴Ⅱ、Ⅲ均为齿轮轴，输出轴Ⅳ是空心轴，末级大齿轮和卷筒通过花键和轴相连。为了尽可能减小该轴左端轴承的径向尺寸，一般采用滚针轴承作支承。

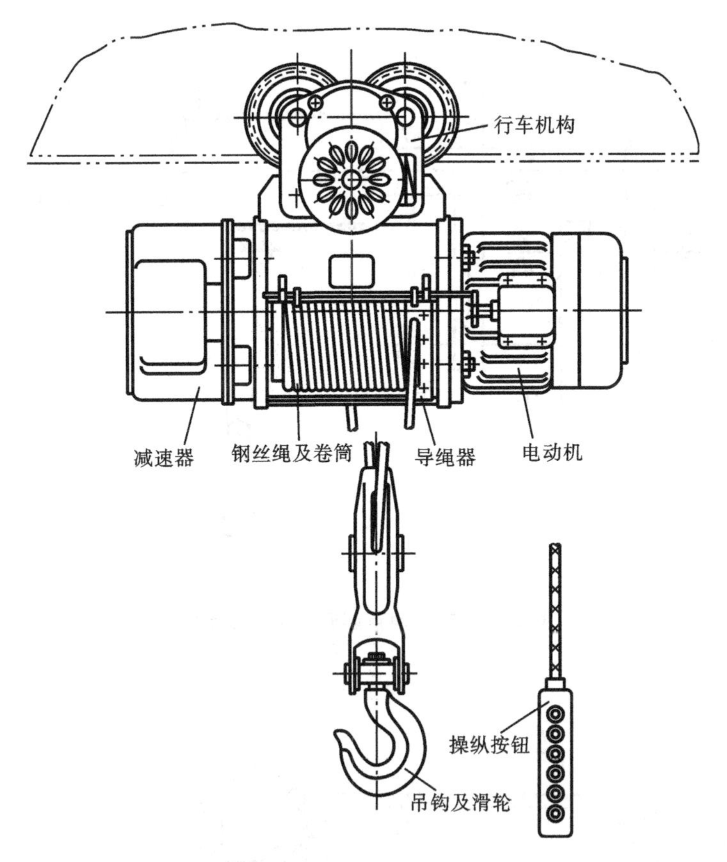

图 5-12　电动葫芦

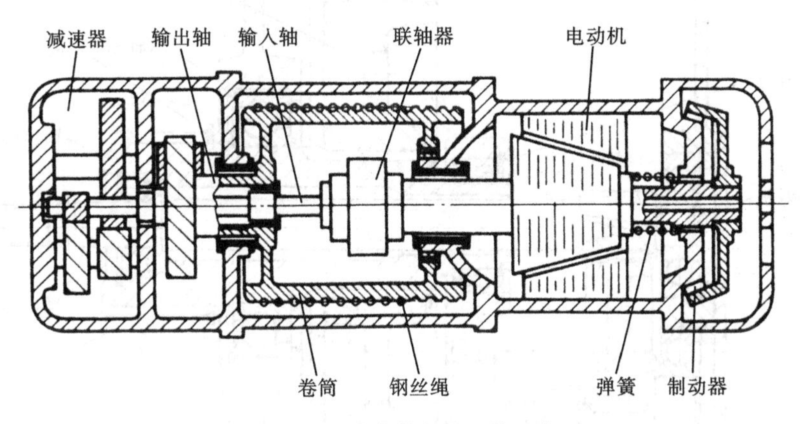

图 5-13　电动葫芦起升机构示意图

电动机采用特制的锥形转子电动机，它的一端装有常闭型锥形摩擦盘制动器，如图 5-13 所示。当电动机通电时，由于转子的磁力作用，使电动机转子向右作轴向移动，制动弹簧 7 被压缩，制动轮离开制动器的锥面，失去制动作用，电动机即开始转动，同时卷筒作相应的转动。当电动机断电时，轴向磁力消失，制动轮在弹簧力作用下向左作轴向移动，使制动器锥面接合，产生制动力矩，使整机停止运动。

2. 设计计算

设计电动葫芦齿轮减速器，一般已知条件为：起重量 Q(t)、起升速度 v(m/min)、起升高度

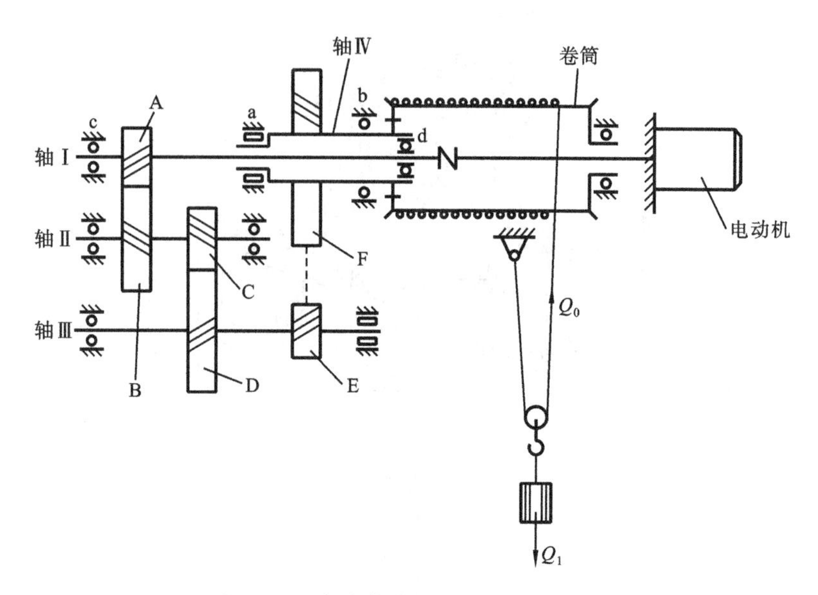

图 5-14　电动葫芦起升机构传动系统

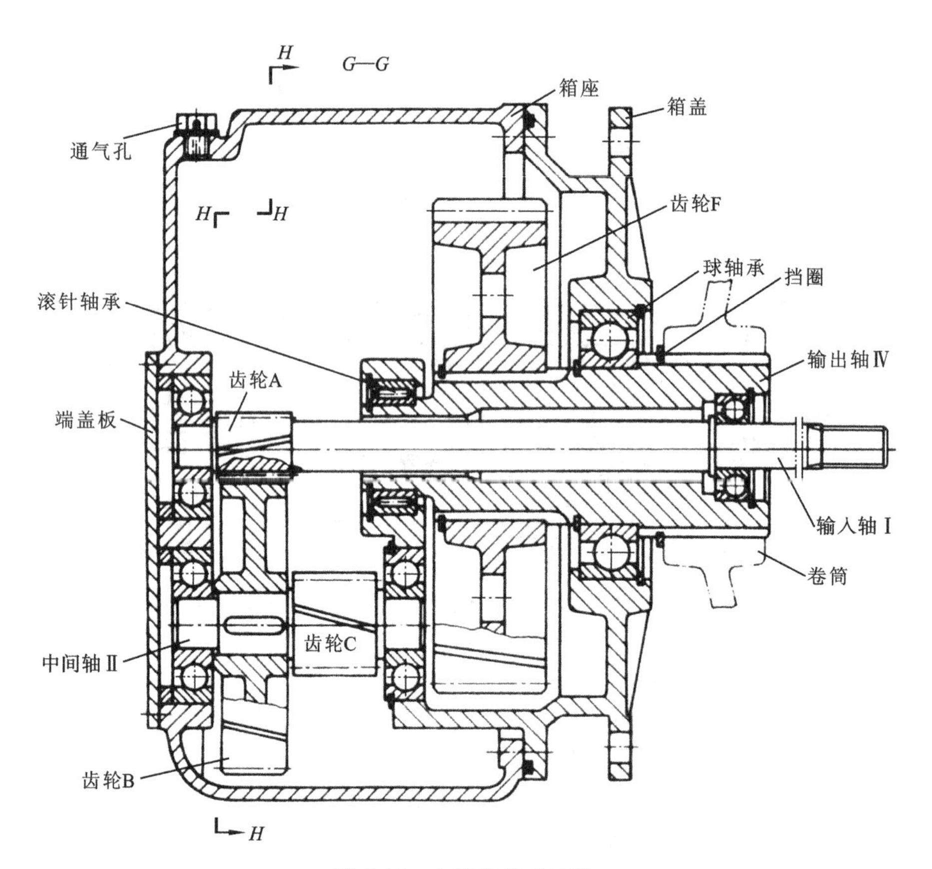

图 5-15　电动葫芦减速器

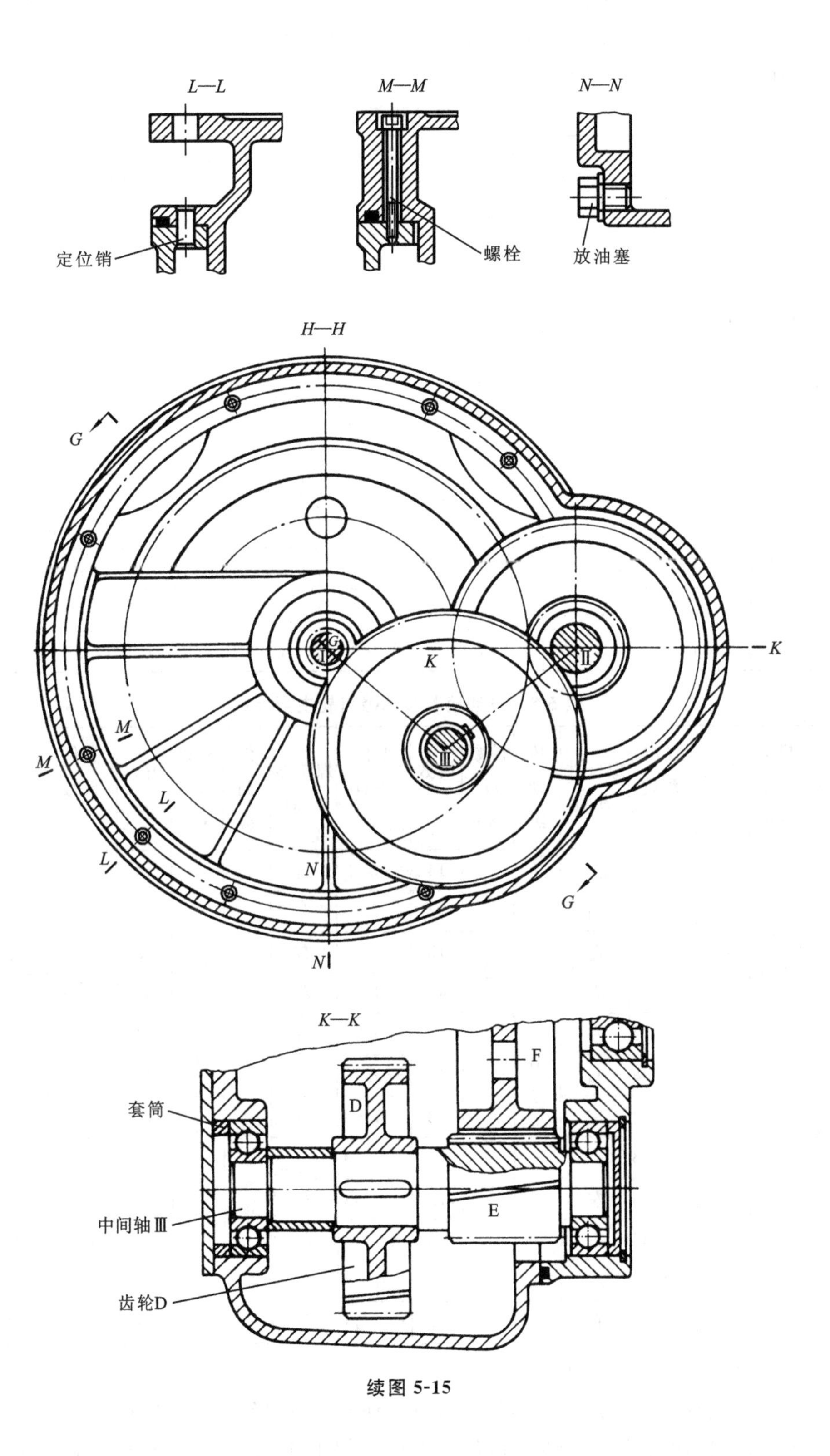

续图 5-15

H(m)、电动葫芦工作类型及工作环境等。对起重机械，按其载荷特性和工作忙闲程度，一般分为轻级、中级、重级和特重级。对电动葫芦一般取为中级，其相应负荷持续率JC%值为25%。部分电动葫芦及其减速器主要参数见表5-7和表5-8。

表5-7　电动葫芦主要参数

型号规格		HCD-0.5	HCD-1	HCD-2	HCD-3	HCD-5	HCD-10
起重量/t		0.5	1	2	3	5	10
起升高度/m		6,9,12		6,9,12,18,24,30		9,12,18,24,30	
起、升速度/(m/min)		8	8	8	8	8	7
运行速度/(m/min)		20	20	20	20	20	20
钢丝绳	直径/mm	4.8	7.4	11	13	15.5	15.5
	规格	6×37(GB 1102—74)					
电源		三相交流380 V　　50 Hz					
工作类型		中级JC25%					
起重电动机	功率/kW	0.8	1.5	3	4.5	7.5	13
	转速/(r/min)	1 380	1 380	1 380	1 380	1 380	1 400
运行电动机	功率/kW	0.2	0.2	0.4	0.4	0.8	0.8×2
	转速/(r/min)	1 380	1 380	1 380	1 380	1 380	1 380

表5-8　电动葫芦减速器齿轮主要参数

起重量/t	传动级	模数 m_n/mm	齿数 z	变位系数 x	螺旋线方向	传动级	模数 m_n/mm	齿数 z	变位系数 x	螺旋线方向	传动级	模数 m_n/mm	齿数 z	变位系数 x	螺旋线方向	总传动比 i
0.5	第一级	1.5	14	0	左	第二级	2	14	0	右	第三级	3	14	0	左	42.33
			55	0	右			44	0	左			48	0	右	
1		1.5	16	0	左		2	15	0	右		3	13	+0.40	左	47.69
			62	0	右			48	0	左			50	−0.40	右	
2		2	12	+0.38	左		3	12	+0.38	右		4	14	+0.40	左	60.52
			59	−0.38	右			44	−0.38	左			47	−0.40	右	
3		2	15	+0.38	左		3	13	+0.40	右		5	12	+0.38	左	68.94
			67	−0.38	右			56	−0.40	左			43	−0.38	右	
5		2.5	12	+0.38	左		4	12	+0.38	右		6	11	+0.38	左	81.14
			68	−0.38	右			42	−0.38	左			45	−0.38	右	
10		2.5	14	+0.38	左		5	12	+0.38	右		6	12	+0.38	左	113.30
			92	−0.38	右			47	−0.38	左			54	−0.38	右	

注：表中所有齿轮压力角$\alpha_n=20°$，螺旋角$\beta=8°06'34''$。

电动葫芦齿轮减速器的设计内容包括拟订传动方案、选择电动机及进行运动和动力计算、减速器主要零件，包括齿轮、轴、轴承和花键连接等的工作能力计算，也可根据现有资料(表5-7、表5-8)采用类比法选用合适的参数进行校核计算。

现把其中一些设计计算要点简述如下。

1）确定钢丝绳及卷筒直径，选择电动机

（1）选择钢丝绳　根据图 5-14，钢丝绳的静拉力

$$Q_0 = \frac{Q''}{m\eta_7} \tag{5-1}$$

$$Q'' = Q + Q' \tag{5-2}$$

式中　Q''——总起重量，N；

Q——起重量（公称重量），N；

Q'——吊具重量，N，一般 $Q'=0.02Q$；

m——滑轮组倍率，对单联滑轮组，倍率等于支承重量 Q 的钢丝绳分支数，如图 5-14 结构所示，$m=2$；

η_7——滑轮组效率，$\eta_7=0.98\sim0.99$。

钢丝绳的破断拉力

$$Q_s \geqslant [n]\frac{Q_0}{\varphi} \tag{5-3}$$

式中　$[n]$——许用安全系数，对工作类型为中级的电动葫芦，$[n]=5.5$；

φ——换算系数，$\varphi=0.80\sim0.90$。

根据工作条件及钢丝绳的破断拉力，即可由有关标准或手册选取钢丝绳直径 d，也可根据起重量 Q 根据表 5-7 选定钢丝绳直径，必要时加以校核。

（2）计算卷筒直径和转速　如图 5-16 所示，卷筒计算直径

$$D_0 = ed = D + d \tag{5-4}$$

$$D = (e-1)d \tag{5-5}$$

式中　d——钢丝绳直径，mm；

e——直径比，$e=D_0/d$，对电动葫芦，取 $e=20$；

D——卷筒最小直径（槽底直径），mm。

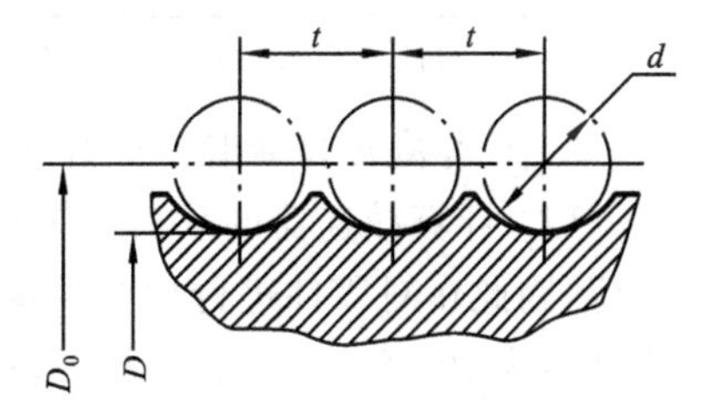

图 5-16　卷筒直径

求出卷筒计算直径 D_0 后，应圆整为标准直径。卷筒的标准直径系列为：300，400，500，600，700，800，900，…，单位为 mm。

卷筒转速

$$n = \frac{1\,000vm}{\pi D_0} \tag{5-6}$$

式中　v——起升速度（m/min）。

其余符号含义同前。

（3）选择起重电动机　起重电动机的静功率

$$P_0 = \frac{Q''v}{60\times1\,000\eta_0} \tag{5-7}$$

$$\eta_0 = \eta_7\eta_5\eta_1 \tag{5-8}$$

式中　Q''——总起重量，N；

v——起升速度，m/min；

η_0——起升机构总效率；

η_7——滑轮组效率，一般 $\eta_7=0.98\sim0.99$；

η_5——卷筒效率，$\eta_5=0.98$；

η_1——齿轮减速器效率，可取为 0.90～0.92。

为保证电动机的使用性能，并满足起重机的工作要求，应选择相应于电动葫芦工作类型（JC%值）的电动机，其功率的计算公式为

$$P_{JC} \geqslant K_e P_0 \tag{5-9}$$

式中　K_e——起升机构按静功率初选电动机时的系数，对轻级起重机为 0.70～0.80，中级为 0.80～0.90，重级为 0.90～1，特重级为 1.1～1.2。

根据功率 P_{JC}从有关标准（表 5-9）选取与工作类型相吻合的电动机，并从中查出所选电动机相应的功率和转速。也可根据起重量按表 5-7 选取，然后按静功率进行校核计算。

表 5-9　锥形转子异步电动机(ZD 型)

型　号	满载时额定数值						堵转电流/额定电流 /A	堵转转矩/额定转矩 /(N·m)
	功率 /kW	电压 /V	电流 /A	转速 /(r/min)	效率 /(%)	功率因数		
ZD_1 12－4	0.4	380	2.4	1 380	0.70	0.72	5.6	2
ZD_1 22－4	1.5	380	4.3	1 380	0.72	0.74	5.6	2.5
ZD_1 31－4	3.0	380	7.0	1 380	0.78	0.77	5.6	2.7
ZD_1 32－4	4.5	380	11	1 380	0.78	0.80	5.6	2.7
ZD_1 41－4	7.5	380	18	1 400	0.79	0.80	5.6	2.7
ZD_1 51－4	13	380	27.5	1 400	—	—	6.5	3

注：引自《机械产品目录》第 19 册，机械工业出版社，1985 年。

2）计算减速器的载荷和作用力

（1）计算减速器的载荷　工作时，由于电动葫芦起升机构齿轮减速器承受不稳定循环变载荷，因此在对零件进行疲劳强度计算时，如果缺乏有关工作载荷记录的统计资料，对工作载荷类型为中级的电动葫芦，按照图 5-17 所示的典型载荷图作为计算依据。

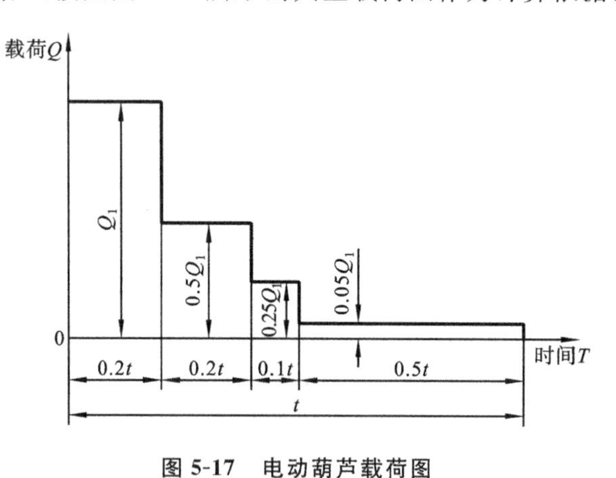

图 5-17　电动葫芦载荷图

Q_1—额定载荷；t—周期

零件在使用寿命以内，实际总工作时数

$$t_h = Lt_0 \cdot JC\% \tag{5-10}$$

式中　L——使用寿命（年），根据起重机有关技术规定，对工作类型为中级的电动葫芦，齿轮寿命定为 10 年，滚动轴承寿命为 5 年；

t_0——每年工作小时数，h，工作类型为中级时，$t_0=2\ 000$ h；

JC%——机构工作类型，对电动葫芦可取 JC%值为 25%。

故此，根据式(5-10)，在电动葫芦减速器中，齿轮的使用寿命可按 5 000 h 计算，滚动轴承按 2 500 h 计算。

电动葫芦起升机构载荷有如下特点。

① 重物起升或下降时，在驱动机构中由钢丝绳拉力产生的转矩方向不变，即转矩为单向作用；

② 由于悬挂系统中的钢丝绳具有挠性，因重物惯性而产生的附加转矩对机构影响不大（一般不超过静力矩的 10%），故由此而产生的外部附加动载荷在进行机械零件强度计算时，可由选定工作状况系数 K 或许用应力来考虑。

③ 机构的起升加速时间和制动减速时间相对于恒速稳定工作时间是短暂的，因此在进行零件疲劳强度计算时可不考虑。但由此而产生的短时过载，则应对零件进行静强度校核计算。

进行零件静强度计算时，可用零件工作时最大的或偶然作用的最大载荷作为计算载荷。如无确切的具体数值，可用电动机轴上的最大转矩 T_{max} 为计算依据。电动机轴上的最大转矩

$$T_{max}=9\ 550\frac{P_{JC}}{n_{JC}}\varphi' \tag{5-11}$$

式中　φ'——过载系数，为电动机最大转矩与 JC%值为 25%时电动机额定转矩之比，对电动葫芦，可取 $\varphi'=3.1$；

P_{JC}——JC%值为 25%时电动机的额定功率，kW；

n_{JC}——JC%值为 25%时电动机转速，r/min。

(2) 分析作用力　为使结构紧凑，电动葫芦齿轮减速器的几根轴一般不采用平面展开式布置，而是采用轴心为三角形顶点的布置形式，如图 5-18 所示。图中 $O_{Ⅰ(Ⅳ)}$、$O_{Ⅱ}$、$O_{Ⅲ}$ 分别为轴Ⅰ(Ⅳ)、Ⅱ、Ⅲ的轴心，因而各轴作用力分析比较复杂。

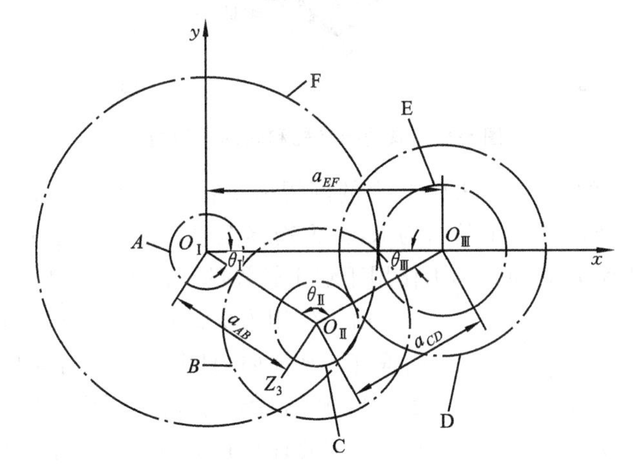

图 5-18　减速器齿轮的布置

当各级齿轮中心距 a_{AB}、a_{CD} 和 a_{EF} 确定后，即可根据余弦定理，由下式求得中心线间的夹角，即

$$\left.\begin{aligned}\theta_1 &= \arccos\frac{a_{AB}^2+a_{EF}^2-a_{CD}^2}{2a_{AB}a_{EF}}\\ \theta_2 &= \arccos\frac{a_{AB}^2+a_{CD}^2-a_{EF}^2}{2a_{AB}a_{CD}}\\ \theta_3 &= \pi-\theta_1-\theta_2\end{aligned}\right\}\tag{5-12}$$

图 5-19(a)所示为减速器齿轮和轴的作用力分析。其中齿轮圆周力 F_t、径向力 F_r和轴向力 F_a，均可由有关计算公式求得。输出轴Ⅳ为空心轴，它被支承在轴承 a、b 上。输入轴Ⅰ穿过轴Ⅳ的轴孔，其一端支承在轴孔中的轴承 d 上，另一端支承在轴承 c 上，如图 5-19(b)所示。

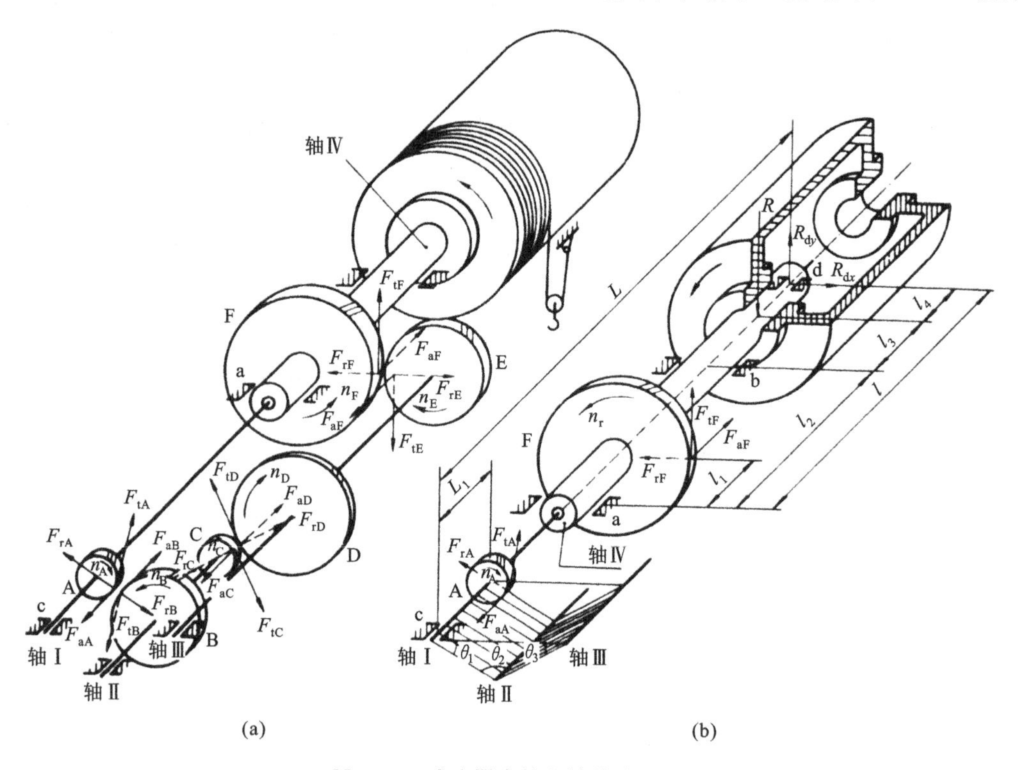

图 5-19　减速器齿轮和轴的作用力

作用于输出轴Ⅳ上的力有：①齿轮 F 上的圆周力 F_{tF}、径向力 F_{rF}和轴向力 F_{aF}；②对于图示的单滑轮，卷筒作用于输出轴上的力为 R，当重物移至卷筒靠近齿轮 F 一侧的极端位置时，R 达到最大值：③在支承 d 处输入轴Ⅰ作用于输出轴Ⅳ的径向力 R_{dm}和 R_{dn}(图 5-20)。

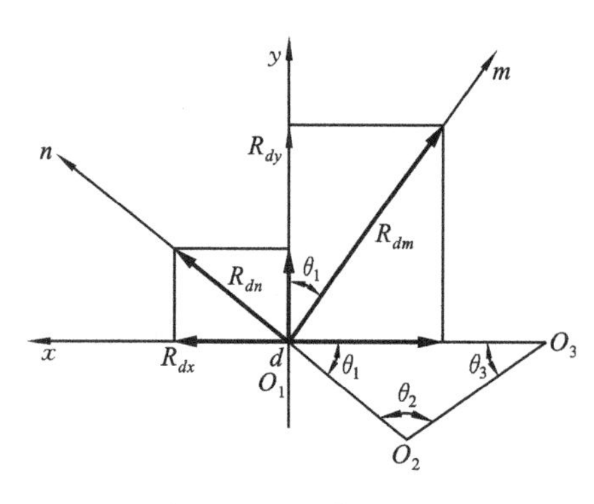

图 5-20　力的坐标变换

由于作用力 F_{tF}、F_{rF}、F_{aF}和 R 都位于同一平面或互相垂直的平面内，且在 xdy 坐标系中，力 R_{dm}和 R_{dn}分布在 mdn 坐标系统内，两坐标系间的夹角为 θ_1，如图 5-20 所示。因此计算在支承 d 处轴Ⅰ对轴Ⅳ的作用力时，必须把 mdn 坐标系统内的支反力 R_{dm}和 R_{dn}换算为 xdy 坐标系统内的支反力，其方法如下：

$$\left.\begin{aligned}R_{dx} &= R_{dn}\cos\theta_1 - R_{dm}\sin\theta_1\\ R_{dy} &= R_{dm}\cos\theta_1 + R_{dn}\sin\theta_1\end{aligned}\right\}\tag{5-13}$$

式中的 R_{dm}和 R_{dn}应代入相应的正负号。

这样，R_{dx}和 R_{dy}就与齿轮 F 上的作用力及重物对输出轴Ⅳ的作用力处在同一坐标系统内。这就可以在 xdy 坐标系统内进行力的分析和计算。

轴Ⅱ和轴Ⅲ的作用力分析可按上述方法参照进行，这里不赘述。

3. 应用实例

例题 5-1　根据下列条件设计电动葫芦起升机构的齿轮减速器。已知：额定起重量 $Q=5$ t，起升高度 $H=6$ m，起升速度 $v=8$ m/min，工作类型为中级，JC%＝25%，电动葫芦用于机械加工车间，交流电源 380 V。

解　拟订传动方案，选择电动机及计算运动和动力参数。

(1) 拟订传动方案。

采用图 5-13 所示传动方案，为了减小齿轮减速器结构尺寸和重量，应用斜齿圆柱齿轮传动。

(2) 选择电动机。

由式(5-2)、式(5-7)和式(5-8)可得，起升机构静功率为

$$P_0 = \frac{Q''v}{60\times 1\ 000\eta_0}$$

总起重量为

$$Q'' = Q + Q' = 50\ 000\ \text{N} + 0.2\times 50\ 000\ \text{N} = 51\ 000\ \text{N}$$

起升机构总效率为

$$\eta_0 = \eta_7\eta_5\eta_1 = 0.98\times 0.98\times 0.90 = 0.864$$

故此电动机静功率为

$$P_0 = \frac{51\ 000\times 8}{60\times 1\ 000\times 0.864}\ \text{kW} = 7.865\ \text{kW} \approx 7.87\ \text{kW}$$

按式(5-9)，取系数 $K_e=0.90$，故 JC%＝25%的电动机

$$P_{JC} = K_eP_0 = 0.90\times 7.87\ \text{kW} = 7.08\ \text{kW}$$

按表 5-9 选 $ZD_1$41-4 型锥形转子电动机，功率 $P_{JC}=7.5$ kW，转速 $n_{JC}=1\ 400$ r/min。

(3) 选择钢丝绳。

按式(5-1)，钢丝绳的静拉力为

$$Q_0 = \frac{Q''}{m\eta_7} = \frac{51\ 000}{2\times 0.98}\ \text{N} = 26\ 020\ \text{N}$$

按式(5-3)，钢丝绳的破断拉力为

$$Q_s \geqslant \frac{[n]Q_0}{\varphi} = \frac{5.5\times 26\ 020}{0.85}\ \text{N} = 168\ 400\ \text{N}$$

按《一般用途钢丝绳》(GB/T 20118—2006)选用 6×37 钢丝绳，取其直径 $d=15$ mm，断面面积 $\alpha=89.39\ \text{mm}^2$，取公称抗拉强度 $\sigma=200\ \text{kg}\cdot\text{f/mm}^2=2\ 000$ MPa，破断拉力 $Q_s=17\ 050\ \text{kg}\cdot\text{f}=170\ 500$ N。

(4) 计算卷筒直径。

按式(5-4)，卷筒计算直径为

$$D_0 = ed = 20\times 15\ \text{mm} = 300\ \text{mm}$$

按标准取 $D_0=300$ mm。

按式(5-6)，卷筒转速为

$$n_5 = \frac{1\ 000vm}{\pi D_0} = \frac{1\ 000\times 8\times 2}{3.14\times 300}\ \text{r/min} = 16.98\ \text{r/min}$$

(5) 确定减速器总传动比及分配各级传动比。

总传动比为

$$i' = \frac{n_3}{n_5} = \frac{1\ 400}{16.98} = 82.45$$

式中　n_3——电动机转速,r/min。

在图 5-14 所示电动葫芦齿轮减速器传动比分配上没有一个固定的比例关系。设计时可参考一般三级圆柱齿轮减速器,按各级齿轮齿面接触强度相等并获得较小外形尺寸和重量的分配原则来分配各级传动比,也可以参考现有系列结构参数(见表 5-8)拟订各级齿轮传动比和齿轮齿数。现按表 5-8,根据起重量 Q,拟订各级传动比和齿数。

第一级传动比为

$$i_{AB} = \frac{z_B}{z_A} = \frac{68}{12} = 5.667$$

第二级传动比为

$$i_{CD} = \frac{z_D}{z_C} = \frac{42}{12} = 3.5$$

第三级传动比为

$$i_{EF} = \frac{z_E}{z_F} = \frac{45}{11} = 4.09$$

这里 z_A、z_B、z_C、z_D、z_E 和 z_F 分别代表图 5-14 中的齿轮 A、B、C、D、E 和 F 的齿数。

减速器实际总传动比为

$$i = i_{AB} i_{CD} i_{EF} = 5.667 \times 3.5 \times 4.09 = 81.12$$

传动比相对误差为

$$\Delta i = \frac{i' - i}{i'} = \frac{82.45 - 81.12}{82.45} = 1.6\%$$

Δi 不超过 $\pm 3\%$,适合。

(6) 计算各轴转速、功率和转矩。

轴Ⅰ(输入轴):

转速为
$$n_{\mathrm{I}} = n = 1\ 400\ \mathrm{r/min}$$

功率为
$$P_{\mathrm{I}} = 7.865\ \mathrm{kW}$$

转矩为
$$T_{\mathrm{I}} = \frac{9\ 550 P_{\mathrm{I}}}{n_{\mathrm{I}}} = \frac{9\ 550 \times 7.865}{1\ 400}\ \mathrm{N \cdot m} = 53.65\ \mathrm{N \cdot m}$$

轴Ⅱ:

转速为
$$n_{\mathrm{II}} = \frac{1\ 400}{5.667}\ \mathrm{r/min} = 247.04\ \mathrm{r/min}$$

功率为
$$P_{\mathrm{II}} = 7.865 \times 0.97\ \mathrm{kW} = 7.629\ \mathrm{kW}$$

转矩为
$$T_{\mathrm{II}} = \frac{9\ 550 P_{\mathrm{II}}}{n_{\mathrm{II}}} = \frac{9\ 550 \times 7.629}{247.04}\ \mathrm{N \cdot m} = 294.92\ \mathrm{N \cdot m}$$

各级齿轮传动效率取为 0.97。仿此方法,可以计算轴Ⅲ、轴Ⅳ的转速、功率和转矩,计算结果整理列于表 5-10 中。

表 5-10　电动葫芦设计计算结果

参　数	轴Ⅰ(输入轴)		轴Ⅱ		轴Ⅲ		轴Ⅳ
转速 n/(r/min)	1 400		247.04		70.58		17.22
功率 P/kW	7.865		7.629		7.40		7.18
转矩 T/(N·m)	53.65		294.92		1001.27		3981.94
传动比 i		5.667		3.50		4.09	

(7) 高速级齿轮传动设计。

因起重机起升机构的齿轮所承受载荷为冲击性质，为使结构紧凑，齿轮材料均用20CrMnTi，渗碳淬火，齿面硬度58～62HRC，材料抗拉强度 $\sigma_b=1\,100$ MPa，屈服强度 $\sigma_s=850$ MPa，齿轮精度选为8级(GB/T 10095—2008)。

考虑到载荷性质及对高硬度齿面齿轮传动，因此设计时应以抗弯强度为主，小轮应采用少齿数大模数原则，各轮齿数如前所述，并初选螺旋角 $\beta=9°$。

① 按齿面接触强度条件设计。

小轮分度圆直径为

$$d_{1t} \geqslant \sqrt[3]{\frac{2K_t T_1}{\phi_d \cdot \varepsilon_\alpha} \frac{u+1}{u}\left(\frac{Z_H \cdot Z_E}{[\sigma]_H}\right)^2}$$

式中　K_t——载荷系数，初选载荷系数 $K_t=2$；

T_A——齿轮A转矩，$T_A=T_1=53.65\times10^3$ N·mm；

ϕ_d——齿宽系数，取 $\phi_d=1$；

ε_α——端面重合度，由资料或有关计算公式求得 $\varepsilon_\alpha=1.54$；

u——齿数比，对减速传动，$u=i=5.667$；

Z_H——节点区域系数，$Z_H=2.47$；

Z_E——材料弹性系数，$Z_E=189.8$；

$[\sigma]_H$——材料许用接触应力。

$$[\sigma]_H=\frac{K_{HN}\sigma_{Hlim}}{S_H}$$

式中　$[\sigma]_{Hlim}$——试验齿轮接触疲劳极限应力，1 450 MPa；

S_H——接触强度安全系数，1.25。

接触强度寿命系数 K_{HN}：因电动葫芦的齿轮是在变载条件下工作的，对电动葫芦为中级工作类型，其载荷图谱如图5-17所示，如用转矩 T 代替图中的载荷 Q(因转矩 T 与载荷 Q 成正比)，则当量接触应力循环次数如下。

齿轮A：
$$N_{HA}=60n_{\mathrm{I}}\sum_{i=1}^{k}t_i\left(\frac{T_i}{T_{max}}\right)^3$$

式中　n_{I}——齿轮A(轴Ⅰ)转速，$n_{\mathrm{I}}=1\,400$ r/min；

i——序数，$i=1,2,\cdots,k$；

t_i——各阶段载荷工作时间，h；

T_i——各阶段载荷齿轮所受的转矩，N·m；

T_{max}——各阶段载荷中，齿轮所受的最大转矩，N·m。

故此

$$N_{HA}=60\times 1400\times 5000\times(1^3\times 0.20+0.5^3\times 0.20+0.25^3\times 0.10+0.05^3\times 0.50)$$
$$=9.52\times 10^7$$

齿轮 B：
$$N_{HB}=\frac{N_{HA}}{u_{AB}}=\frac{9.52\times 10^7}{5.667}=1.68\times 10^7$$

查得接触强度寿命系数 $K_{HNA}=1.14$，$K_{HNB}=1.27\sim 3$。由此得齿轮 A 的许用接触应力

$$[\sigma]_{HA}=\frac{1.14\times 1\,450}{1.25}\ \text{MPa}=1\,322\ \text{MPa}$$

齿轮 B 的许用接触应力

$$[\sigma]_{HB}=\frac{1.27\times 1\,450}{1.25}\ \text{MPa}=1\,473\ \text{MPa}$$

因齿轮 A 强度较弱，故以齿轮 A 为计算依据。

把上述各值代入设计公式，得小齿轮分度圆直径

$$d_{1t}\geqslant\sqrt[3]{\frac{2\times 2\times 53.65\times 10^3}{1\times 1.54}\ \frac{5.667+1}{5.667}\left(\frac{2.47\times 189.8}{1322}\right)^2}\ \text{mm}$$
$$=27.42\ \text{mm}$$

计算齿轮圆周速度为

$$v=\frac{\pi n_{\mathrm{I}}d_1}{60\times 1000}=\frac{3.14\times 1\,400\times 27.42}{60\times 1\,000}\ \text{m/s}=2.0\ \text{m/s}$$

精算载荷系数 K，查得工作情况系数 $K_A=1.25$。按 $z_1v/100=12\times 2/100=0.24$，查得动载荷系数 $K_V=1.017$，齿间载荷分配系数 $K_{H\alpha}=1.07$，齿向载荷分布系数 $K_{H\beta}=1.18$。故接触强度载荷系数为

$$K=K_AK_VK_{H\alpha}K_{H\beta}=1.25\times 1.017\times 1.07\times 1.18=1.605$$

按实际载荷系数 K 修正齿轮分度圆直径为

$$d_1=d_{1t}\sqrt[3]{\frac{K}{K_t}}=27.42\sqrt[3]{\frac{1.605}{2}}\ \text{mm}=25.48\ \text{mm}$$

齿轮模数为

$$m_n=\frac{d_1\cos\beta}{z_1}=\frac{25.48\cos 9^\circ}{12}\ \text{mm}=2.1\ \text{mm}$$

② 按齿根弯曲强度条件设计。

齿轮模数为

$$m_n\geqslant\sqrt[3]{\frac{2KT_1Y_\beta\cos^2\beta}{\phi_d z_1^2\varepsilon_\alpha}\left(\frac{Y_{Fa}Y_{Sa}}{[\sigma]_F}\right)}$$

式中，参数 K、T_1、β、ϕ_d、z_1 和 ε_α 各值大小同前。螺旋角影响系数 Y_β：齿轮轴向重合度 $\varepsilon_\beta=0.318\phi_d z_1\tan\beta=0.318\times 1\times 12\times\tan 9^\circ=0.604$，查得 $Y_\beta=0.96$。齿形系数 Y_{Fa}：当量齿数为

$$z_{vA}=\frac{z_A}{\cos^3\beta}=\frac{12}{\cos^3 9^\circ}=12.45$$

$$z_{vB}=\frac{z_B}{\cos^3\beta}=\frac{68}{\cos^3 9^\circ}=70.57$$

由电算式计算得齿形系数 $Y_{FaA}=3.47$，查表得 $Y_{FaB}=2.25$。

应力校正系数 Y_{Sa}：根据电算公式（或查手册）得

$$Y_{SaA}=1.472047+0.00497z_{vA}-0.000016z_{vA}^2$$

$$= 1.472047 + 0.00497 \times 12.45 - 0.000016 \times 12.45^2$$
$$= 1.53$$
$$Y_{SaB} = 1.472047 + 0.00497 z_{vB} - 0.000016 z_{vB}^2$$
$$= 1.472047 + 0.00497 \times 70.57 - 0.000016 \times 70.57^2$$
$$= 1.74$$

许用弯曲应力$[\sigma]_F$为

$$[\sigma]_F = \frac{K_{FN}\sigma_{Flim}}{S_F}$$

式中　σ_{Flim}——试验齿轮弯曲疲劳极限，$\sigma_{Flim}=850$ MPa；

S_F——弯曲强度安全系数，$S_F=1.5$；

K_{FN}——弯曲强度寿命系数，与当量弯曲应力循环次数有关。

齿轮 A：
$$N_{FA} = 60 n_{\mathrm{I}} \sum_{i=1}^{k} t_i \left(\frac{T_i}{T_{max}}\right)^6$$

式中各符号含义同前。仿照确定 N_{HA}的方式，则得

$$N_{FA} = 60 \times 1400 \times 5000 \times (1^6 \times 0.20 + 0.50^6 \times 0.2 + 0.25^6 \times 0.10 + 0.05^6 \times 0.50)$$
$$= 8.53 \times 10^7$$

齿轮 B：
$$N_{FB} = \frac{N_{FA}}{u_{AB}} = \frac{8.53 \times 10^7}{5.667} = 1.51 \times 10^7$$

因 $N_{FA} > N_0 = 3\times10^6$，$N_{FB} > N_0 = 3\times10^6$，故查得弯曲强度寿命系数 $K_{FA}=1$，$K_{FB}=1$。

由此得齿轮 A、B 的许用弯曲应力

$$[\sigma]_{FA} = [\sigma]_{FB} = \frac{1 \times 850 \times 0.70}{1.5}\ \text{MPa} = 397\ \text{MPa}$$

系数 0.70 是考虑传动齿轮 A、B 正反向受载而引入的修正系数。

比较两齿轮的比值 $Y_{Fa}Y_{Sa}/[\sigma]_F$

齿轮 A：
$$\frac{Y_{FaA}Y_{SaA}}{[\sigma]_{FA}} = \frac{3.47 \times 1.53}{397} = 0.0134$$

齿轮 B：
$$\frac{Y_{FaB}Y_{SaB}}{[\sigma]_{FB}} = \frac{2.25 \times 1.74}{397} = 0.00986$$

两轮相比，说明 A 轮弯曲强度较弱，故应以 A 轮为计算依据。

按弯曲强度条件计算齿轮模数 m，把上述各值代入前述的设计公式，则得

$$m \geqslant \sqrt[3]{\frac{2 \times 2.25 \times 53.65 \times 10^3 \times 0.96\cos^2 9^\circ}{1 \times 12^2 \times 1.54}\left(\frac{3.47 \times 1.53}{394}\right)}\ \text{mm}$$
$$= 2.38\ \text{mm}$$

比较上述两种设计准则的计算结果，应取齿轮标准模数 $m_n=2.5$ mm。

③ 主要几何尺寸计算。

中心距 a 为

$$a_{AB} = \frac{m_n}{2\cos\beta}(z_A + z_B) = \frac{2.5}{2\cos 9^\circ}(12 + 68)\ \text{mm} = 101.25\ \text{mm}$$

取中心距 $a_{AB}=101$ mm。

精算螺旋角 β 为

$$\beta = \arccos\frac{m_n(z_A + z_B)}{2a_{AB}} = \arccos\frac{2.5(12 + 68)}{2 \times 101} = 8^\circ 4' 9''$$

因 β 值与原估算值接近，不必修正参数 ε_α、K_α 和 Z_H。

齿轮 A、B 的分度圆直径分别为

$$d_A = \frac{z_A m_n}{\cos\beta} = \frac{12 \times 2.5}{\cos 8°4'9''} \text{ mm} = 30.30 \text{ mm}$$

$$d_B = \frac{z_B m_n}{\cos\beta} = \frac{68 \times 2.5}{\cos 8°4'9''} \text{ mm} = 171.70 \text{ mm}$$

齿轮 B 的齿轮宽度

$$b_B = \phi_d \cdot d_A = 1 \times 30.30 \text{ mm} \approx 30 \text{ mm}$$

齿轮 A 的齿轮宽度

$$b_A = (30 + 5) \text{ mm} = 35 \text{ mm}$$

同理，可对齿轮 C、D、E 和 F 进行设计计算。

由于起重机齿轮常常承受短期最大载荷作用，因此实际设计时，还常常按短期最大载荷对齿轮进行静强度校核计算。此处从略。

(8) 计算轴Ⅳ。

① 计算轴Ⅳ的直径。

轴材料选用 20CrMnTi，空心轴外径为

$$d \geqslant A_0 \sqrt[3]{\frac{P}{n_{\text{Ⅳ}}(1-\beta^4)}}$$

式中　P——轴Ⅳ传递功率，P=7.18 kW；

$n_{\text{Ⅳ}}$——轴Ⅳ转速，$n_{\text{Ⅳ}}$=17.22 r/min；

β——空心轴内径与外径之比，可取为 0.5；

A_0——系数，对 20CrMnTi，可取 A_0=107。

代入各值，则

$$d \geqslant 107 \sqrt[3]{\frac{7.18}{17.22(1-0.5^4)}} \text{ mm} = 82.0 \text{ mm}$$

取 d=85 mm，并以此作为轴Ⅳ(装齿轮 F 至装卷筒段)最小外径，并按轴上零件相互关系设计轴。轴Ⅳ的结构如图 5-21 所示。

② 分析轴Ⅳ上的作用力。

轴Ⅳ上的作用力如图 5-22 所示。各力计算如下。

齿轮 F 对轴Ⅳ上的作用力　因本题未对齿轮 F 进行设计计算，现根据表 5-8 数据，取齿数 z_F=45，模数 m_n=6 mm，螺旋角 β=8°6′34″，故分度圆直径为

$$d_F = \frac{6 \times 45}{\cos 8°6'34''} \text{ mm} = 272.73 \text{ mm}$$

圆周力为

$$F_{tF} = \frac{2T_F}{d_F} = \frac{2 \times 3981.94 \times 10^3}{272.73} \text{ N} = 29\ 200 \text{ N}$$

径向力为

$$F_{rF} = \frac{F_{tF}}{\cos\beta}\tan\alpha_n = \frac{29\ 200}{\cos 8°6'34''}\tan 20° \text{ N} = 10\ 735 \text{ N}$$

轴向力为

$$F_{aF} = F_{tF}\tan\beta = 29\ 200\tan 8°6'34'' \text{ N} = 4\ 161 \text{ N}$$

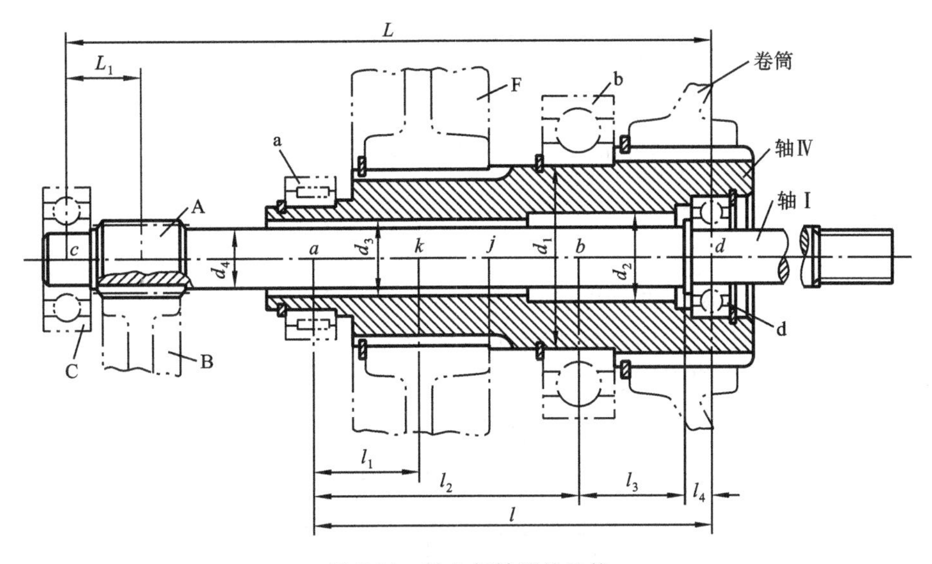

图 5-21　轴Ⅰ与轴Ⅳ的结构

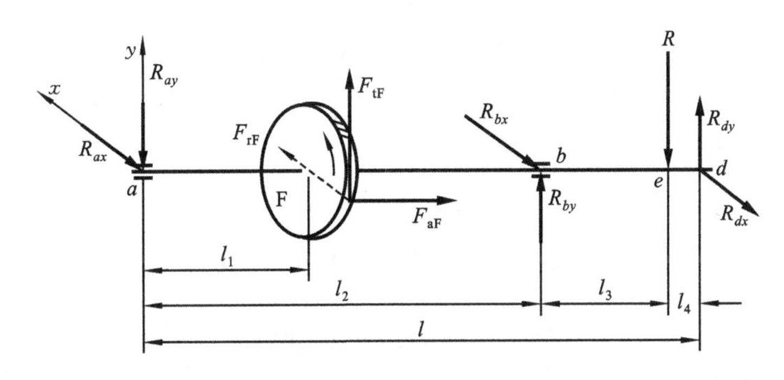

图 5-22　轴Ⅳ的作用力分析

卷筒对轴Ⅳ上的径向作用力 R　当重物移至靠近轴Ⅳ的右端极限位置时，卷筒作用于轴Ⅳ上点 e 的力 R 达到最大值，近似取

$$R=\frac{4Q''}{5}=\frac{4}{5}\times\frac{1.02\times 50\ 000}{2}\ \mathrm{N}=20\ 400\ \mathrm{N}$$

系数 1.02 表示吊具重量估计为起重量的 2%。

轴Ⅰ在支承 d 处对轴Ⅳ上的径向作用力为 R_{dn} 和 R_{dm}，轴Ⅰ的作用力分析如图 5-23 所示。

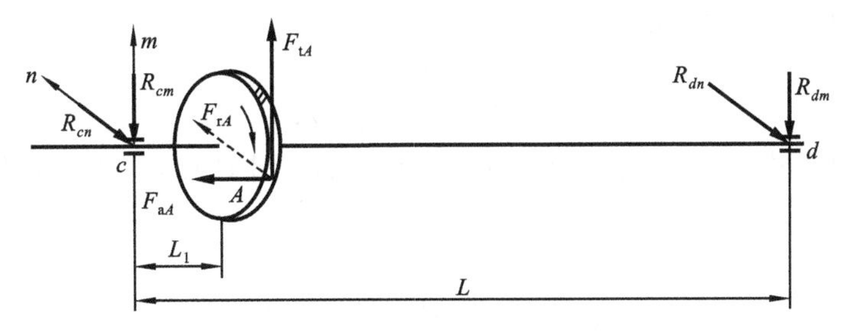

图 5-23　轴Ⅰ的作用力分析

如果略去轴Ⅰ上联轴器附加力的影响，齿轮 A 作用于轴Ⅰ上的力有：

圆周力

$$F_{tA} = \frac{2T_A}{d_A} = \frac{2 \times 53.65 \times 10^3}{30.30}\ \text{N} = 3\ 541\ \text{N}$$

径向力

$$F_{rA} = \frac{F_{tA}}{\cos\beta}\tan\alpha_n = \frac{3\ 541}{\cos 8°6'34''}\tan 20°\ \text{N} = 1\ 302\ \text{N}$$

此外，$\beta=8°6'34''$是用表 5-8 数据。

轴向力

$$F_{aA} = F_{tA}\tan\beta = 3\ 541\tan 8°6'34''\ \text{N} = 505\ \text{N}$$

由图 5-21，按结构取 $L=312$ mm，$L_1=34$ mm。

垂直平面（mcd 面）上的支反力为

$$\sum M_c = 0$$

$$-34F_{tA} + 312R_{dm} = 0$$

$$R_{dm} = \frac{34F_{tA}}{312} = \frac{34 \times 3\ 541}{312}\ \text{N} = 386\ \text{N}$$

$$\sum F = 0$$

$$-R_{cm} + F_{tA} - R_{dm} = 0$$

$$R_{cm} = F_{tA} - R_{dm} = (3\ 541 - 386)\ \text{N} = 3\ 155\ \text{N}$$

水平面（ncd 面）上的支反力为

$$\sum M_c = 0$$

$$F_{aA}\frac{d_A}{2} - 34F_{rA} + 312R_{dn} = 0$$

$$R_{dn} = \frac{34F_{rA} - F_{aA}\dfrac{d_A}{2}}{312} = \frac{34 \times 1302 - 505 \times \dfrac{30.30}{2}}{312}\ \text{N} = 117\ \text{N}$$

$$\sum F = 0$$

$$-R_{cn} + F_{rA} - R_{dn} = 0$$

$$R_{cn} = F_{rA} - R_{dn} = (1\ 302 - 117)\ \text{N} = 1\ 185\ \text{N}$$

对轴Ⅳ来说，R_{dm}与R_{dn}的方向应与图 5-23 所示的相反。

由于上述的力分别作用于 xdy 坐标系内和 ndm 坐标系内，两坐标间的夹角为 θ_1，因此要把 ndm 坐标系内的力 R_{dn} 和 R_{dm} 换算为 xdy 坐标系内的力 R_{dx} 和 R_{dy}。

由式(5-12)得两坐标系间的夹角为

$$\theta_1 = \arccos\frac{a_{AB}^2 + a_{EF}^2 - a_{CD}^2}{2a_{AB} \cdot a_{EF}}$$

其中各齿轮副之间的中心距（除齿轮 A、B 中心距 a_{AB} 按上述计算外，其余按表 5-8 数值计算）为

$$a_{AB} = 101.0\ \text{mm}$$

$$a_{CD} = \frac{m_n}{3\cos\beta}(z_C + z_D) = \frac{4.0}{2\cos 8°6'34''}(12 + 42)\ \text{mm} = 109.10\ \text{mm}$$

$$a_{EF} = \frac{m_n}{2\cos\beta}(z_E + z_F) = \frac{6}{2\cos 8°6'34''}(11 + 45)\ \text{mm} = 169.70\ \text{mm}$$

故

$$\theta_1 = \arccos \frac{101^2 + 169.7^2 - 109.1^2}{2 \times 101 \times 169.70} = 37°48'$$

根据式(5-13)和图 5-20，得力 R_{dn} 和 R_{dm} 在坐标系 xdy 上的投影为

$$\begin{aligned} R_{dx} &= R_{dn}\cos\theta_1 - R_{dm}\sin\theta_1 \\ &= (117\cos37°48' - 392\sin37°48')\ \text{N} \\ &= -143\ \text{N}(与\ x\ 轴方向相反) \end{aligned}$$

$$\begin{aligned} R_{dy} &= R_{dm}\cos\theta_1 + R_{dn}\sin\theta_1 \\ &= (392\cos37°48' + 117\sin37°48')\ \text{N} \\ &= 383\ \text{N} \end{aligned}$$

把上述求得的力标注在轴Ⅳ的空间受力图上(见图 5-22)。

根据上述数据和轴上支点 a、b 处的支反力，可先计算轴上危险截面的弯矩、转矩和合成弯矩；然后验算轴的安全系数；确认安全系数后，即可绘制轴的零件工作图。轴承可按常用方法选取和计算，从略。

轴Ⅰ、Ⅱ、Ⅲ及其轴承的设计计算可仿此进行。

(9) 绘制装配图和零件工作图。

电动葫芦的总装配图如图 5-25 所示。零件工作图从略。

4. 设计数据

根据表 5-11 所示的各种型号规格的数据，设计电动葫芦。

表 5-11　电动葫芦设计任务书数据分配

序　号	型号规格	起重量/t	起升高度/m	起、升速度/(m/min)
1	HCD-0.5	0.5	6	6
2	HCD-0.5	0.5	9	8
3	HCD-0.5	0.5	12	10
4	HCD-1	1	6	6
5	HCD-1	1	9	8
6	HCD-1	1	12	10
7	HCD-2	2	6	6
8	HCD-2	2	9	8
9	HCD-2	2	12	10
10	HCD-2	2	18	6
11	HCD-2	2	24	8
12	HCD-2	2	30	10
13	HCD-3	3	6	6
14	HCD-3	3	9	8
15	HCD-3	3	12	10
16	HCD-3	3	18	6
17	HCD-3	3	24	8
18	HCD-3	3	30	10

续表

序　号	型号规格	起重量/t	起升高度/m	起、升速度/(m/min)
19	HCD-4	4	6	6
20	HCD-4	4	9	8
21	HCD-4	4	12	10
22	HCD-4	4	18	6
23	HCD-4	4	24	8
24	HCD-4	4	30	10
25	HCD-5	5	9	6
26	HCD-5	5	12	8
27	HCD-5	5	18	10
28	HCD-5	5	24	6
29	HCD-5	5	30	8
30	HCD-6	6	9	6
31	HCD-6	6	12	8
32	HCD-6	6	18	10
33	HCD-6	6	24	6
34	HCD-6	6	30	8
35	HCD-8	8	9	6
36	HCD-8	8	12	8
37	HCD-8	8	18	10
38	HCD-8	8	24	6
39	HCD-8	8	30	8
40	HCD-10	10	9	6
41	HCD-10	10	12	8
42	HCD-10	10	18	10
43	HCD-10	10	24	6
44	HCD-10	10	30	8
45	HCD-12	12	9	6
46	HCD-12	12	12	8
47	HCD-12	12	18	10
48	HCD-12	12	24	6
49	HCD-12	12	28	8
50	HCD-12	12	30	9

5. ZD1 型锥形转子制动三相异步电动机

图 5-24 为 ZD1 型系列电动机的安装尺寸图，其主要工作性能如下。

(1) 适用范围　ZD1 型系列电动机是电动葫芦的起升电动机，或用于要求启动转矩较大及制动力矩较大的驱动装置，也可以在起重运输机械、机床、生产流水线和其他需要迅速制动的场合中使用。电机采用 50 Hz、380 V 电源。基准工作制 S3，负载持续率 25%，通电启动次数为每小时 120 次。

(2) 结构简介　ZD1 型系列电动机为卧式电动机，采用圆锥面制动器，输出端轴伸为矩形花键，机座不带底脚，前端盖有凸缘(法兰式)，安装孔在前端盖凸缘上。本系列电动机为封闭式结构，防护等级 IP44，冷却方式为自扇冷式 IC0141，绝缘等级为 B 级。

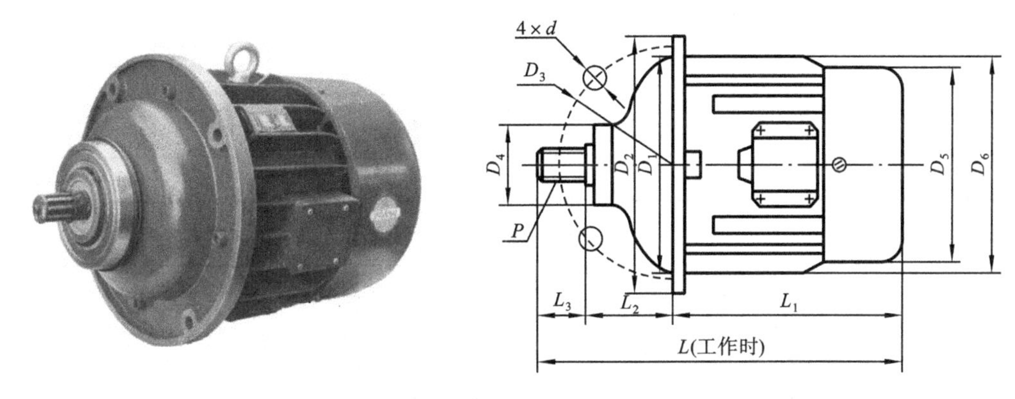

图 5-24　ZD1 型系列电动机的安装尺寸图

电动机外形与安装尺寸及主要技术参数，如表 5-12 所示。电动葫芦总装配图如图 5-25 所示。卷筒槽尺寸如表 5-13 所示。

表 5-12　电动机外形与安装尺寸及主要技术参数　　单位：mm

型号＼尺寸	价格	功率/kW	D_1	D_2	D_3	D_4	D_5	L	L_1	L_2	L_3	d	P
ZD1 11-4	—	0.2	—	ϕ155h9	ϕ140	—	ϕ155	200	196	—	15	ϕ7	三角花键 $D=15$，$z=36$
ZD1 12-4	—	0.4	—	ϕ165h9	ϕ150	—	ϕ155	220	216	—	15	ϕ7	4D-15f9×12h15×4d11
ZD1 21-4	—	0.8	ϕ177	ϕ220h9	ϕ196	ϕ60h6	ϕ215	316	222	70	24	ϕ9	6D-20f9×16h15×4d11
ZD1 22-4	—	1.5	ϕ179	ϕ235h9	ϕ205	ϕ60h6	ϕ215	355	260	71	24	ϕ13	6D-20f9×16h15×4d11
ZD1 31-4	—	3.0	ϕ223	ϕ290h9	ϕ260	ϕ65h6	ϕ273	423	284	109	30	ϕ13	6D-28f9×23h15×6d11
ZD1 32-4	—	4.5，5.5	ϕ223	ϕ320h9	ϕ286	ϕ65h6	ϕ273	438	310	98	30	ϕ13	6D-28f9×23h15×6d11
ZD1 41-4	—	7.5	ϕ260	ϕ380h9	ϕ340	ϕ90h6	ϕ328	525	370	120	35	ϕ17	10D-35f9×28h15×4d11
ZD1 51-4	—	13，15	ϕ300	ϕ455h9	ϕ415	ϕ95h6	ϕ425	647	435	172	40	ϕ17	10D-40f9×32h15×5d11
ZD1 52-4	—	18.5	ϕ450	ϕ530h9	ϕ490	ϕ95h6	ϕ440	711	469	187	55	ϕ17	10D-45f9×36h15×5d11

主要技术参数

型号＼参数	功率/kW	转速/(r/min)	额定电流/A	最大转矩/额定转矩/(N·m)	启动转矩/额定转矩/(N·m)	启动电流/A	效率 η	功率因素	制动力矩/(N·m)	转动惯量/(kg·m²)	重量/kg
ZD1 11-4	0.2	1 380	0.72	2.0	2.0	4.0	0.65	0.64	1.96	0.006	10
ZD1 12-4	0.4	1 380	1.25	2.0	2.0	7.0	0.67	0.73	4.9	0.007	12
ZD1 21-4	0.8	1 380	2.4	2.5	2.5	13.0	0.70	0.72	11.0	0.030	31
ZD1 22-4	1.5	1 380	4.3	2.5	2.5	24.0	0.72	0.74	19.6	0.045	40
ZD1 31-4	3.0	1 380	7.6	2.7	2.7	42.0	0.78	0.77	42.14	0.130	50

续表

参数 型号	功率 /kW	转速 /(r/min)	额定电流 /A	最大转矩/额定转矩 /(N・m)	启动转矩/额定转矩 /(N・m)	启动电流 /A	效率 η	功率因素	制动力矩 /(N・m)	转动惯量 /(kg・m²)	重量 /kg
ZD1 32-4	4.5	1 380	11.0	2.7	2.7	60.0	0.78	0.80	62.72	0.160	62
ZD1 41-4	7.5	1 400	18.0	3.0	3.0	100.0	0.79	0.80	98.0	0.390	103
ZD1 51-4	13	1 400	30.0	3.0	3.0	165.0	0.80	0.82	184.4	0.700	181
ZD1 52-4	18.5	1 400	41.7	3.0	3.0	229.0	0.82	0.82	225.4	1.120	210
ZD2 32-4	5.5	1 380	16.0	3.0	3.0	92.0	0.79	0.72	62.72	0.160	62
ZD2 51-4	15.0	1 400	36.0	3.0	3.0	220.0	0.81	0.82	184.4	1.050	181

表 5-13　卷筒槽尺寸

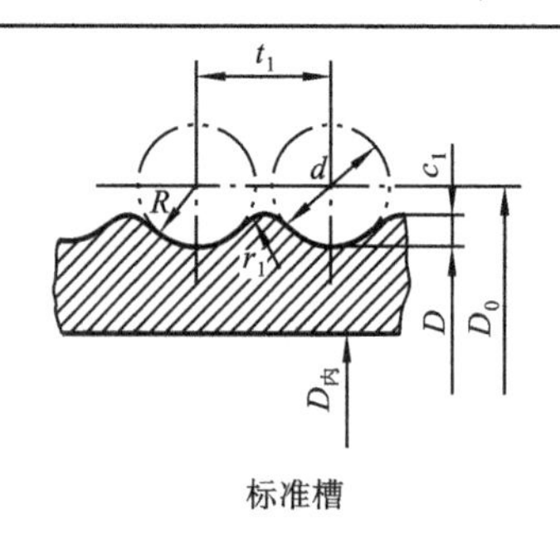

标准槽

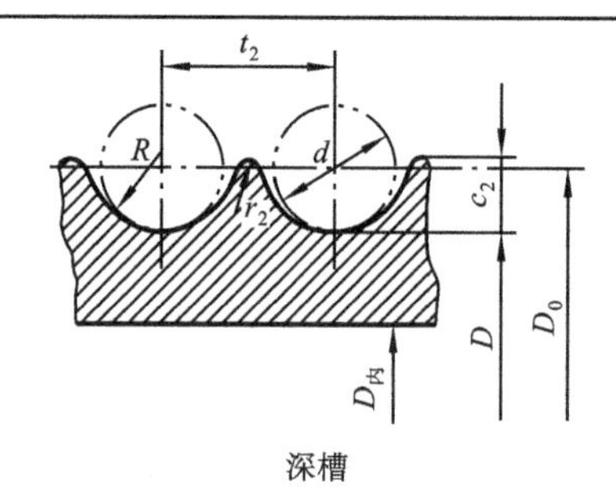

深槽

单位:mm

钢丝绳直径 d	R	标准槽			深槽		
		t_1	r_1	c_1	t_2	r_2	c_2
8～9.3	5	11	1.5	3	—	—	—
9.7～12	6.7	14	1.5	4	17	1.5	8.5
13～14.5	8	16	1.5	4.5	19	1.5	9.5
15～17	10	20	1.5	6	24	2	10.5
17.5～20	11	22	1.5	6.5	25	1.5	11
20.5～22.5	12.5	25	2.5	7	28	2	13
23～24.5	13	27	3	8	32	3	15
25～27.5	15	30	1.5	9	35	2.5	16.5
28～29.5	16	32	1.5	10	36	2	17
30～32	18	34	1.5	10	40	2	19
32.5～33.5	18.5	37	2.5	11	40	2	19
34～36.5	19	38	2.5	11.5	42	2	20
37～38	21	40	1.5	12	—	—	—
39～40	22	42	1.5	12.5	—	—	—
41	24	45	2	13	—	—	—
41.5～43.5	26	47	1.5	15	—	—	—
44～46	26	50	3	15	—	—	—

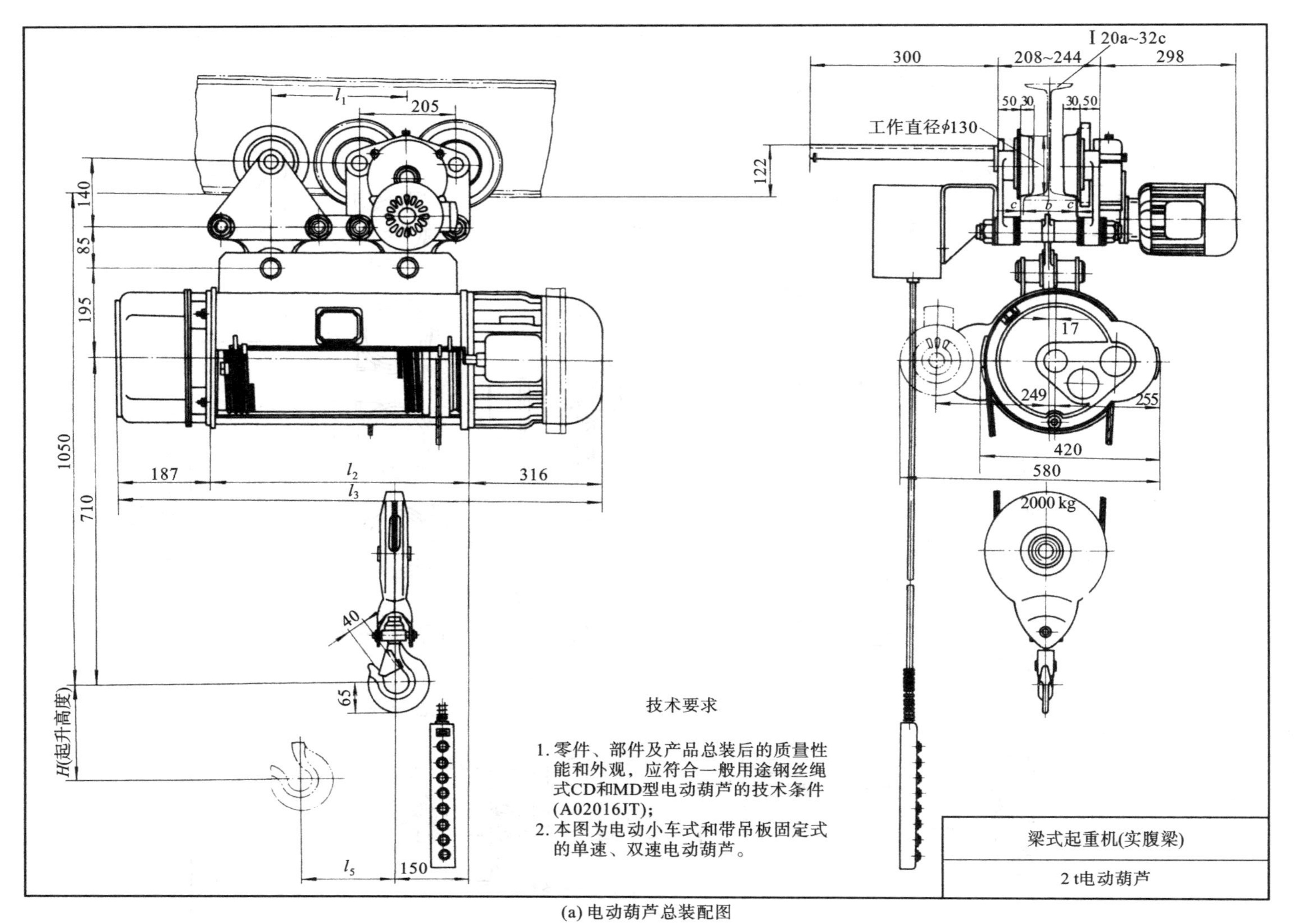

(a) 电动葫芦总装配图

图 5-25　电动葫芦总装配图

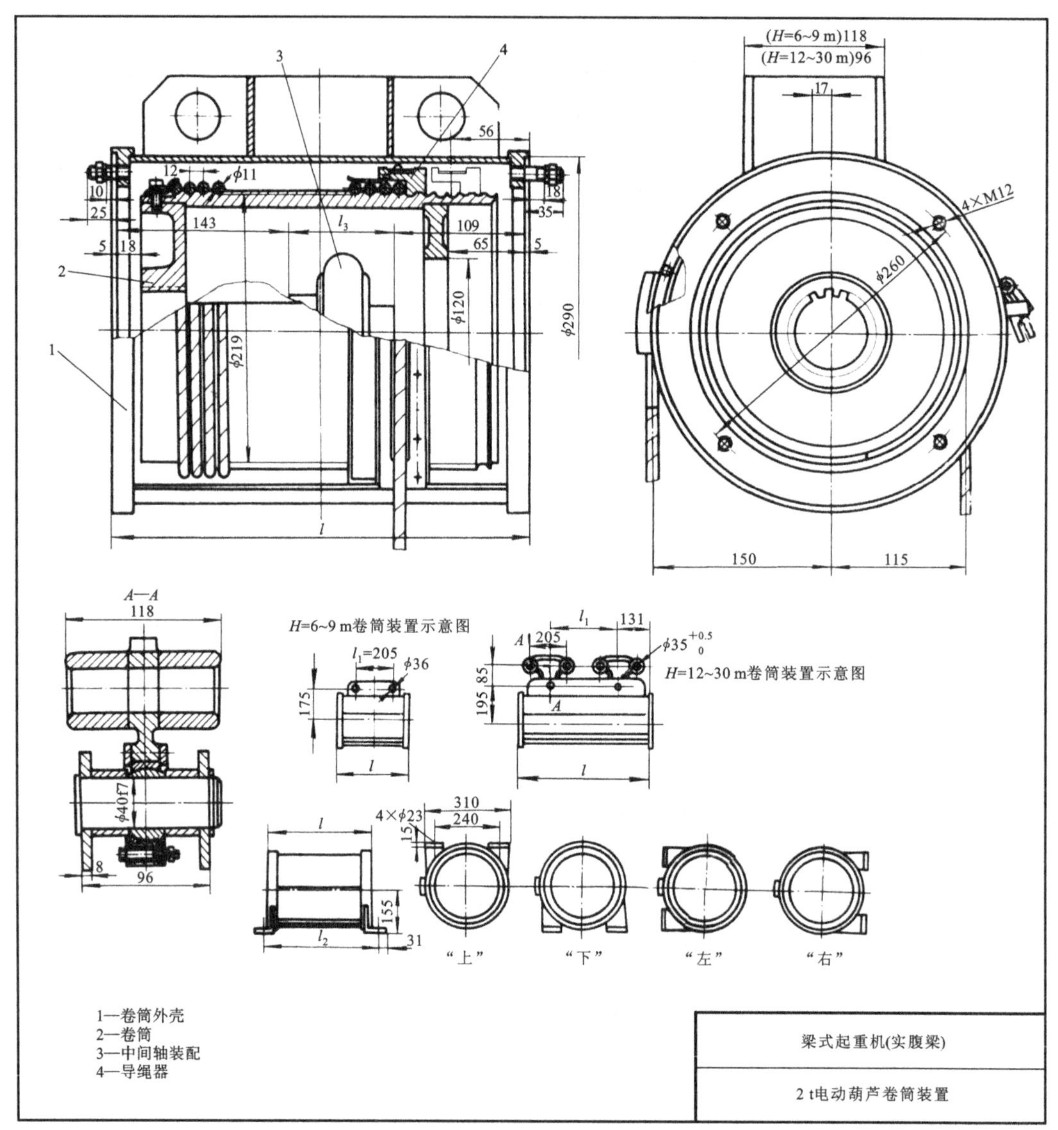

(b) 电动葫芦卷筒部件

续图 5-25

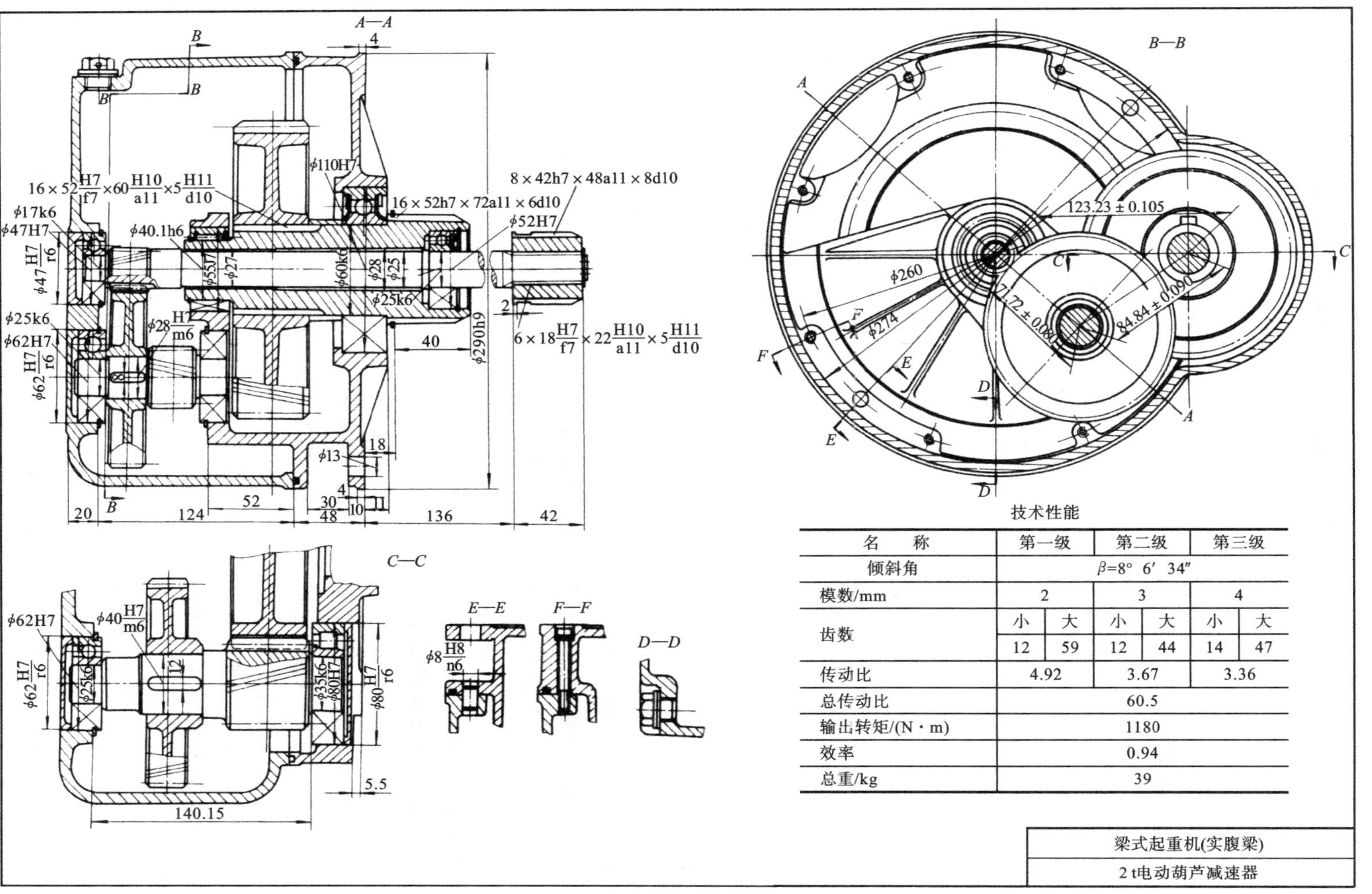

技术性能

名　称	第一级		第二级		第三级	
倾斜角	β=8°　6′　34″					
模数/mm	2		3		4	
齿数	小	大	小	大	小	大
	12	59	12	44	14	47
传动比	4.92		3.67		3.36	
总传动比	60.5					
输出转矩/(N·m)	1180					
效率	0.94					
总重/kg	39					

梁式起重机(实腹梁)
2 t电动葫芦减速器

(c) 电动葫芦减速器部件

续图 5-25

第6章 设计计算说明书的编写要求及答辩准备

设计说明书是图纸设计的理论依据，是对设计计算的整理和总结，是向审核人员提供设计的合理性也是向设备的使用人员提供技术查阅的文件之一。因此，编写设计说明书是设计工作的一个重要组成部分。

编写课程设计说明书能培养学生整理技术资料、编写技术文件的能力，是一项十分重要的训练环节。装配工作图和零件工作图的主要设计计算都要在设计说明书中详细阐述，审阅教师根据设计说明书内容来判断整个设计是否合理与安全。学生通过编写设计说明书整理和完善设计并为答辩做好准备。

6.1 设计计算说明书的内容

设计说明书的内容视设计任务而定，对于以减速器为主的机械传动装置设计，其设计说明书大致包括以下内容。

(1) 前言。

(2) 目录(标题和页次)。

(3) 设计任务书。

(4) 传动装置设计方案的拟订(对方案的分析及传动方案的机构运动简图)。

(5) 电动机的选择计算(计算电动机所需功率及电动机的选择)。

(6) 传动装置运动参数和动力参数计算(分配各级传动比、计算各轴的转速、功率和转矩等)。

(7) 传动零件设计计算(确定齿轮等传动零件的主要参数和几何尺寸)。

(8) 轴的设计计算(初估轴径、结构设计和强度校核计算)。

(9) 滚动轴承的选择和校核计算。

(10) 键连接的选择和校核计算。

(11) 联轴器的选择和校核计算。

(12) 减速器箱体的设计(包括主要结构尺寸的计算及必要的说明)。

(13) 减速器的润滑及密封(包括润滑及密封的方式、润滑剂的牌号及用量)。

(14) 减速器附件的选择及说明。

(15) 设计小结(简要说明课程设计的体会，本设计的优缺点分析，今后改进的意见等)。

(16) 参考资料及文献(对于著作，形式应为：作者. 书名[M]. 版次. 出版地：出版者，出版年. 对于期刊论文，形式应为：作者. 文章名[J]. 期刊名，年，卷(期)：起止页.)。

其中(12)、(13)、(14)的内容可据指导教师的要求进行选择。

6.2 设计计算说明书的要求和注意事项

1. 设计说明书的要求

编写设计说明书，要求设计计算正确、叙述文字简明和通顺、用词准确、书写整齐清晰。应使用统一的稿纸，并按设计顺序和规定的格式进行编写。

1）主要内容的书写要求

设计计算说明书以计算为主要内容，要写出整个计算过程并附加必要的说明。对每一单元的内容，都应有大小标题、编写序号，使整个过程条理清晰。

2）计算内容的书写要求

在计算部分，只需写出公式，代入相关数据，省略计算过程，直接写出计算结果并注明单位，在结果栏中写出简短的分析结论，说明计算合理与否（如满足强度、符合要求等）。

3）引用内容的书写要求

对于引用的数据和公式，应注明来源（如参考资料的编号及页数、图号、表号等），并写在说明书右边的结果栏内，或在该公式或数据的右上角的方括号“[]”中注出参考文献的编号。

4）重要数据的书写要求

对所选用的主要参数、尺寸、规格及计算结果等，可写在右边的结果栏内或采用表格形式列出，也可采用几种书写的方式写在相关的计算之中。

5）附加简图表示法

为了清楚地表示计算内容，设计说明书中应附有必要的简图（如机构运动简图、传动零件结构图、轴的结构图、轴的受力分析图、弯矩图、扭矩图等）。在简图中，对主要零件应统一编号，以便在计算中使用或做脚注之用。

6）参量表示方法

所有计算中用到的参量符号和脚注，须前后一致，各参量的数值应标明单位并且统一，写法要一致。

7）说明书的纸张格式

设计说明书要用蓝或黑色笔写在规定格式的 16K 专用纸上，编好目录，标出页次，将封面与设计图纸一起装订成册或装入技术档案袋内，交由指导教师审定和评阅。封面及说明书专用纸的格式，如图 6-1、图 6-2 所示。

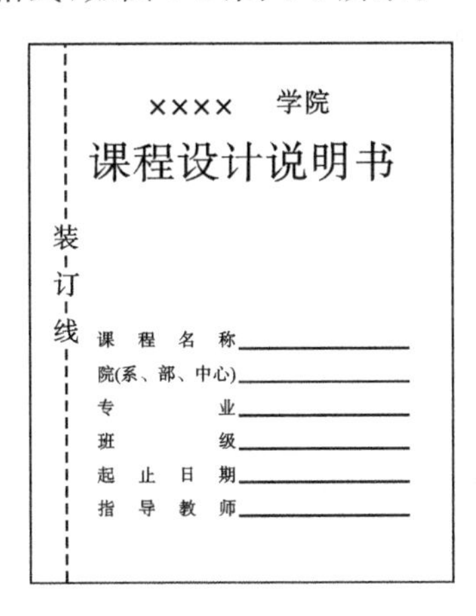

图 6-1　设计说明书封面格式
（供参考）

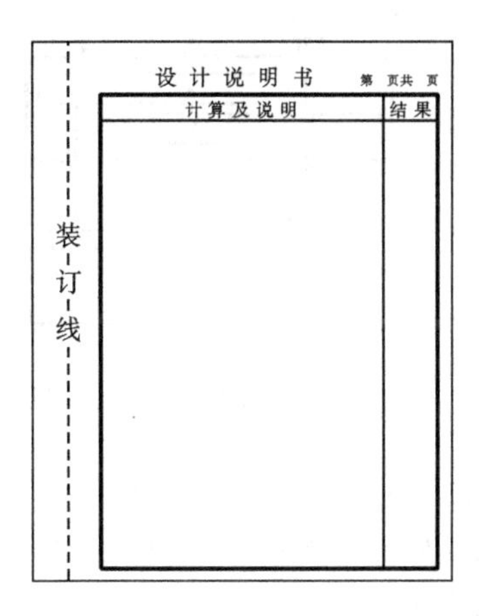

图 6-2　设计说明书专用纸格式
（供参考）

6.3　设计说明书书写格式示例

设 计 说 明 书

第　页共　页

计　算　及　说　明	结　　果
1. 设计任务 (1) 设计任务：带式输送机传动装置，采用二级斜齿圆柱齿轮减速器设计。 (2) 原始数据： 输送带有效拉力 F=7 100 N； 输送机滚筒转速 n=60 r/min(允许误差±5%)； 输送机滚筒直径 D=380 mm； 减速器设计寿命为 10 年(250 天/年)。 (3) 工作条件：两班制，常温下连续工作；空载启动，工作载荷平稳，单向运转；三相交流电源，电压为 380/220 V。 **2. 传动方案的拟订** 带式输送机传动装置二级直齿圆柱齿轮减速器设计。采用两级圆柱齿轮减速器的传动系统参考方案如图 1 所示。 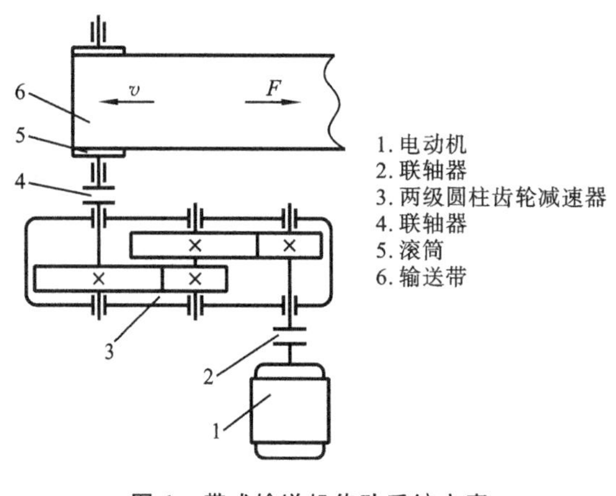 **图 1　带式输送机传动系统方案** 带式输送机由电动机驱动。电动机 1 通过联轴器 2 将动力传入两级圆柱齿轮减速器 3，再通过联轴器 4，将动力传至输送机滚筒 5，带动输送带 6 工作。传动系统采用两级展开式圆柱齿轮减速器，其机构简单，但齿轮箱对轴承位置不对称，因此要求轴有较大的刚度。两级齿轮均为斜齿圆柱齿轮的传动，高速级小齿轮位置远离电动机，齿面接触更均匀。	

计　算　及　说　明	结　　果

3. 电动机的选择

（1）确定工作机（卷筒）所需功率 P_W。

$$P_W = \frac{Fv}{1000}$$

$P_W = 8.48\ \text{kW}$

式中：

$$v = \frac{\pi Dn}{60 \times 1\ 000} = \frac{\pi \times 380 \times 60}{60 \times 1\ 000}\ \text{m/s} = 1.193\ 8\ \text{m/s}$$

$$P_W = \frac{Fv}{1\ 000} = \frac{7\ 100 \times 1.193\ 8}{1\ 000}\ \text{kW} = 8.476\ \text{kW}$$

（2）确定传动总效率 η_a。

由表 A-4 查得：

一对滚动轴承的效率 $\eta_1 = 0.99$；

闭式圆柱齿轮传动的效率 $\eta_2 = 0.97$；

弹性联轴器的效率 $\eta_3 = 0.99$；

卷筒的效率 $\eta_4 = 0.96$。

故减速器的总效率为

$$\eta_d = \eta_1^3 \eta_2^2 \eta_3^2 = 0.99^3 \times 0.97^2 \times 0.99^2 \times 100\% = 89.48\%$$

$\eta_d = 89.48\%$

输送带卷筒的总效率为

$$\eta_W = \eta_1 \eta_4 = 0.99 \times 0.96 \times 100\% = 95.04\%$$

$\eta_W = 95.04\%$

传动装置的总效率为

$$\eta = \eta_d \eta_W = 0.894\ 8 \times 0.960\ 4 \times 100\% = 85.04\%$$

$\eta = 85.04\%$

（3）选择电动机功率 P_{ed}。

电机类型：推荐 Y 系列 380 V，三相异步电动机。

选择电动机功率 P_{ed}。

工作机所需要的电动机输出功率 P_d 计算如下。

$$P_d = \frac{P_W}{\eta} = \frac{8.476}{0.850\ 4}\ \text{kW} = 9.97\ \text{kW}$$

$P_d = 9.97\ \text{kW}$

查手册取电动机的额定功率 $P_{ed} = 11\ \text{kW}$。

对于 $P_{ed} = 11\ \text{kW}$ 的电动机型号如表 1 所示。

表 1　Y 系列额定功率为 3 kW 的电动机转速

型　　号	Y160M1-2	Y160m-4	Y160L-6	Y180L-8
同步转速/(r/min)	3 000	1 500	1 000	750
满载转速/(r/min)	2 930	1 460	960	730
堵转转矩/(N·m) 额定转矩/(N·m)	2.2	2.2	2.0	2.0
最大转矩/(N·m) 额定转矩/(N·m)	2.2	2.2	2.0	2.0

第　页共　页

计　算　及　说　明	结　果

确定电动机转速 n_d。

已知卷筒转速为 n=60 r/min,二级减速器的总传动比合理范围是

$$i_a = 8 \sim 25$$

所以带式输送机传动装置的电动机转速合理范围为

$$n_d = i_a n = (8 \sim 25)n = 480 \sim 1\ 500\ \text{r/min}$$

在该范围内的转速有 750 r/min,1 000 r/min,1 500r/min,其主要数据及计算的减速器传动比,如表 2 所示。

表 2　电动机方案比较

方案	电动机型号	额定功率 P_{ed}/kW	电动机转速		减速器传动比 i_a
			同步转速/(r/min)	满载转速/(r/min)	
1	Y160m-4	11	1 500	1 460	24
2	Y160L-6	11	1 000	960	16
3	Y180L-8	11	750	730	12

通过比较得知:方案 2 选用的电动机转速和传动比适中,故选方案 2 较合理。

所选用的 Y160m-4 型三相异步电动机的额定功率 P_{ed}=11 kW 大于工作机所需要的电动机输出功率 P_d=9.97 kW,同步满载转速 n_m=960 r/min,其主要性能数据如下:

结果:Y160L-6；P_{ed}=11 kW；n_m=960 r/min

电动机额定功率 P_{cd}=11 kW;

电动机满载转速 n_m=960 r/min;

电动机的中心高 H=160 mm;

轴伸出直径 D=42 mm;

轴伸出长度 E=110 mm。

4. 减速箱传动比分配 i_a

(1) 带式输送机传动装置的总传动比为

$$i_a = \frac{n_m}{n} = \frac{960}{60} = 16$$

结果:i_a=16

(2) 分配减速器传动比 i_a。浸油润滑深度如图 2,尽量使高速级和低速级大齿轮浸油深度相当,故取高速级传动比与低速级传动比 i_1=1.3i_2。

结果:i_1=4.56

由此得减速器总传动比关系为

$$i_a = 1.3 i_2 i_2 = 1.3 i_2^2$$

低速级齿轮传动比

$$i_2 = \sqrt{\frac{i_a}{1.3}} = \sqrt{\frac{16}{1.3}} = 3.508$$

结果:i_2=3.508

第　页共　页

计　算　及　说　明	结　　果

高速级齿轮传动比

$$i_1=\frac{i_a}{i_2}=\frac{16}{3.508}=4.56$$

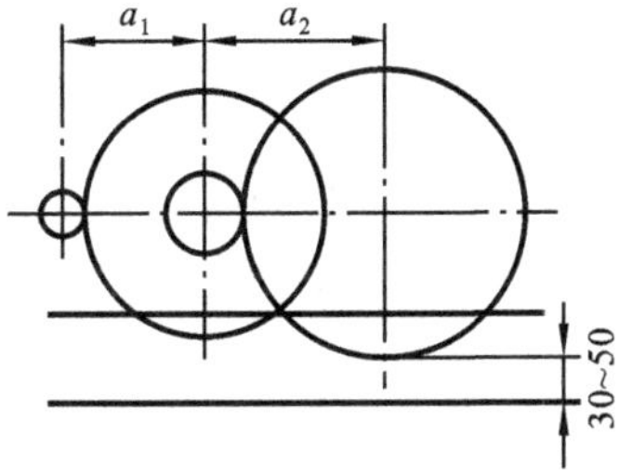

图 2　减速箱齿轮浸油深度示意图

5. 传动系统的动力和运动参数计算

传动系统各轴所用数字代号表示如图 3 所示。

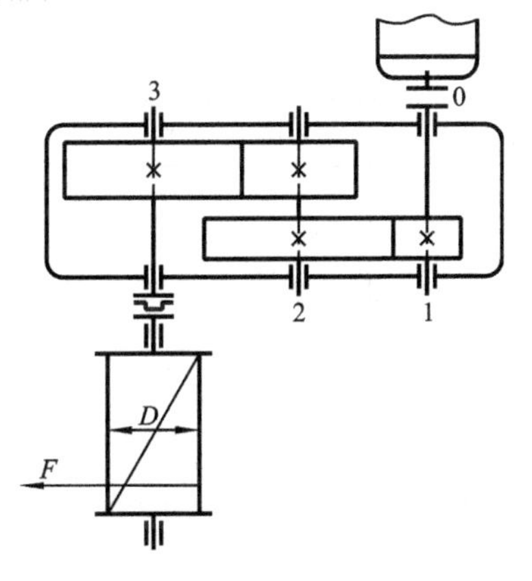

图 3　带式输送机传动系统各轴代号

传动系统各轴的转速、功率和转矩计算如下。

0 轴：

$$n_0=n_m=960\ \text{r/min}$$

$$P_0=P_d=9.97\ \text{kW}$$

$$T_0=9\,550\frac{P_d}{n_m}=9\,550\frac{9.97}{960}=99.18\ \text{N}\cdot\text{m}$$

1 轴：

$$n_1=n_0=960\ \text{r/min}$$

$$P_1=P_0\eta_3=9.97\times0.99\ \text{kW}=9.87\ \text{kW}$$

$$T_1=T_0\eta_3=99.18\times0.99\ \text{N}\cdot\text{m}=98.19\ \text{N}\cdot\text{m}$$

结果：$n_1=960$ r/min；$P_1=9.87$ kW；$T_1=98.19$ N·m

2 轴：

$$n_2=\frac{n_1}{i_1}=\frac{960}{4.56}\ \text{r/min}=210.526\ \text{r/min}$$

$$P_2=P_1\eta_1\eta_2=9.87\times0.99\times0.97\ \text{kW}=9.478\ \text{kW}$$

结果：$n_2=210.526$ r/min；$P_2=9.478$ kW

第　页共　页

计　算　及　说　明	结　　果

$$T_2=T_1 i_1 \eta_1 \eta_2=98.19\times 4.56\times 0.99\times 0.97\ \text{N}\cdot\text{m}=429.97\ \text{N}\cdot\text{m}$$

$T_2=429.97\ \text{N}\cdot\text{m}$

3 轴：

$$n_3=\frac{n_2}{i_2}=\frac{210.526}{3.508}\ \text{r/min}=60\ \text{r/min}$$

$n_3=60\ \text{r/min}$

$$P_3=P_2\eta_1\eta_2=9.478\times 0.99\times 0.97\ \text{kW}=9.102\ \text{kW}$$

$P_3=9.102\ \text{kW}$

$$T_3=T_2 i_2 \eta_1 \eta_2=282.71\times 3.508\times 0.99\times 0.97\ \text{N}\cdot\text{m}=952.361\ \text{N}\cdot\text{m}$$

$T_3=952.36\ \text{N}\cdot\text{m}$

4 轴：

$$n_4=n_3=60\ \text{r/min}$$

$$P_4=P_3\eta_1\eta_3=9.102\times 0.99\times 0.99\ \text{kW}=8.921\ \text{kW}$$

$$T_4=T_3\eta_1\eta_3=952.361\times 0.99\times 0.99\ \text{N}\cdot\text{m}=933.409\ \text{N}\cdot\text{m}$$

将计算结果汇总，如表 3 所示。

表 3　各轴的动力和运动参数

轴　代　号	转速/(r/min)	功率/kW	转矩/(N·m)
0	1 460	9.97	65.214
1	1 460	9.87	64.56
2	261	9.478	933.409
3	60	9.102	952.361
4	60	8.921	933.409

6. 减速器传动零件设计计算

1）高速级斜齿圆柱齿轮传动的设计计算

（1）选择齿轮材料、热处理方式、精度等级。该齿轮传动无特殊要求，为制造方便，所以选软齿面齿轮。

选择齿轮的硬度为

小齿轮硬度范围为 240～270 HB，

大齿轮硬度范围为 180～210 HB。

选择齿轮的材料均用 45 钢，即

小齿轮选用 45 钢调质，硬度为 250 HB；

大齿轮选用 45 钢正火，硬度为 210 HB。

选择 8 级精度，要求齿面粗糙度 $Ra\leqslant 3.2\sim 6.3\ \mu\text{m}$。

小齿轮　45 钢调质
大齿轮　45 钢正火，
8 级精度

（2）确定设计准则。由于该减速器为闭式齿轮传动，且两齿轮硬度均是软齿面，齿面点蚀是主要的失效形式。应先按齿面接触疲劳强度进行设计计算，确定齿轮的主要参数和尺寸，然后再按弯曲疲劳强度校核。

第　页共　页

计　算　及　说　明	结　　果
(3) 初选齿数和齿宽系数 ϕ_d。 小齿轮齿数　　$z_1=27$ 大齿轮齿数　$z_2=z_1 i_1=27\times 4.56=123.12$ 取 $z_2=123$，验算实际传动比为 $i'=\frac{z_2}{z_1}=\frac{123}{27}=4.56$ 实际传动比与设计要求基本相同，无须验算；否则应验算，如传动比的误差为$\frac{\vert i-i'\vert}{i}\times 100\%<\pm 5\%$在误差允许范围内，合适。 (4) 用齿面接触疲劳强度初步设计。 转矩 T_1 $T_1=9.55\times 10^6\times\frac{P_1}{n_1}=9.55\times 10^6\times\frac{9.87}{960}\ \mathrm{N\cdot mm}$ $=98\ 186\ \mathrm{N\cdot mm}$ 试选载荷系数 $K_t=1.5$，螺旋角 $\beta'=15^\circ$ 选取齿宽系数 $\phi_d=1$ 材料的弹性影响系数 $z_E=189.8$ 计算端面重合度 $\varepsilon_\alpha=\left[1.88-3.2\left(\frac{1}{z_1}\pm\frac{1}{z_2}\right)\right]=1.73$ 计算轴面重合度 $\varepsilon_\beta=0.318\phi_d z_1\tan\beta=2.3>1$ 取 $\varepsilon_\beta=1$。 计算重合度系数 $z_\varepsilon=\sqrt{\frac{4-\varepsilon_\alpha}{3}(1-\varepsilon_\beta)+\frac{\varepsilon_\beta}{\varepsilon_\alpha}}=0.76$ 节点区域系数 $z_H=2.42$ 螺旋角系数 $z_\beta=\sqrt{\cos\beta}=0.98$ 疲劳极限为 $\sigma_{\mathrm{Hlim}\,1}=600\ \mathrm{MPa}$，$\sigma_{\mathrm{Hlim}\,2}=400\ \mathrm{MPa}$ 取安全系数 $S_H=1$，应力循环系数为 $N_1=60njL_h=60\times 960\times 1\times(10\times 250\times 16)$ $=2.3\times 10^9$ $N_2=\frac{N_1}{i}=\frac{2.3\times 10^9}{4.56}=5.04\times 10^8$	转矩 $T_1=98\ 186\ \mathrm{N\cdot mm}$

第　页共　页

计　算　及　说　明	结　　果
寿命系数为 $$Z_{N1}=0.91,\quad Z_{N2}=0.94$$ 计算许用应力 $$[\sigma_H]_1=\frac{Z_{N1}\sigma_{Hlim1}}{S_H}=\frac{0.91\times600}{1}\ \text{MPa}=546\ \text{MPa}$$	$[\sigma_H]_1=546$ MPa
$$[\sigma_H]_2=\frac{Z_{N2}\sigma_{Hlim2}}{S_H}=\frac{0.94\times400}{1}\ \text{MPa}=376\ \text{MPa}$$	$[\sigma_H]_2=376$ MPa
取$[\sigma_H]$较小值。由 $$d_{1t}\geqslant\sqrt[3]{\frac{2KT_1(u\pm1)}{\phi_d u}\times\left(\frac{Z_E Z_\varepsilon Z_H Z_\beta}{[\sigma_H]}\right)^2}$$ $$=\sqrt[3]{\frac{2\times1.5\times98186\times(4.56+1)}{1\times4.56}\times\left(\frac{189.8\times0.76\times2.42\times0.98}{376}\right)^2}\ \text{mm}$$ $$=68.87\ \text{mm}$$ 取 $d_{1t}=69$ mm。 (5) 确定主要参数。 圆周速度 $v=\frac{\pi d_1 n}{60\times1000}=\frac{\pi\times69\times960}{60\times1000}$ m/s$=3.42$ m/s 齿宽　　$b=\phi_d\times d_1=1\times69$ mm$=69$ mm 取 $b=70$ mm。 工作情况系数 $K_A=1$,动载荷系数 $K_v=1.08$。 取齿间载荷分配系数 $K_\alpha=1.2$,齿向载荷分布系数 $K_\beta=1.24$。 载荷系数: $$K=K_A K_v K_\beta K_\alpha=1\times1.18\times1.2\times1.05=1.48$$ $$d_{1min}=d_{t1}\sqrt[3]{k/k_t}=69\times\sqrt[3]{1.48/1.5}=68.69$$ 法面模数: $$m_n=\frac{d_1\cos\beta}{z_1}=\frac{69\cos15^\circ}{27}\ \text{mm}=2.47\ \text{mm}$$ 标准模数: $$m_{n12}=2.5$$	$m_{n12}=2.5$
确定中心距为 $$a_0=\frac{1}{2}m_n(z_1+z_2)/\cos\beta=\frac{1}{2}\times2.5\times\frac{27+123}{\cos15^\circ}$$ $$=194.114\ \text{mm}$$ 利用螺旋角将中心距调整为整数,取实际中心距 $$a_{12}=195\ \text{mm}$$	$a_{12}=195$ mm
螺旋角: $$\cos\beta_{12}=\frac{m_n(z_1+z_2)}{2a_{12}}=\frac{2.5\times(27+123)}{2\times195}=0.961\ 538$$	

第　页共　页

计 算 及 说 明	结　　果
$\beta_{12}=15.94^\circ$	$\beta_{12}=15.94^\circ$
(6) 计算主要尺寸。	
分度圆直径为	
$d_1=m_{t1}z_1=(m_n z_1)/\cos\beta_{12}=\dfrac{2.5\times 27}{\cos 15.94^\circ}\ \text{mm}=70.199\ \text{mm}$	$d_1=70.199\ \text{mm}$
$d_2=m_{t2}z_2=(m_n z_2)/\cos\beta_{12}=\dfrac{2.5\times 123}{\cos 15.94^\circ}\ \text{mm}=319.796\ \text{mm}$	$d_2=319.796\ \text{mm}$
齿宽	
$b_1=b_2+5=(70+5)\ \text{mm}=75\ \text{mm}$	$b_1=75\ \text{mm}$
$b_2=b=70\ \text{mm}$	$b_2=70\ \text{mm}$
(7) 校核齿根弯曲疲劳强度。	
当量齿数	
$z_{v1}=\dfrac{z_1}{\cos^3\beta_{12}}=\dfrac{27}{0.962^3}=30.37$	
$z_{v2}=\dfrac{z_2}{\cos^3\beta_{12}}=\dfrac{123}{0.962^3}=138.35$	
齿形系数	
$Y_{F1}=2.52,\quad Y_{F2}=2.17$	
应力修正系数	
$Y_{S1}=1.625,\quad Y_{S2}=1.80$	
螺旋角系数	
$Y_\beta=0.88$	
因为 $\varepsilon_\alpha=1.73$,所以重合度系数	
$Y_\varepsilon=0.25+\dfrac{0.75}{\varepsilon_\alpha}=0.25+\dfrac{0.75}{1.73}=0.68$	
许用弯曲强度极限	
$\sigma_{Flim\,1}=420\ \text{MPa},\quad \sigma_{Flim\,2}=160\ \text{MPa}$	
安全系数	
$S_F=1.3$	
弯曲疲劳寿命系数为	
$Y_{N1}=0.86,\quad Y_{N2}=0.85$	
许用弯曲应力为	
$[\sigma_b]_1=\dfrac{Y_{N1}\sigma_{Flim\,1}}{S_F}=\dfrac{0.86\times 420}{1.3}\ \text{MPa}=277.8\ \text{MPa}$	
$[\sigma_b]_2=\dfrac{Y_{N2}\sigma_{Flim\,2}}{S_F}\dfrac{0.85\times 160}{1.3}\ \text{MPa}=104.6\ \text{MPa}$	

计　算　及　说　明	结　　果

弯曲应力为

$$\sigma_{b1}=\frac{2KT_1}{bm^2 z_1}Y_F Y_S Y_\varepsilon Y_\beta$$

$$=\frac{2\times 1.48\times 99479}{70\times 2.5^2\times 27}\times 2.52\times 1.625\times 0.68\times 0.88\ \text{MPa}$$

$$=61.08\ \text{MPa}$$

$\sigma_{b_1}=61.08$ MPa

$$\sigma_{b2}=\sigma_{b1}\frac{Y_{F2}Y_{S2}}{Y_{F1}Y_{S1}}$$

$$=61.08\times\frac{2.17\times 1.80}{2.52\times 1.625}\ \text{MPa}$$

$$=58.3\ \text{MPa}$$

$\sigma_{b_2}=58.3$ MPa

因 $\sigma_{b_1}<[\sigma_b]_1$，$\sigma_{b2}<[\sigma_b]_2$，故齿根弯曲强度合格。

安全

(8) 高速级斜齿圆柱齿轮传动主要参数与几何尺寸

高速级斜齿圆柱齿轮传动主要参数与几何尺寸汇总见表 4。

表 4　高速级斜齿圆柱齿轮传动主要参数与几何尺寸

几何尺寸与主要参数	符号	小齿轮	大齿轮
法面模数	m_{n12}	2.5	
法面压力角	α_n	20°	
螺旋角	β_{12}	左 15°56′24″	右 15°56′24″
法面齿顶高系数	h_{an}^*	1	
法面顶隙系数	c_n^*	0.25	
齿顶高/mm	h_a	2.5	
齿根高/mm	h_f	3.125	
齿数	z	27	123
分度圆直径/mm	d	70.199	319.796
齿顶圆直径/mm	d_a	75.199	324.796
齿根圆直径/mm	d_f	63.699	313.296
齿宽/mm	b	75	70
标准中心距/mm	a_{12}	195	

2) 低速级斜齿圆柱齿轮传动的设计计算

(1) 选择齿轮材料、热处理方式、精度等级。该齿轮传动无特殊要求，为制造方便，所以选软齿面齿轮。

选择齿轮的硬度。

小齿轮硬度范围为 240～270 HB；

大齿轮硬度范围为 180～210 HB。

齿轮的材料均用 45 钢，即

小齿轮选用 45 钢调质，硬度为 250 HB；

大齿轮选用 45 钢正火，硬度为 210 HB。

小齿轮　45 钢调质

大齿轮　45 钢正火

第　页共　页

计　算　及　说　明	结　　果
选择 8 级精度，要求齿面粗糙度 $Ra \leqslant 3.2 \sim 6.3\ \mu m$	
……	……
转矩 T_2　　　$T_2 = 429.97\ N \cdot m$	$T_2 = 429.97\ N \cdot m$
……	
（2）轴设计	
……	
3）轴 3 设计	
已知 $n_3 = 60\ r/min, P_3 = 9.102\ kW, T_3 = 952.36\ N \cdot m$。	
（1）选择轴的材料，确定许用应力。材料为 45 钢并经调质处理。	45 钢调质
许用弯曲应力$[\sigma_{-1}] = 55\ MPa$。	
（2）按扭转强度估算最小轴径。	
45 钢的材料系数为 $C = 118 \sim 107$，则 $d_{min} \geqslant C\sqrt[3]{\frac{P}{n}} = (107 \sim 118)\sqrt[3]{\frac{9.102}{60}}\ mm = 57.07 \sim 62.93\ mm$	
考虑到轴要安装联轴器，会有键槽存在，故将估算直径加大 3%～5%，取为 58.78～66.08 mm。初取标准直径 $d_1 = 60\ mm$。	
（3）设计轴的结构。为满足减速器机构图要求，齿轮在箱体内部偏置，轴承安装在两侧，轴的外伸端安装半联轴器。故轴的结构应设计为阶梯轴，外伸端轴径最小，向内逐段增大，根据轴上零件的安装和固定要求初步确定装配方案，设计有 7 个轴径，如图 4 所示。	

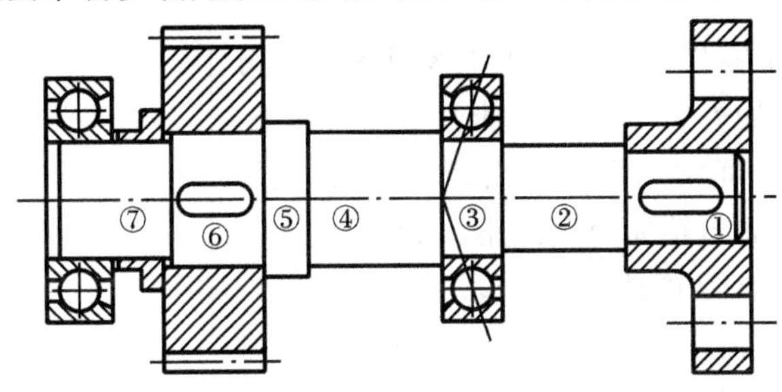

图 4　输出轴的结构

计　算　及　说　明	结　　果
① 确定各轴段的直径。轴段①（外伸端）直径最小，为了使所选轴的直径与联轴器的孔径相适应，需同时选取联轴器型号。T_{ca} 由工作情况系数 $K_A = 1.3$，则联轴器的转矩 $T_{ca} = K_A T_3 = 1.3 \times 952.36\ N \cdot m = 1\ 238.07\ N \cdot m$。按照计算转矩 T_{ca} 应小于联轴器公称转矩的条件，选用 YL12 型凸缘联轴器，其额定转矩为 1 600 N · m。半联轴器孔径 60 mm 与轴的最小直径相符，故取 $d_1 = 60\ mm$。	HL12 型凸缘联轴器

第　页共　页

计　算　及　说　明	结　果
轴段②要对安装在轴段①上的联轴器进行定位，轴段②上应有轴肩，轴肩高度为 $h=(0.07\sim0.1)d_1=4.2\sim6.0$ mm，$d_2=d_1+2h=60+(8.4\sim12)$，考虑到轴段②与标准密封件配合，应取密封件标准内径，查 JB/ZQ 4606—1997 或手册，选用 $d=70$ mm 的毛毡圈，故取轴段②的直径 $d_2=70$ mm。 轴段③上安装轴承，轴段③必须满足轴承内径的标准，暂取轴承型号为 7215C，其内径 $d=75$ mm，故轴段③的直径 $d_3=75$ mm。 轴段④为轴肩，给轴承定位，根据 7215C 轴承的安装尺寸，取轴段④的直径为 $d_4=84$ mm。 轴段⑤为轴肩，给齿轮定位，计算得轴肩高度为 5.32～7.6 mm，取 $d_5=88$ mm。 轴段⑥上安装齿轮，为便于安装，d_6 应略大于 d_7，取直径 $d_6=76$ mm。 轴段⑦上安装轴承，同一根轴上一般选择相同的轴承，因此$d_7=d_3=75$ mm。 ② 确定各轴段的长度。轴段①的长度应比半联轴器毂长短2～3 mm，已知半联轴器毂长为 142 mm，故取 $l_1=140$ mm。 轴段③应与 7215C 轴承宽度相同，故取 $l_3=25$ mm。 轴段⑥的长度应比齿轮毂长短 2～3 mm，齿轮毂长 70 mm，故取 $l_6=68$ mm。 轴段⑤为轴环，$l_5=1.4h=1.4(d_5-d_4)/2=7$ mm，取 $l_5=10$ mm。 以上各轴段长度主要根据轴上零件的毂长或轴上零件配合部分的长度确定。而另一些轴段长度，如 l_2、l_4、l_7，除与轴上零件有关外，还与箱体及轴承端盖等零件有关。通常从齿轮端面开始，为避免转动零件与不动零件干涉，取齿轮端面与箱体内壁的距离 $H=12$ mm。考虑箱体铸造误差，轴承内端面应距箱体内壁一段距离，取 $\Delta=5$ mm。考虑上下轴承座的连接，取轴承座宽度 $C=50$ mm。根据轴承外圈直径查机械设计手册，得轴承端盖厚度 $e=10$ mm，同时轴承端盖与箱体之间需加装垫片调整轴承游隙，一般为 $\Delta_1=2$ mm，高速级与低速级端面距是 $F=10$ mm，为避免转动的联轴器与不动的轴承端盖干涉，取联轴器端面与轴承端盖间的距离 $K=30$ mm。至此，相应轴段的长度就可确定。 $l_2=(C-\Delta-B)+e+K+\Delta_1$ $=[(50-5-25)+10+30+2]$ mm $=62$ mm	

第　页共　页

计　算　及　说　明	结　　果
$l_4=F+b_2+\Delta+H-l_5=(10+70+5+12-10)\ \mathrm{mm}=87\ \mathrm{mm}$	
$l_7=B+H+\Delta=(25+12+5)\ \mathrm{mm}=42\ \mathrm{mm}$	
各轴段的直径和各轴段的长度尺寸如图 5 所示。	
由图 4、图 5、图 6(a)可得轴的支点和轴上受力点间的跨距：	
$L_1=50\ \mathrm{mm},\quad L_2=130\ \mathrm{mm},\quad L_3=158\ \mathrm{mm}$	

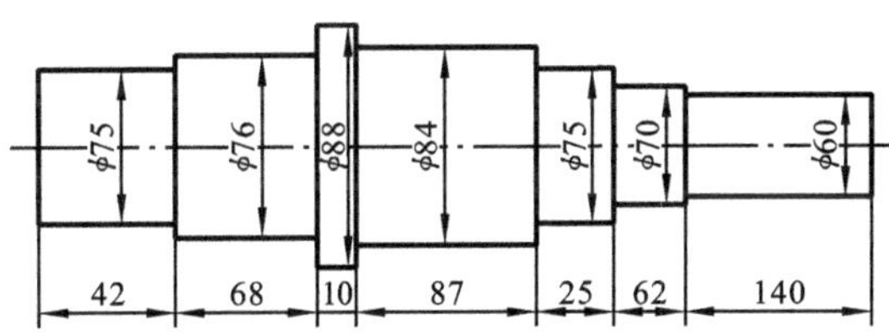

图 5　各轴段的直径和各轴段的长度尺寸

③ 轴上零件的周向固定。为保证良好对中性，齿轮与轴选用过盈配合 H7/r6，联轴器与轴选用 H7/k6，与轴承内圈配合的轴颈选用 k6。齿轮及联轴器均采用 A 型普通平键连接，分别为键 22×60 GB/T 1096—2003 及键 18×100 GB/T 1096—2003。	
④ 轴上倒角及圆角。为保证 7215C 轴承内圈端面紧靠定位轴肩的端面，根据轴承手册推荐，取轴肩圆角半径为 1.5 mm，为方便加工，其他轴肩圆角半径均取为 1.5 mm，轴的左右端倒角均为 2×45°。	
(4) 计算输出轴上斜齿轮受力。	
$F_{t4}=\dfrac{2T_3}{d_4}=\dfrac{2\times 952.36\times 10^3}{368.452}\ \mathrm{N}=5\ 169.52\ \mathrm{N}$	$F_{t4}=5\ 169.52\ \mathrm{N}$
$F_{r4}=\dfrac{F_{t4}\tan\alpha_n}{\cos\beta_{34}}=\dfrac{5\ 169.52\times 0.364}{0.961\ 5}\ \mathrm{N}=1\ 957.052\ \mathrm{N}$	$F_{r4}=1\ 957.052\ \mathrm{N}$
$F_{a4}=F_{t4}\tan\beta_{34}=5\ 169.52\times 0.285\ 6\ \mathrm{N}=1\ 476.41\ \mathrm{N}$	$F_{a4}=1\ 476.41\ \mathrm{N}$
(5) 按弯扭合成强度校核轴径。	
① 轴的受力分析。画轴的受力分析简图如图 6(a)所示。将齿轮传给轴的分散力简化为集中力，并作用在轮毂宽度的中点。	
② 计算支承反力。在水平面上支承反力如图 6(b)所示。	
$F_{HA4}=F_{HB4}=\dfrac{F_{t4}}{2}=2\ 584.76\ \mathrm{N}$	$F_{HA4}=2\ 584.76\ \mathrm{N}$ $F_{HB4}=2\ 584.76\ \mathrm{N}$
在垂直面上支承反力如图 6(d)所示。	
$F_{VA4}=\dfrac{F_{r4}L_2-F_{a4}\dfrac{d_4}{2}}{L_1+L_2}=\dfrac{1957.052\times 130-1476.41\times\dfrac{368.452}{2}}{50+130}\ \mathrm{N}=-97.646\ \mathrm{N}$	$F_{VA4}=-97.646\ \mathrm{N}$

第　页共　页

计　算　及　说　明	结　果
$F_{VB4}=F_{r4}-F_{VA4}=[1\ 957.052-(-97.646)]\ \mathrm{N}$	
$=2\ 054.698\ \mathrm{N}$	$F_{VB4}=2\ 054.698\ \mathrm{N}$
③ 画弯矩图。在水平面上弯矩如图 6(c)所示。	
$M_{HA4}=M_{HB4}=F_{HA4}\times L_1$	$M_{HA4}=129\ 238\ \mathrm{N\cdot mm}$
$=2\ 584.76\times 50\ \mathrm{N\cdot mm}=129\ 238\ \mathrm{N\cdot mm}$	$M_{HB4}=129\ 238\ \mathrm{N\cdot mm}$
在垂直面上弯矩如图 6(e)所示。A—A 剖面左侧弯矩为	
$M_{VA4}=F_{VA4}\times L_1=-97.464\times 50\ \mathrm{N\cdot mm}$	
$=-4873.2\ \mathrm{N\cdot mm}$	$M_{VA4}=-4\ 873.2\ \mathrm{N\cdot mm}$
$M_{VB4}=F_{VB4}\times L_2=2054.698\times 130\ \mathrm{N\cdot mm}$	
$=267\ 110.74\ \mathrm{N\cdot mm}$	$M_{VB4}=267\ 110.74\ \mathrm{N\cdot mm}$
合成弯矩如图 6(f)所示。A—A 剖面左侧弯矩为	
$M_{A4}=\sqrt{M_{HA4}^2+M_{VA4}^2}$	
$=\sqrt{129\ 238^2+(-4873.2)^2}\ \mathrm{N\cdot mm}$	
$=129\ 329.84\ \mathrm{N\cdot mm}$	
A—A 剖面右侧弯矩为	$M_{A4}=129\ 329.84\ \mathrm{N\cdot mm}$
$M_{B4}=\sqrt{M_{HB4}^2+M_{VB4}^2}$	
$=\sqrt{129\ 238^2+267\ 110.74^2}\ \mathrm{N\cdot mm}$	
$=296\ 733.23\ \mathrm{N\cdot mm}$	
④ 画转矩如图 6(g)所示。	$M_{B4}=296\ 733.23\ \mathrm{N\cdot mm}$
转矩　$T_3=952.36\times 10^3\ \mathrm{N\cdot mm}$	
⑤ 轴的弯扭合成强度校核。由图 6,校核轴上受最大弯矩和转矩的截面强度 A—A 剖面右侧合成的最大弯矩,取 $M=M_B$ 校核弯扭合成强度。	
$W=0.1d^3-\dfrac{bt\,(d-t)^2}{2d_4}$	
$=0.1\times 76^3-\dfrac{22\times 9\times(76-9)^2}{2\times 76}\ \mathrm{mm^3}$	
$=38\ 050.087\ \mathrm{mm^3}$	
式中:d——安装齿轮的轴头。	
因减速器为单向运转,取 $\alpha=0.6$,则	
$\sigma_{ca3}=\dfrac{\sqrt{M^2+(\alpha T)^2}}{W}$	
$=\dfrac{\sqrt{296\ 733.23^2+(0.6\times 952\ 360)^2}}{38\ 050.087}\ \mathrm{MPa}$	
$=16.92\ \mathrm{MPa}$	$\sigma_{ca3}=16.92\ \mathrm{N}$
$\sigma_{ca3}\leqslant[\sigma_{-1}]$,轴的弯扭合成强度满足要求。	轴 3 安全

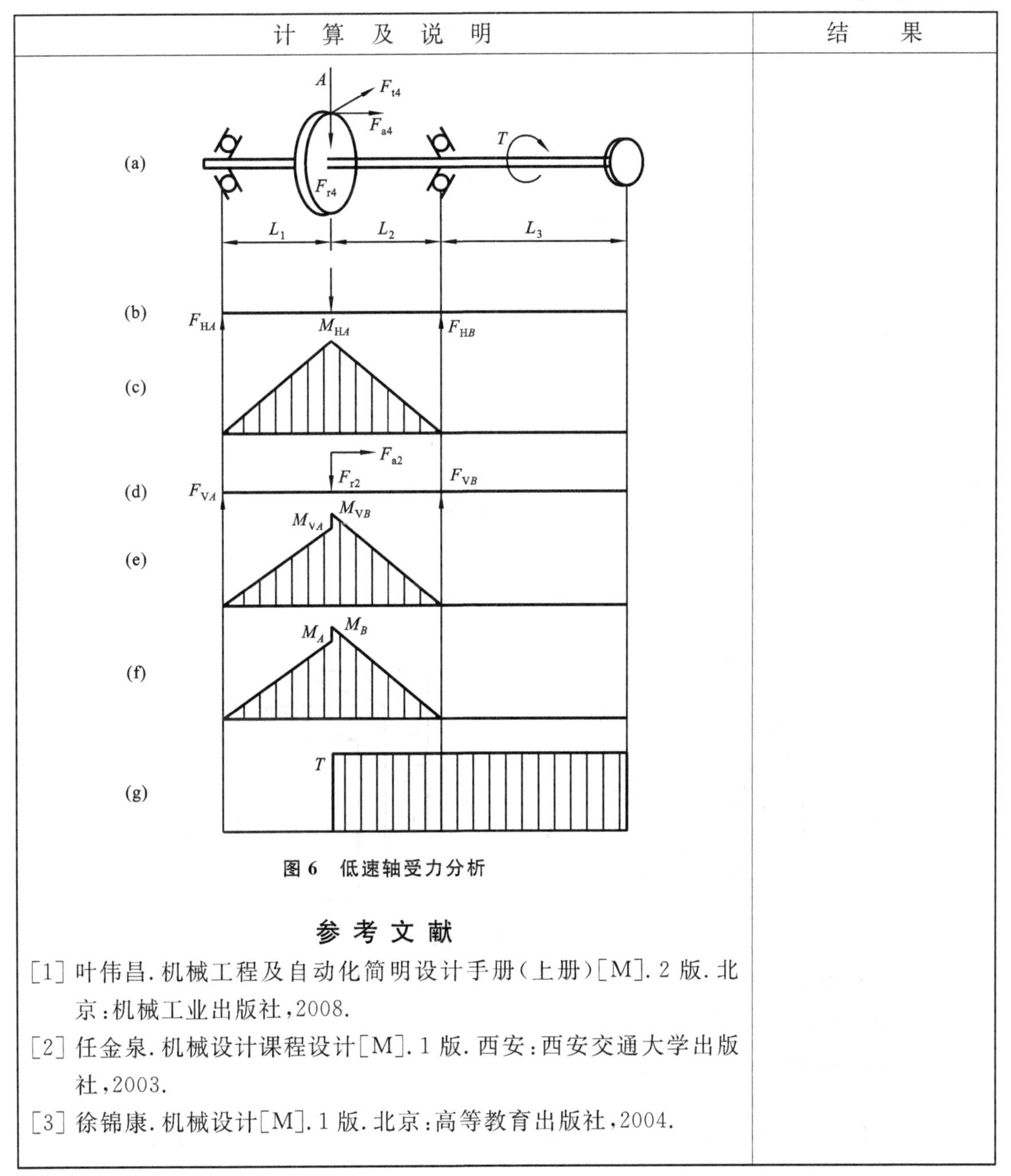

第　页共　页

计 算 及 说 明	结　果

图 6　低速轴受力分析

参 考 文 献

[1] 叶伟昌.机械工程及自动化简明设计手册(上册)[M].2 版.北京:机械工业出版社,2008.

[2] 任金泉.机械设计课程设计[M].1 版.西安:西安交通大学出版社,2003.

[3] 徐锦康.机械设计[M].1 版.北京:高等教育出版社,2004.

6.4　减速器课程设计的答辩准备

答辩是机械设计课程设计的最后环节,通过设计答辩,教师可以了解学生对设计知识掌握的程度,了解学生完成设计的真实情况,也可促使学生对自己的设计能力有全面的认识。通过答辩,找出设计计算和图样中存在的问题,进一步把还不甚明白或尚未考虑到的问题搞清楚,可收获更多的知识。因此,指导教师和学生对机械设计课程设计的答辩要应予重视,并积极做好答辩准备。

1. 设计答辩内容

答辩前，学生应系统地回顾和总结下面的内容：方案确定、材料选择、受力分析、工作能力计算、主要参数及尺寸的确定、主要结构设计、设计资料和标准的运用，工艺性等各方面的知识。

指导教师一般着重考查以下几个方面的问题。

(1) 设计的传动装置的结构采用的基本理论和基本方案是否合理。

(2) 设计的结构是否满足装配关系和制造工艺。

(3) 绘制工程图样的能力。

(4) 使用设计资料和国家标准的能力。

(5) 答辩时的语言表达能力。

2. 设计资料的准备

答辩前，应将设计计算说明书、图纸一起装订好，图纸折叠如图 6-3 所示，或者放入统一的纸袋中。装订次序为机械设计说明书在上，总装图其次，零件图放在最下面；同样，放入纸袋中的顺序与上述的相同。审核教师应先根据原始设计参数查看设计说明书中的计算是否正确，其次根据计算数据察看装配图中的结构是否达到计算要求，各零件的结构和装配关系是否合理，最后根据装配图中的装配尺寸和设计结构审阅零件图，察看零件图的结构和表示是否满足装配和加工要求。

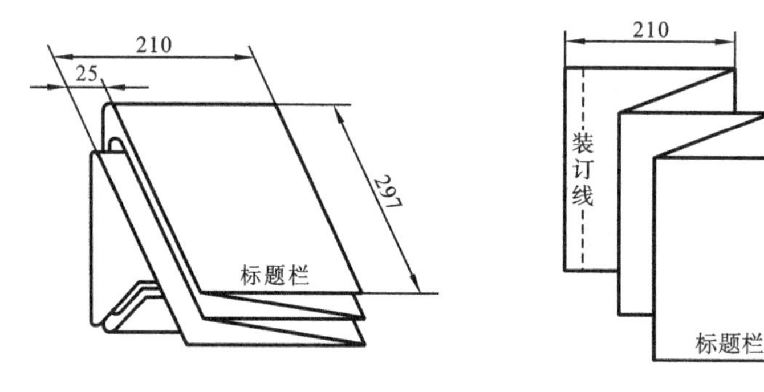

图 6-3　图纸折叠

3. 答辩思考题

1) 设计减速器的基本概念

(1) 简述总体设计方案的几种构想，并对不同的传动设计方案进行比较，说明各种方案的优缺点。

(2) 总体布置时，怎样安排各级传动的先后顺序？链传动和带传动各应布置在高速级还是低速级？

(3) 如何选择联轴器的类型？

(4) 简述减速器的受力情况，高速级与低速级所传递的转矩及功率是否相同？

(5) 谈谈减速器装配图上所需标注的四类尺寸。结合装配图对所标注的尺寸的类型具体加以说明。

(6) 设计中为何要尽量选用标准件？

(7) 齿轮与轴、轴承内圈与轴、联轴器与轴以及轴承外圈与孔的配合是哪些？

(8) 说明减速器装配图中通气器、定位销所在位置及其功用。

(9) 指出减速器装配图中放油孔及放油螺塞、起吊装置所在位置,并说明其功用。

(10) 指出减速器装配图中油标或油标尺、启盖螺钉所在位置,并说明其功用。

(11) 轴上各零件是如何进行轴向和周向固定的? 轴向力是如何传递的?

(12) 轴承是如何进行润滑和密封的? 密封结构的特点怎样?

(13) 为什么减速器的箱体在安装轴承处比较厚? 加强肋有何作用?

(14) 简述减速器所用的螺纹连接的应用特点及防松方法。

(15) 如何确定电动机的功率和转速? 试分析电动机转速对传动方案的结构尺寸及影响。

(16) 电动机的额定转速和同步转速有什么不同? 设计时应按哪种转速计算?

(17) 传动装置总传动比如何确定,怎样分配到各级传动中,分配传动比的原则是什么?

(18) 怎样计算传动装置的总效率。

(19) 怎样确定减速器各轴的转速、功率和转矩?

(20) 在两级三轴线圆柱齿轮减速器中,主动轴上小齿轮布置在靠近转矩输入端还是远离转矩输入端为好,为什么?

2) 传动系统设计计算

(1) 什么是带传动的弹性滑动和弹性打滑,可否避免,弹性打滑首先发生在哪个带轮上? 试说明欧拉公式的意义。

(2) 带传动工作时带受到哪些应力? 最大应力发生在何处?

(3) 带传动的松边和紧边应如何布置?

(4) 带传动失效的形式及设计准则是什么?

(5) 小带轮直径选大或选小对设计出的带传动有何影响?

(6) 闭式齿轮传动失效的形式主要是什么? 设计准则如何?

(7) 减速器的齿轮传动中,若配对齿轮都采用软齿面,其材料和热处理方法如何选择? 一对齿轮的齿面硬度为什么要有差别,一般硬度差值为多少为宜?

(8) 直齿圆柱齿轮、斜齿圆柱齿轮、直齿圆锥齿轮的受力方向如何确定?

(9) 分析齿面接触强度及齿根弯曲强度计算公式中,主要有哪些参数? 哪些参数应取标准值?

(10) 以接触强度为主要设计准则的齿轮传动,小齿轮齿数 z_1 常取多少为好?

(11) 一对齿轮啮合时,哪个齿轮的接触应力大,哪个齿轮的弯曲应力大,哪个齿轮更容易发生点蚀,哪个齿轮更容易发生轮齿折断?

(12) 简述齿面硬度 HBS≤350 和 HBS>350 的齿轮的热处理方法和加工工艺过程。

(13) 用斜齿圆柱齿轮传动对提高承载能力有何影响? 斜齿圆柱齿轮的几何尺寸计算有何特点?

(14) 斜齿轮与直齿轮相比较有哪些优点? 斜齿轮的螺旋角 β 应取多大为宜?

(15) 计算斜齿圆柱齿轮传动的中心距时,若不是标准整数,应该怎样把它调整为标准整数?

(16) 计算齿面接触疲劳强度和齿根弯曲疲劳强度,各应按哪个齿轮所受的扭矩计算? 为什么小齿轮比大齿轮宽度要大,应按哪个齿轮的齿宽进行计算?

(17) 齿面硬度的选取对设计结果有何影响?

(18) 中小尺寸的齿轮为什么常采用锻造毛坯来制造? 可以采用型材直接机械加工制造吗? 什么情况下可以采用铸造毛坯加工制造齿轮?

(19) 动力传动用的齿轮模数 m 应如何取值，为什么？

(20) 为什么计算斜齿圆柱齿轮螺旋角时必须精确到秒？为什么计算齿轮分度圆直径时必须精确到小数点后 2～3 位数？

(21) 齿轮减速器两级传动的中心距是如何确定的？

(22) 齿轮的结构形式有哪些？各有什么优缺点？在什么情况下设计成齿轮轴？为什么有时要在辐板式齿轮的辐板上打孔(孔板式)？

(23) 齿轮传动的精度等级是怎样确定的？所设计的齿轮根据什么选择其制造方法？

(24) 进行蜗杆传动计算时，可以调整哪些参数来保证中心距为整数？为什么只有变位蜗轮而没有变位蜗杆？

(25) 普通圆柱蜗杆传动主要参数有哪些？与齿轮传动相比较，有哪些不同之处，为什么？

(26) 试述你所设计的蜗杆轴是怎样轴向定位的？蜗轮的轴向位量是如何调整的？

(27) 多头蜗杆为什么传动效率高？为什么动力传动要限制蜗杆总头数？

(28) 蜗杆减速器中，为什么有时蜗杆上置、有时蜗杆下置？

(29) 切制蜗轮的滚刀同与蜗轮相啮合的蜗杆在几何尺寸上有何差别？

(30) 与齿轮传动相比较，蜗杆传动易发生哪些损坏形式？为什么？

(31) 蜗杆减速器为什么要进行热平衡计算？当热平衡不满足要球时，应采取什么措施？

(32) 蜗杆传动有何优缺点？在齿轮和蜗杆组成的多级传动中，为什么多数情况下是将蜗杆传动放在高速级？

(33) 蜗杆和蜗轮的受力方向、转向如何确定？蜗杆传动的强度计算是针对哪个零件的？蜗轮有哪些结构形式，各有何特点，适用于什么场合？

(34) 蜗杆传动有何特点？在什么情况下宜采用蜗杆传动？大功率时为什么一般不采用蜗杆传动？

(35) 蜗杆传动除强度计算外，为什么还要进行传动效率计算及热平衡计算？

(36) 怎样选择蜗杆和蜗轮的材料？

(37) 为什么规定圆锥齿轮的大端模数为标准值？

(38) 圆锥齿轮传动的传动比为什么一般比圆柱齿轮传动的传动比小？

(39) 圆锥齿轮传动与圆柱齿轮传动组成的多级传动中，为什么尽可能将圆锥齿轮传动放在高速级？

(40) 直齿圆锥齿轮传动的几何尺寸计算有何特点？强度设计时力的作用点在什么位置？

(41) 什么是链传动的运动不均匀性？影响链传动运动不均匀性的主要因素有哪些？链传动失效的主要形式是什么？

(42) 滚子链传动设计中，如何选择链条节距 p、齿数 z，及 z_0、链节数 L？链传动中心距对传动的工作能力有哪些影响？

(43) 链传动紧边和松边链条所受的拉力是否相同，应如何合理布置？

3) 轴设计

(1) 什么情况下需将齿轮和轴做成一体，这对轴有何影响？

(2) 常见的轴的失效形式有哪些，设计中如何防止？在选择轴的材料时有哪些考虑？

(3) 为什么轴的初步计算后还要精确校核？进行精确校核时，应力集中系数如何查取？

(4) 简单归纳轴的一般设计方法与步骤。

(5) 谈谈是如何选择轴的材料及热处理的，其合理性何在？

(6) 轴的结构与哪些因素有关？试说明所设计的减速器低速轴各个变截面的作用及截面尺寸变化大小确定的原则。

(7) 轴上各零件(包括轴承)的轴向和周向常用的固定方式有哪些？所选的固定方式有哪些优点？

(8) 如何判断你所设计的轴及轴上零件轴向定位正确？

(9) 当轴与轴上零件之间用键连接，若传递转矩较大而键的强度不够时，应如何解决？

(10) 套筒在轴的结构设计中起什么作用，如何正确设计？

(11) 为什么在同一根轴上有几个键槽时，应将其设计在同一根母线上？轴上键槽为什么有对称度公差要求？

(12) 确定外伸端轴毂尺寸时要考虑什么？怎样确定键在轴段上的轴向位置？

(13) 试述中间轴上各零件的装配过程。

(14) 轴的结构设计的一般原则是什么？结合轴零件工作图，说明你在设计中是如何体现这些原则的。

(15) 指出轴零件工作图中所标注的形位公差，并说明为什么要标注这些形位公差。

(16) 简述减速器低速轴的受力简图、弯矩图、转矩图是如何绘制的。

(17) 所设计的轴、轴向力是怎样从传动零件传递到箱体上的？哪边轴承受到的轴向力较大？

(18) 轴上倒角、圆角、退刀槽、越程槽等结构有何作用，其尺寸如何确定？

(19) 轴的轴向调整有什么意义？所设计的轴如何进行轴向调整？

(20) 在轴的零件工作图上，如何标注轴的轴向尺寸和径向尺寸？

4) 滚动轴承

(1) 了解常用滚动轴承的类型、特点及应用范围。如何选择滚动轴承的类型？所选择的滚动轴承类型，其根据是什么？

(2) 同一轴上两端的滚动轴承类型和直径是否应一致，为什么？

(3) 轴承端盖的作用是什么？凸缘式和嵌入式轴承端盖各有什么特点？滚动轴承的设计寿命如何选取和确定，为什么？

(4) 根据什么确定滚动轴承内径？内径确定后怎样使轴承满足预期寿命的要求？

(5) 设计时为什么选用滚动轴承而不选用滑动轴承？在进行滚动轴承部件组合设计时，要考虑哪些问题？

(6) 比较轴的单支点双向固定和双支点单向固定的结构特点。所设计的轴属于哪种形式？

(7) 滚动轴承外圈与箱体的配合、内圈与轴的配合有什么不同？

(8) 如何计算角接触球轴承和圆锥滚子轴承所受的轴向载荷？

(9) 如果所设计的齿轮减速器内用圆锥滚子轴承，试说明一对轴承正装和反装两种布置的优缺点。

(10) 滚动轴承为什么要留有间隙(游隙)？间隙大小怎样确定和调整？

5) 减速器箱体设计

(1) 减速器箱座和箱盖的尺寸是怎样确定的？为什么把箱体设计成剖分式？

(2) 箱盖与箱座的相对位置如何精确保证？

(3) 决定箱体的中心高度要考虑哪些因素？

(4) 启盖螺钉的作用是什么？它的头部有什么要求？

(5) 怎样使杆式油标能正确量出油面高度？油标放在高速轴一侧还是低速轴一侧，为什么？

(6) 窥视孔的作用是什么？如何确定窥视孔的布置位置和尺寸？通气器的作用是什么？

(7) 如何确定螺塞的位置？如何保证螺塞的密封性？

(8) 油标(或油池)的作用是什么？如何避免油面波动对测量结果产生的影响？

(9) 为什么轴承两旁的连接螺栓要尽量靠近轴承孔中心线？如何合理确定螺栓中心线位置及凸台高度？

(10) 如何考虑减速器箱体的强度和刚度要求？加强肋放在什么位置较好？为什么？

附录　机械设计常用资料及规范

附录 A　常用数据和一般标准

附表 A-1　图纸幅面尺寸　　单位：mm

尺寸代号 \ 幅面代号	A0	A1	A2	A3	A4
$B \times L$	841×1189	594×841	420×594	297×420	297×210
c	10		5		
a	25				

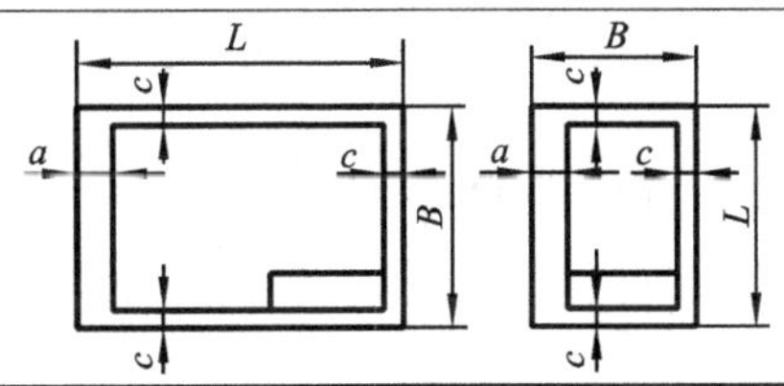

注：标题栏尺寸统一为 180×56 或 150×35，其中 A4 图纸为竖放，其余图纸一律横放。

附表 A-2　图纸常用比例、标题栏格式、明细表格式

图纸常用比例		
与实物相同	缩小的比例	放大的比例
1∶1	1∶1.5，1∶2，1∶2.5，1∶3，1∶4，1∶5，1∶10^n 1∶1.5×10^n，1∶2×10^n，1∶2.5×10^n，1∶5×10^n	2∶1，2.5∶1，4∶1，5∶1，10^n∶1

标题栏格式 GB/T 10609.1—1989

标准格式

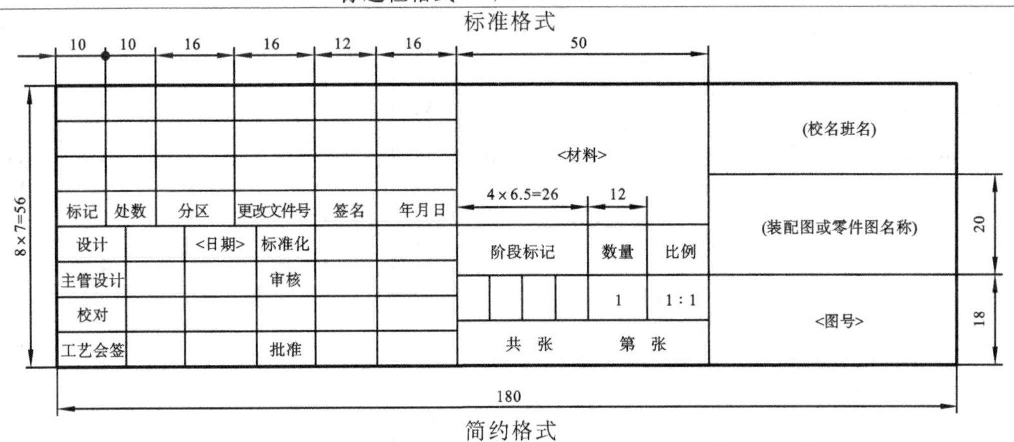

简约格式

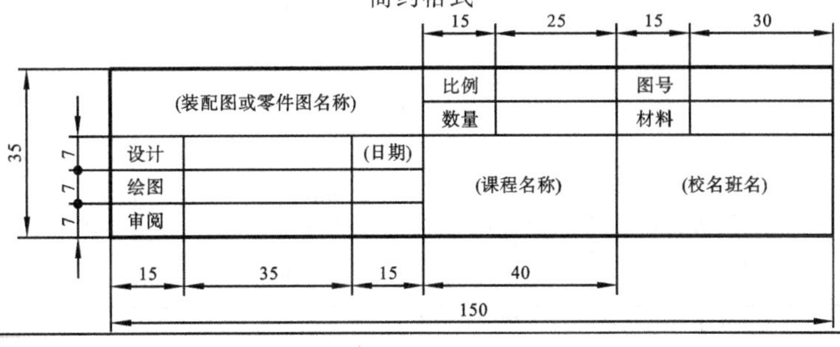

续表

明细表格式 GB/T 10609.2—1989

标准格式

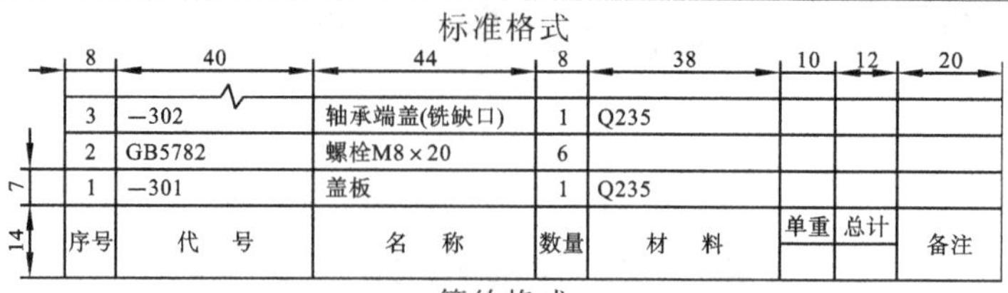

简约格式

150

8 30 44 8 40

7 14

序号 代 号 名 称 数量 材 料 备注

附表 A-3 标准尺寸(直径、长度、高度等)GB/T 2822—2005 摘录 单位:mm

1～10 mm				10～100 mm						100～1 000 mm					
*R*10	*R*20	*R*′10	*R*′20	*R*10	*R*20	*R*40	*R*′10	*R*′20	*R*′40	*R*10	*R*20	*R*40	*R*′10	*R*′20	*R*′40
1.00	1.00	1.0	1.0	10.0	10.0		10	10		100	100	100	100	100	100
	1.12		**1.1**		11.2			**11**				106			**105**
1.25	1.25	**1.2**	**1.2**	12.5	12.5	12.5	**12**	**12**	**12**		112	112		**110**	**110**
	1.40		1.4			13.2			**13**			118			**120**
1.60	1.60	1.6	1.6		14.0	14.0		14	14	125	125	125	125	125	125
	1.80		1.8			15.0			15			132			**130**
2.00	2.00	2.0	2.0	16.0	16.0	16.0	16	16	16		140	140		140	140
	2.24		**2.2**			17.0			17			150			150
2.50	2.50	2.5	2.5		18.0	18.0		18	18	160	160	160	160	160	160
	2.80		2.8			19.0			19			170			170
3.15	3.15	**3.0**	**3.0**	20.0	20.0	20.0	20	20	20		180	180		180	180
	3.55		**3.5**			21.2			**21**			190			190
4.00	4.00	4.0	4.0		22.4	22.4		22	**22**	200	200	200	200	200	200
	4.50		4.5			23.6			**24**			212			**210**
5.00	5.00	5.0	5.0	25.0	25.0	25.0	25	25	25		224	224		**220**	**220**
	5.60		**5.5**			26.5			26			236			**240**
6.30	6.30	**6.0**	**6.0**		28.0	28.0		28	28	250	250	250	250	250	250
	7.10		**7.0**			30.0			30			255			**260**
8.00	8.00	8.0	8.0	31.5	31.5	31.5	**32**	**32**	**32**		280	280		280	280
	9.00		9.0			33.5			**34**			300			300
10.00	10.00	10.0	10.0		35.5	35.5		**36**	**36**	315	315	315	320	**320**	**320**
						37.5			**38**			335			**340**
				40.0	40.0	40.0	40	40	40		355	355		**360**	**360**
						42.5			**42**			375			**380**
					45.0	45.0		45	45	400	400	400	400	**400**	400
						47.5			**48**			425			**420**
				50.0	50.0	50.0	50	50	50		450	450		450	450
						53.0			53			475			**480**
					56.0	56.0		56	56	500	500	500	500	500	500
						60.0			60			530			430
				63.0	63.0	63.0	63	63	63		560	560		560	560
						67.0			67			600			600
					71.0	71.0		71	71	630	630	630	630	630	630
						75.0			75			670			670
				80.0	80.0	80.0	80	80	80		710	710		710	710
						85.0			85			750			750
					90.0	90.0		90	90	800	800	800	800	800	800
						95.0			95			850			850
				100.0	100.0	100.0	100	100	100		900	900		900	900
												950			950
										1 000	1 000	1 000	1 000	1 000	1 000

注:*R*′系列中的黑体字,为 *R* 系列相应各项优先数的化整数。

附表 A-4　机械传动和摩擦副的效率概略值

种类		效率 η
圆柱齿轮传动	很好跑合的 6 级精度和 7 级精度齿轮传动(油润滑)	0.98～0.99
	8 级精度的一般齿轮传动(油润滑)	0.97
	9 级精度的齿轮传动(油润滑)	0.96
	加工齿的开式齿轮传动(脂润滑)	0.94～0.96
	铸造齿的开式齿轮传动	0.90～0.93
圆锥齿轮传动	很好跑合的 6 级和 7 级精度齿轮传动(油润滑)	0.97～0.98
	8 级精度的一般齿轮传动(油润滑)	0.94～0.97
	加工齿的开式齿轮传动(脂润滑)	0.92～0.95
	铸造齿的开式齿轮传动	0.88～0.92
蜗杆传动	自锁蜗杆(油润滑)	0.40～0.45
	单头蜗杆(油润滑)	0.70～0.75
	双头蜗杆(油润滑)	0.75～0.82
	三头和四头蜗杆(油润滑)	0.80～0.92
	环面蜗杆传动(油润滑)	0.85～0.95
带传动	平带无压紧轮的开式传动	0.98
	平带有压紧轮的开式传动	0.97
	平带交叉传动	0.9
	V 带传动	0.96
链传动	焊接链	0.93
	片式关节链	0.95
	滚子链	0.96
	齿形链	0.97
复滑轮轴	滑动轴承($i=2\sim6$)	0.90～0.98
	滚动轴承($i=2\sim6$)	0.95～0.99

种类		效率 η
摩擦轮	平摩擦轮传动	0.85～0.92
	槽摩擦轮传动	0.88～0.90
	卷绳轮	0.95
联轴器	十字滑块联轴器	0.97～0.99
	齿式联轴器	0.99
	弹性联轴器	0.99～0.995
	万向联轴器($\alpha\leqslant3°$)	0.97～0.98
	万向联轴器($\alpha>3°$)	0.95～0.97
滑动轴承	润滑不良	0.94(一对)
	润滑正常	0.97(一对)
	润滑特好(压力润滑)	0.98(一对)
	液体摩擦	0.99(一对)
滚动轴承	球轴承(稀油润滑)	0.99(一对)
	滚子轴承(稀油润滑)	0.98(一对)
卷筒		0.96
减(变)速器	单级圆柱齿轮减速器	0.97～0.98
	双级圆柱齿轮减速器	0.95～0.96
	行星圆柱齿轮减速器	0.95～0.98
	单级锥齿轮减速器	0.95～0.96
	双级圆锥-圆柱齿轮减速器	0.94～0.95
	无级变速器	0.92～0.95
	摆线-针轮减速器	0.90～0.97
丝杠传动	滑动丝杠	0.30～0.60
	滚动丝杠	0.85～0.95

附表 A-5　各种传动的传动比推荐范围

传动类型		传动比
平带传动		≤6
V 带传动		≤7
圆柱齿轮传动	(1)开式	≤3～5
	(2)单级减速器	≤4～6
	(3)单级外啮合和内啮合行星减速器	3～9

传动类型		传动比
圆锥齿轮传动	(1)开式	≤5
	(2)单级减速器	≤5
蜗杆传动	(1)开式	15～60
	(2)单级减速器	10～40
链传动		≤6
摩擦轮传动		≤5

附录B　常用材料

附表 B-1　钢的常用热处理方法及应用

名　称	说　明	应　用
退火（焖火）	将钢件（或钢坯）加热到适当温度，保温一段时间，然后再缓慢地冷却下来（一般随炉冷）	用来消除铸、锻、焊零件的内应力，降低硬度，以易于切削加工，细化金属晶粒，改善组织，增加韧度
正火（正常化）	将钢件加热到相变点以上 30～50℃，保温一段时间，然后在空气中冷却，冷却速度比退火快	用来处理低碳和中碳结构钢材及渗碳零件，使其组织细化，增加强度及韧度，减小内应力，改善切削性能
淬火	将钢件加热到相变点以上某一温度，保温一段时间，然后放入水、盐水或油中（个别材料在空气中）急剧冷却，使其得到高硬度	用来提高钢的硬度和强度极限。但淬火时会引起内应力使钢变脆，所以淬火后必须回火
回火	将淬硬的钢件加热到相变点以下某一温度，保温一段时间，然后在空气中或油中冷却下来	用来消除淬火后的脆性和内应力，提高钢的塑性和冲击韧度
调质	淬火后高温回火	用来使钢获得高的韧度和足够的强度，很多重要零件是经过调质处理的
表面淬火	仅对零件表层进行淬火，使零件表层有高的硬度和耐磨性，而心部保持原有的强度和韧度	常用来处理轮齿的表面
时效	将钢加热≤120～130℃，长时间保温后，随炉或取出在空气中冷却	用来消除或减小淬火后的微观应力，防止变形和开裂，稳定工件形状及尺寸，以及消除机械加工的残余应力
渗碳	使表面增碳，渗碳层深度 0.4～6 mm 或 >6 mm。硬度为 56～65 HRC	增加钢件的耐磨性能、表面硬度、抗拉强度及疲劳极限，适用于低碳和中碳（ω_C<0.40%）结构钢的中小型零件和大型的重负荷、受冲击、耐磨的零件
碳氮共渗	使表面增加碳与氮，扩散层深度较浅，为 0.02～3.0 mm；硬度高，在共渗层为 0.02～0.04 mm 时具有 66～70 HRC	增加结构钢、工具钢制件的耐磨性、表面硬度和疲劳极限，提高刀具切削性能和使用寿命 适用于要求硬度高、耐磨的中、小型及薄片的零件和刀具等
渗氮	表面增氮，氮化层为 0.025～0.8 mm，而渗氮时间需 40～50 小时，硬度很高（1200 HV），耐磨、抗蚀性能高	增加钢件的耐磨性能、表面硬度、疲劳极限及抗蚀能力适用于结构钢和铸铁件，如气缸套、气门座、机床主轴、丝杠等耐磨零件，以及在潮湿碱水和燃烧气体介质的环境中工作的零件，如水泵轴、排气阀等零件

附表 B-2　灰铸铁的牌号和力学性能(GB/T 9439—2010)

牌　号	铸件壁厚/mm		最小抗拉强度 R_m(强制性值)/MPa		铸件本体预期抗拉强度 R_m/MPa
	>	≤	单铸试棒	附铸试棒或试块	
HT100	5	40	100	—	—
HT150	5	10	150	—	155
	10	20		—	130
	20	40		120	110
	40	80		110	95
	80	150		100	80
	150	300		90	—
HT200	5	10	200	—	205
	10	20		—	180
	20	40		170	155
	40	80		150	130
	80	150		140	115
	150	300		130	—
HT225	5	10	225	—	230
	10	20		—	200
	20	40		190	170
	40	80		170	150
	80	150		155	135
	150	300		145	—
HT250	5	10	250	—	250
	10	20		—	225
	20	40		210	195
	40	80		190	170
	80	150		170	155
	150	300		160	—
HT275	10	20	275	—	250
	20	40		230	220
	40	80		205	190
	80	150		190	175
	150	300		175	—
HT300	10	20	300	—	270
	20	40		250	240
	40	80		220	210
	80	150		210	195
	150	300		190	—

续表

牌　号	铸件壁厚/mm		最小抗拉强度 R_m(强制性值)/MPa		铸件本体预期抗拉强度 R_m/MPa
	>	≤	单铸试棒	附铸试棒或试块	
HT350	10	20	350	—	315
	20	40		290	280
	40	80		260	250
	80	150		230	225
	150	300		210	—

注:1. 当铸件壁厚超过 300 mm 时,其力学性能由供需双方商定。

2. 当某牌号的铁液浇注壁厚均匀、形状简单的铸件时,壁厚变化引起抗拉强度的变化,可从本表查出参考数据,当铸件壁厚不均匀,或有型芯时,此表只能给出不同壁厚处大致的抗拉强度值,铸件的设计应根据关键部位的实测值进行。

3. 表中斜体字数值表示指导值,其余抗拉强度值均为强制性值,铸件本体预期抗拉强度值不作为强制性值。

附表 B-3　球墨铸铁(GB/T 1348—2009 摘录)

材料牌号	抗拉强度 R_m /MPa	屈服强度 $R_{p0.2}$ /MPa	伸长率 A /(%)	布氏硬度 HBW	主要基体组织
QT350-22L	350	220	22	≤160	铁素体
QT350-22R	350	220	22	≤160	铁素体
QT350-22	350	220	22	≤160	铁素体
QT400-18L	400	240	18	120～175	铁素体
QT400-18R	400	250	18	120～175	铁素体
QT400-18	400	250	18	120～175	铁素体
QT400-15	400	250	15	120～180	铁素体
QT450-10	450	310	10	160～210	铁素体
QT500-7	500	320	7	170～230	铁素体+珠光体
QT550-5	550	350	5	180～250	铁素体+珠光体
QT600-3	600	370	3	190～270	珠光体+铁素体
QT700-2	700	420	2	225～305	珠光体
QT800-2	800	480	2	245～335	珠光体或索氏体
QT900-2	900	600	2	280～360	回火马氏体或屈氏体+索氏体

注:1. 如需求球铁 QT500-10 时,其性能要求见附录 A。

2. 字母"L"表示该牌号有低温(−20 ℃或−40 ℃)下的冲击性能要求;字母"R"表示该牌号有室温(23 ℃)下的冲击性能要求。

3. 伸长率是从原始标距 $L_0=5d$ 上测得的,d 是试样上原始标距处的直径。其他规格的标距见 9.1 节及附录 B。

附录C　连接件和轴系紧固件

附表 C-1　普通螺纹基本尺寸(GB/T 196—2003 摘录)　　单位:mm

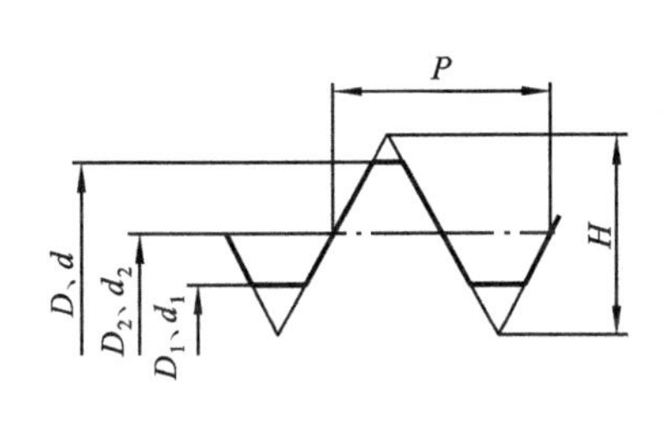

D——内螺纹的基本大径(公称直径);
d——外螺纹的基本大径(公称直径);
D_2——内螺纹的基本中径;
d_2——外螺纹的基本中径;
D_1——内螺纹的基本小径;
d_1——外螺纹的基本小径;
H——原始三角形高度;
P——螺距。

螺纹中径和小径值是按下列公式计算的,计算数值需圆整到小数点后的第三位。

$D_2=D-2\times\frac{3}{8}H=D-0.649\,5P$;

$d_2=d-2\times\frac{3}{8}H=d-0.649\,5P$;

$D_1=D-2\times\frac{5}{8}H=D-1.082\,5P$;

$d_1=d-2\times\frac{5}{8}H=d-1.082\,5P$;

其中:$H=\frac{\sqrt{3}}{2}P=0.866\,025\,404P$。

公称直径(大径) D、d	螺距 P	中径 D_2、d_2	小径 D_1、d_1	公称直径(大径) D、d	螺距 P	中径 D_2、d_2	小径 D_1、d_1	公称直径(大径) D、d	螺距 P	中径 D_2、d_2	小径 D_1、d_1
3	0.5 0.35	2.675 2.773	2.495 2.621	12	1.75 1.5 1.25 1	10.863 11.026 11.188 11.350	10.106 10.376 10.647 10.917	28	2 1.5 1	26.701 27.026 27.350	25.835 26.376 26.917
3.5	0.6 0.35	3.110 3.273	2.850 3.121	14	1.5 1.25 1	13.026 13.188 13.350	12.376 12.647 12.917	30	3.5 3 2 1.5 1	27.727 28.051 28.701 29.026 29.350	26.211 26.752 27.835 28.376 28.917
4	0.7 0.5	3.545 3.675	3.242 3.459	15	1.5 1	14.026 14.350	13.376 13.917	32	2 1.5	30.701 31.026	29.835 30.376
4.5	0.75 0.5	4.013 4.175	3.688 3.959	16	2 1.5 1	14.701 15.026 15.350	13.835 14.376 14.917	33	3.5 3 2 1.5	30.727 31.051 31.701 32.026	29.211 29.752 30.835 31.376
5	0.8 0.5	4.480 4.675	4.134 4.459	17	1.5 1	16.026 16.350	15.376 15.917	35	1.5	34.026	33.376
5.5	0.5	5.175	4.959	18	2.5 2 1.5 1	16.376 16.701 17.026 17.350	15.294 15.835 16.376 16.917	36	4 3 2 1.5	33.402 34.051 34.701 35.026	31.670 32.752 33.835 34.376
6	1 0.75	5.350 5.513	4.917 5.188	20	2.5 2 1.5 1	18.376 18.701 19.026 19.350	17.294 17.835 18.376 18.917	38	1.5	37.026	36.376
7	1 0.75	6.350 6.513	5.917 6.188	22	2.5 2 1.5 1	20.376 20.701 21.026 21.350	19.294 19.835 20.376 20.917	39	4 3 2 1.5	36.402 37.051 37.701 38.026	34.670 35.752 36.835 37.376
8	1.25 1 0.75	7.188 7.350 7.513	6.647 6.917 7.188	24	3 2 1.5 1	22.051 22.701 23.026 23.350	20.752 21.835 22.376 22.917	40	3 2 1.5	38.051 38.701 39.026	36.752 37.835 38.376
9	1.25 1 0.75	8.188 8.350 8.513	7.647 7.917 8.188	25	2 1.5 1	23.701 24.026 24.350	22.835 23.376 23.917	42	4.5 4 3 2 1.5	39.077 39.402 40.051 40.701 41.026	37.129 37.670 38.752 39.835 40.376

续表

公称直径（大径）D、d	螺距 P	中径 D_2、d_2	小径 D_1、d_1	公称直径（大径）D、d	螺距 P	中径 D_2、d_2	小径 D_1、d_1	公称直径（大径）D、d	螺距 P	中径 D_2、d_2	小径 D_1、d_1
10	1.5 1.25 1 0.75	9.026 9.188 9.350 9.513	8.376 8.647 8.917 9.188	26	1.5	25.026	24.376	45	4.5 4 3 2 1.5	42.077 42.402 43.051 43.701 44.026	40.129 40.670 41.752 42.835 43.376
11	1.5 1 0.75	10.026 10.350 10.513	9.376 9.917 10.188	27	3 2 1.5 1	25.051 25.701 26.026 26.350	23.752 24.835 25.376 25.917	48	5 4 3 2 1.5	44.752 45.402 46.051 46.701 47.026	42.587 43.670 44.752 45.835 46.376

附表 C-2 六角头螺栓—A 和 B 级（GB/T 5782—2000 摘录）
六角头螺栓—细牙—A 和 B 级（GB/T 5785—2000 摘录） 单位：mm

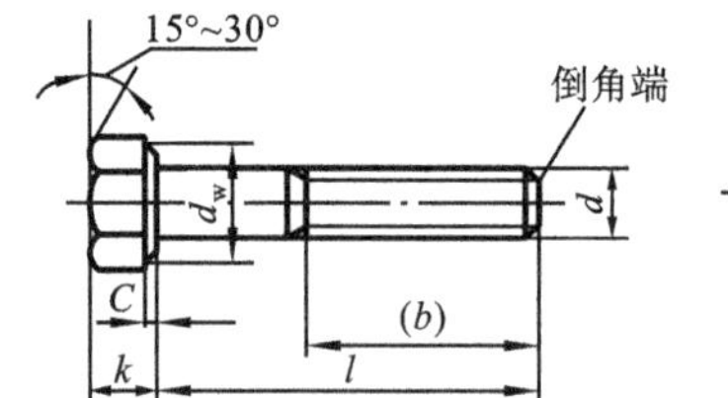

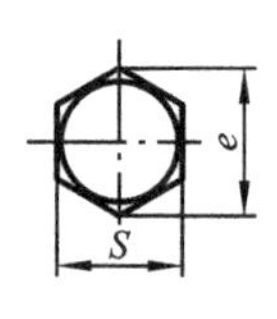

标记示例

螺纹规格 d＝M12 mm、公称长度 l＝80 mm，性能等级为 8.8 级、表面氧化、A 级的六角头螺栓：

螺栓 GB/T 5782 M12×80

细牙螺纹 d＝M12 mm×1.5 mm、其他同上：

螺栓 GB/T 5785 M12×1.5×80

螺纹规格	d	M3	M4	M5	M6	M8	M10	M12	M16	M20	M24	M30	M36
	$d \times P$	—	—	—	—	M8×1	M10×1	M12×1.5	M16×1.5	M20×2	M24×2	M30×2	M36×3
							(M10×1.25)	(M12×1.25)		(M20×1.5)			
b（参考）	$l \leqslant 125$	12	14	16	18	22	26	30	38	46	54	66	—
	$125 < l \leqslant 200$	18	20	22	24	28	32	36	44	52	60	72	84
	$l > 200$	31	33	35	37	41	45	49	57	65	73	85	97
e（min）	A	6.01	7.66	8.79	11.05	14.38	17.77	20.03	26.75	33.53	39.98	—	—
	B	5.88	7.50	8.63	10.89	14.20	17.59	19.85	26.17	32.95	39.55	50.85	60.79
d_w（min）	A	4.57	5.88	6.88	8.88	11.63	14.63	16.63	22.49	28.19	33.61	—	—
	B	4.45	5.74	6.74	8.74	11.40	14.47	16.47	22	27.7	33.25	42.75	51.11
k（公称）		2	2.8	3.5	4	5.3	6.4	7.5	10	12.5	15	18.7	22.5
S_{max}（公称）		5.5	7	8	10	13	16	18	24	30	36	46	55
C(max)		0.4		0.5		0.6			0.8				
l 范围	GB/T 5782	20～30	25～40	25～50	30～60	40～80	45～100	50～120	65～160	80～200	90～240	110～300	140～360
	GB/T 5785										100～240	120～300	140～300
l 系列		20、25、30、35、40、45、50、55、60、65、70～160（10 进位）、180、200、220、240、260、280、300、320、340、360											
技术条件	材料	力学性能等级		螺纹公差		公差产品等级					表面处理		
	钢	5.6，8.8，10.9		6 g		A 用于 $d \leqslant 24$ 和 $l \leqslant 10d$ 或 $l \leqslant 150$ B 用于 $d > 24$ 和 $l > 10d$ 或 $l > 150$					氧化		

注：螺栓的产品等级分为 A、B、C 三级，其中 A 级最精确，C 级最不精确。C 级产品详见 GB/T 5780—2000。A 级用于重要的、装配精度高及受较大冲击和变载的场合。

附表 C-3　六角头铰制孔用螺栓 A 和 B 级(GB/T 27—1988 摘录)　　单位:mm

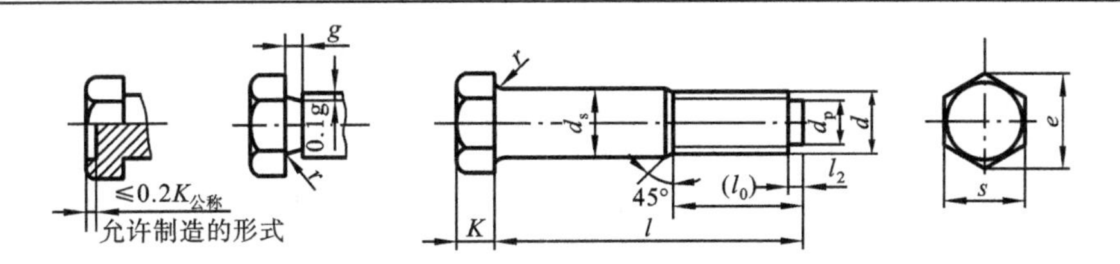

标记示例

螺纹规格 d=M12、d_a 尺寸按附表 C-2 规定,公称长度 l=80 mm、力学性能等级为 8.8 级、表面氧化处理、A 级的六角头铰制孔用螺栓的标记为　螺栓　GB/T 27—1988　M12×80

当 d_a 按 m6 制造时应标记为　螺栓　GB/T 27—1988 M12×m6×80

螺纹规格 d		M6	M8	M10	M12	(M14)	M16	(M18)	M20	(M22)	M24	(M27)	M30	M36
d_s(h9)	max	7	9	11	13	15	17	19	21	23	25	28	32	38
s	max	10	13	16	18	21	24	27	30	34	36	41	46	55
K	公称	4	5	6	7	8	9	10	11	12	13	15	17	20
r	min	0.25	0.4	0.4	0.6	0.6	0.6	0.6	0.8	0.8	0.8	1	1	1
d_p		4	5.5	7	8.5	10	12	13	15	17	18	21	23	28
l_2		1.5		2		3			4			5		6
e_{min}	A	11.05	14.38	17.77	20.03	23.35	26.75	30.14	33.53	37.72	39.98	—	—	—
	B	10.89	14.20	17.59	19.85	22.78	26.17	29.56	32.95	37.29	39.55	45.2	50.85	60.79
g		2.5				3.5					5			
l_0		12	15	18	22	25	28	30	32	35	38	42	50	55
l 范围		25～65	25～80	30～120	35～180	40～180	45～200	50～200	55～200	60～200	65～200	75～200	80～230	90～300
l 系列		25,(28),30,(32),35,(38),40,45,50,(55),60,(65),70,(75),80,85,90,(95),100～260(10 进位),280,300												

注:1. 技术条件见附表 C-2。
2. 尽可能不采用括号内的规格。
3. 根据使用要求,螺杆上无螺纹部分杆径(d_a)允许按 m6、u8 制造。

附表 C-4　双头螺柱 $b_m=d$(GB/T 897—1988 摘录)、$b_m=1.25d$(GB/T 898—1988 摘录)、$b_m=1.5d$(GB/T 899—1988 摘录)

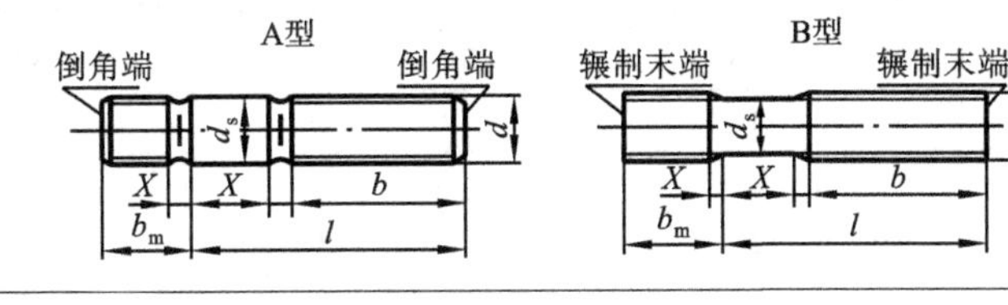

末端按 GB/T 2—1985 规定
$d_{smax}=d$(A 型)
d_x≈螺纹中径(B 型)
$X_{max}=1.5P$

标记示例

两端均为粗牙普通螺纹,d=10 mm、I=50 mm、性能等级为 4.8 级、不经表面处理、B 型、$b_m=1.25d$ 的双头螺柱的标记为　螺柱　GB/T 898—1988　M10×50

旋入机体一端为粗牙普通螺纹,旋螺母一端为螺距 P=1 mm 的细牙普通螺纹,d=10 mm、I=50 mm、性能等级为 4.8 级、不经表面处理、A 型、$b_m=1.25d$ 的双头螺柱的标记为　螺柱 GB 898—1988 AM10—M10×1×50

旋入机体一端为过渡配合螺纹的第一种配合,旋螺母一端为粗牙普通螺纹,d=10 mm、I=50 mm、性能等级为 8.8 级、镀锌钝化、B 型、$b_m=1.25d$ 的双头螺柱的标记为　螺柱 GB/T 898—1988 GM10—M10×50－8.8－Zn·D

续表

螺纹规格 d		M5	M6	M8	M10	M12	(M14)	M16
b_m(公称)	$b_m=d$	5	6	8	10	12	14	16
	$b_m=1.25d$	6	8	10	12	15	18	20
	$b_m=1.5d$	8	10	12	15	18	21	24
$\frac{l(公称)}{b}$		$\frac{16\sim22}{10}$	$\frac{20\sim22}{10}$	$\frac{20\sim22}{12}$	$\frac{15\sim28}{14}$	$\frac{25\sim30}{16}$	$\frac{30\sim35}{18}$	$\frac{30\sim38}{20}$
		$\frac{25\sim50}{16}$	$\frac{25\sim30}{14}$	$\frac{25\sim30}{16}$	$\frac{30\sim38}{16}$	$\frac{32\sim40}{20}$	$\frac{38\sim45}{25}$	$\frac{40\sim55}{30}$
			$\frac{32\sim75}{18}$	$\frac{32\sim90}{22}$	$\frac{40\sim120}{26}$	$\frac{45\sim120}{30}$	$\frac{50\sim120}{34}$	$\frac{60\sim200}{38}$
					$\frac{130}{32}$	$\frac{130\sim180}{36}$	$\frac{130\sim180}{40}$	$\frac{130\sim200}{44}$
螺纹规格 d		(M18)	M20	(M22)	M24	(M27)	M30	M36
b_m(公称)	$b_m=d$	18	20	22	24	27	30	36
	$b_m=1.25d$	22	25	28	30	35	38	45
	$b_m=1.5d$	27	30	33	36	40	45	54
$\frac{l(公称)}{b}$		$\frac{35\sim40}{22}$	$\frac{35\sim40}{25}$	$\frac{40\sim45}{30}$	$\frac{45\sim50}{30}$	$\frac{50\sim60}{35}$	$\frac{60\sim65}{40}$	$\frac{65\sim75}{45}$
		$\frac{45\sim60}{35}$	$\frac{45\sim65}{35}$	$\frac{50\sim70}{40}$	$\frac{55\sim75}{45}$	$\frac{65\sim85}{50}$	$\frac{70\sim90}{50}$	$\frac{80\sim110}{60}$
		$\frac{65\sim120}{42}$	$\frac{70\sim120}{46}$	$\frac{75\sim120}{50}$	$\frac{80\sim120}{54}$	$\frac{90\sim120}{60}$	$\frac{95\sim120}{66}$	$\frac{120}{78}$
		$\frac{130\sim200}{48}$	$\frac{130\sim200}{48}$	$\frac{130\sim200}{56}$	$\frac{130\sim200}{60}$	$\frac{130\sim200}{66}$	$\frac{130\sim200}{72}$	$\frac{130\sim200}{84}$
公称长度 l 的系列		16、(18)、20、(22)、25、(28)、30、(32)、35、(38)、40、45、50、(55)、60、(65)、70、(75)、80、(85)、90、(95)、100～260(10 进位)、280、300						

注：1. 尽可能不采用括号内的规格。GB/T 897—1988 中的 M24、M30 为括号内的规格。
2. GB/T 898—1988 为商品紧固件品种，应优先选用。
3. 当 $(b-b_m)\leqslant5$ mm 时，旋螺母一端应制成倒圆端。

附表 C-5　内六角圆柱头螺钉(GB/T 70.1—2000 摘录)　　单位：mm

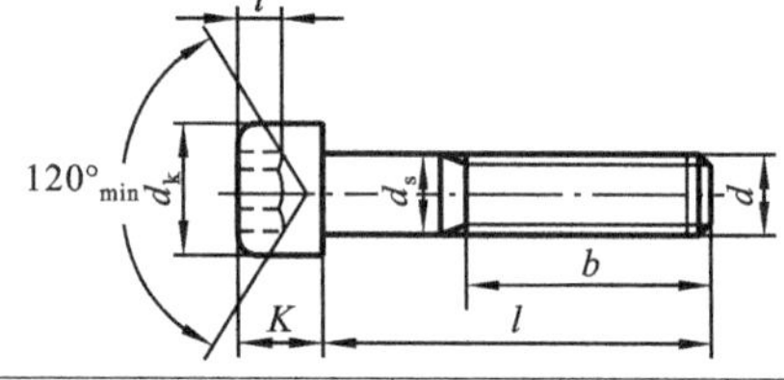

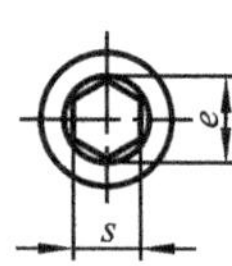

标记示例

螺纹规格 d=M5、公称长度 l=20 mm、性能等级为 8.8 级、表面氧化的内六角圆柱头螺钉的标记为

螺钉 GB/T 70.1—2000　M5×20

螺纹规格 d	M5	M6	M8	M10	M12	M16	M20	M24	M30	M36
b(参考)	22	24	28	32	36	44	52	60	72	84
$d_{k(max)}$	8.5	10	13	16	18	24	30	36	45	54
e(min)	4.58	5.72	6.86	9.15	11.43	16	19.44	21.73	25.15	30.85
K(max)	5	6	8	10	12	16	20	24	30	36
s(公称)	4	5	6	8	10	14	17	19	22	27
t(min)	2.5	3	4	5	6	8	10	12	15.5	19
l 范围(公称)	8～50	10～60	12～80	16～100	20～120	25～160	30～200	40～200	45～200	55～200
制成全螺纹时 $l\leqslant$	25	30	35	40	45	55	65	80	90	110
l 系列(公称)	8,10,12,(14),16,20～50(5 进位),(55),60,(65),70～160(10 进位),180,200									
技术条件	材料	力学性能等级		螺纹公差			产品等级		表面处理	
	钢	8.8,12.9		12.9 级为 5 g 或 6 g 其他等级为 6 g			A		氧化或镀锌钝化	

注：括号内规格尽可能不采用。

附表 C-6 十字槽盘头螺钉(GB/T 818—2000 摘录)、**十字槽沉头螺钉**(GB/T 819.1—2000 摘录)

单位：mm

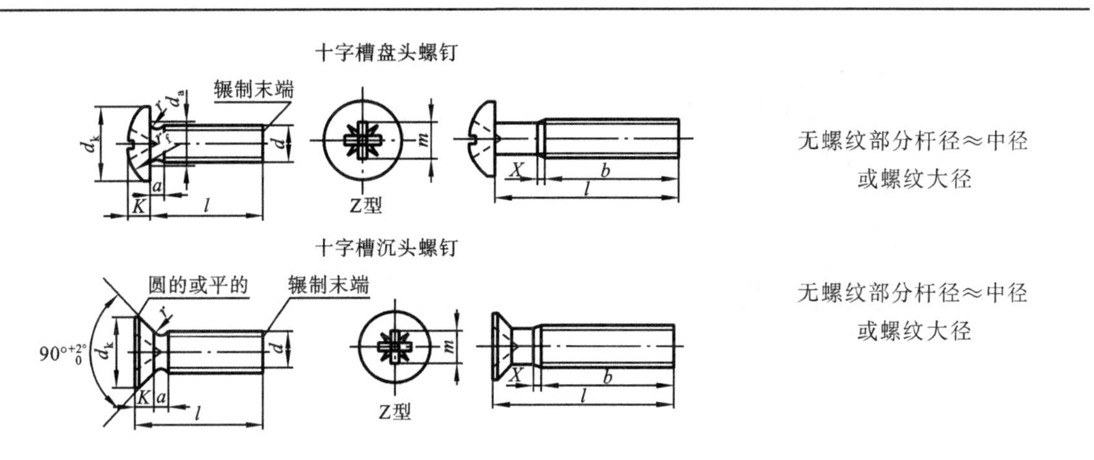

标记示例

螺纹规格 d=M5、公称长度 l=20 mm、性能等级为 4.8 级、不经表面处理的十字槽盘头螺钉(或十字槽沉头螺钉)的标记为 螺钉 GB/T 818—2000 M5×20(或 GB/T 819.1—2000 M5×20)

螺纹规格 d			M1.6	M2	M2.5	M3	M4	M5	M6	M8	M10
螺距 P			0.35	0.4	0.45	0.5	0.7	0.8	1	1.25	1.5
a		max	0.7	0.8	0.9	1	1.4	1.6	2	2.5	3
b		min	25	25	25	25	38	38	38	38	38
X		max	0.9	1	1.1	1.25	1.75	2	2.5	3.2	3.8
十字槽盘头螺钉	d_a	max	2.1	2.6	3.1	3.6	4.7	5.7	6.8	9.2	11.2
	d_k	max	3.2	4	5	5.6	8	9.5	12	16	20
	K	max	1.3	1.6	2.1	2.4	3.1	3.7	4.6	6	7.5
	r	min	0.1	0.1	0.1	0.1	0.2	0.2	0.25	0.4	0.4
	r_1	≈	2.5	3.2	4	5	6.5	8	10	13	16
	m	参考	1.7	1.9	2.6	2.9	4.4	4.6	6.8	8.8	10
	l 商品规格范围		3～16	3～20	3～25	4～30	5～40	6～45	8～60	10～60	12～60
十字槽沉头螺钉	d_k	max	3	3.8	4.7	5.5	8.4	9.3	11.3	15.8	18.3
	K	max	1	1.2	1.5	1.65	2.7	2.7	3.3	4.65	5
	r	max	0.4	0.5	0.6	0.8	1	1.3	1.5	2	2.5
	m	参考	1.8	2	3	3.2	4.6	5.1	6.8	9	10
	l 商品规格范围		3～16	3～20	3～25	4～30	5～40	6～50	8～60	10～60	12～60
公称长度 l 的系列			3,4,5,6,8,10,12,(14),16,20～60(5 进位)								
技术条件		材料	力学性能等级			螺纹公差		产品等级		表面处理	
		钢	4.8			6g		A		1. 不经处理 2. 镀锌钝化	

注：1. 公称长度 l 中的(14)、(55)等规格尽可能不采用。

2. 对十字槽盘头螺钉，$d \leqslant$ M3、$l \leqslant 25$ mm 或 $d>$ M4，$l \leqslant 40$ mm 时，制出全螺纹($b=l-a$)。

对十字槽沉头螺钉，$d \leqslant$ M3、$l \leqslant 30$ mm 或 $d>$ M4，$l \leqslant 45$ mm 时，制出全螺纹[$(b=l-(K+a)$]。

附表 C-7　开槽盘头螺钉(GB/T 67—2000 摘录)、**开槽沉头螺钉**(GB/T 68—2000 摘录)　单位:mm

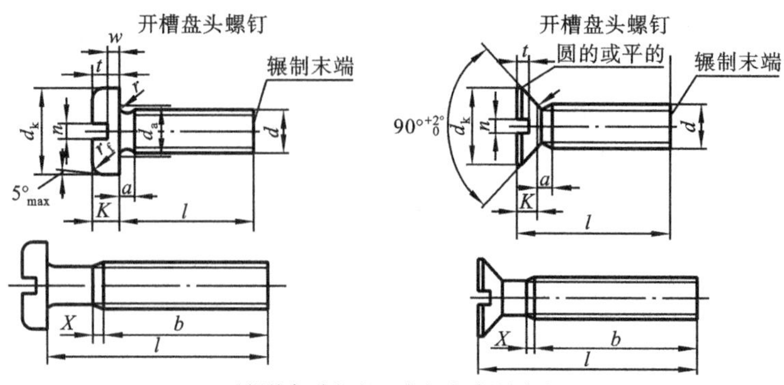

标记示例

螺纹规格 d=M5、公称长度 l=20 mm、性能等级为 4.8 级、不经表面处理的开槽盘头螺钉(或开槽沉头螺钉)的标记为　螺钉　GB/T 67—1985　M5×20(或 GB/T 68—1985　M5×20)

螺纹规格 d		M1.6	M2	M2.5	M3	M4	M5	M6	M8	M10
螺距 P		0.35	0.4	0.45	0.5	0.7	0.8	1	1.25	1.5
a	max	0.7	0.8	0.9	1	1.4	1.6	2	2.5	3
b	min	25	25	25	25	38	38	38	38	38
n	公称	0.4	0.5	0.6	0.8	1.2	1.2	1.6	2	2.5
X	max	0.9	1	1.1	1.25	1.75	2	2.5	3.2	3.8
开槽盘头螺钉 d_a	max	2.1	2.6	3.1	3.6	4.7	5.7	6.8	9.2	11.2
开槽盘头螺钉 d_k	max	3.2	4	5	5.6	8	9.5	12	16	20
开槽盘头螺钉 K	max	1	1.3	1.5	1.8	2.4	3	3.6	4.8	6
开槽盘头螺钉 r	min	0.1	0.1	0.1	0.1	0.2	0.2	0.25	0.4	0.4
开槽盘头螺钉 r_f	参考	0.5	0.6	0.8	0.9	1.2	1.5	1.8	2.4	3
开槽盘头螺钉 t	min	0.35	0.5	0.6	0.7	1	1.2	1.4	1.9	2.4
开槽盘头螺钉 w	min	0.3	0.4	0.5	0.7	1	1.2	1.4	1.0	2.4
开槽盘头螺钉 l 商品规格范围		2～16	2.5～20	3～25	4～30	5～40	6～50	8～60	10～80	12～80
开槽沉头螺钉 d_k	max	3	3.8	4.7	5.5	8.4	9.3	11.3	15.8	18.3
开槽沉头螺钉 K	max	1	1.2	1.5	1.65	2.7	2.7	3.3	4.65	5
开槽沉头螺钉 r	max	0.4	0.5	0.6	0.8	1	1.3	1.5	2	2.5
开槽沉头螺钉 t	min	0.32	0.4	0.5	0.6	1	1.1	1.2	1.8	2
开槽沉头螺钉 l 商品规格范围		2.5～16	3～20	4～25	5～30	6～40	8～50	8～60	10～80	12～80
公称长度 l 的系列		2,2.5,3,4,5,6,8,10,12,(14),16,20～80(5 进位)								
技术条件	材料	力学性能等级		螺纹公差		产品等级		表面处理		
	钢	4.8、5.8		6 g		A		1.不经处理;2.镀锌钝化		

注:1.公称长度 l 中的(14)、(55)、(65)、(75)等规格尽可能不采用。

2.对开槽盘头螺钉,$d \leqslant$M3、$l \leqslant 30$ mm 或 $d>$M4,$l \leqslant 40$ mm 时,制出全螺纹($b=l-a$);

对开槽沉头螺钉,$d \leqslant$M3、$l \leqslant 30$ mm 或 $d>$M4,$l \leqslant 45$ mm 时,制出全螺纹[$b=l-(K+a)$]。

附表 C-8　紧定螺钉(GB/T 71—1985、GB/T 73—1985、GB/T 75—1985 摘录)　　单位:mm

开槽锥端紧定螺钉(GB/T71—1985)

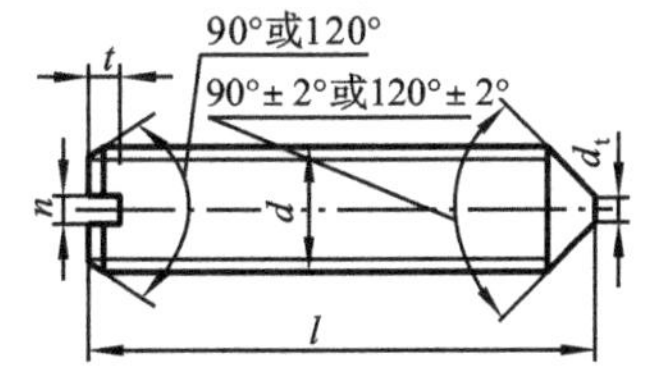

开槽平端紧定螺钉(GB/T73—1985)

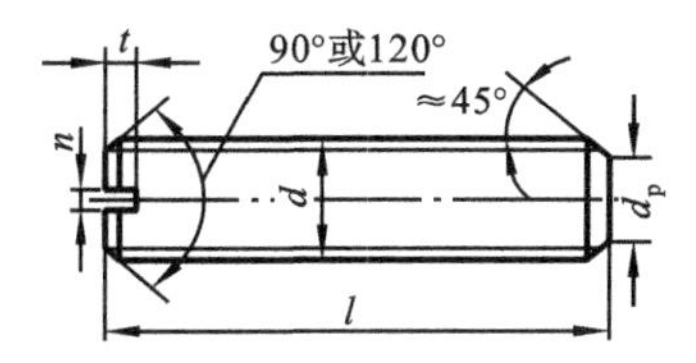

开槽长圆柱端紧定螺钉(GB/T75—1985)

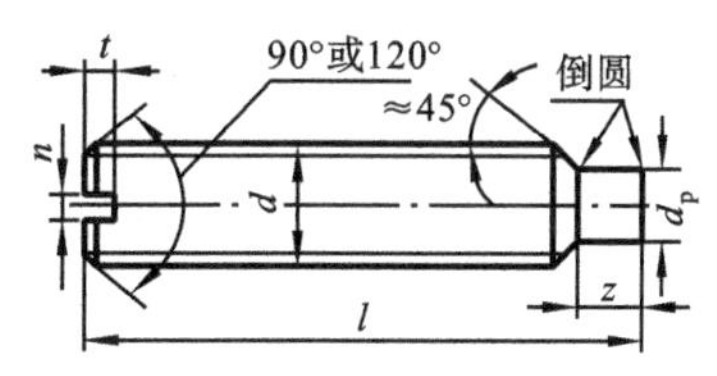

标记示例

螺纹规格 d=M5、公称长度 l=12 mm、性能等级为 14H 级、表面氧化的开槽锥端紧定螺钉(或沉头螺钉)的标记为　螺钉　GB/T 71—1985　M5×12

相同规格的另外两种螺钉的标记分别为

螺钉　GB/T 73—1985　M5×12　螺钉　GB/T 75—1985　M5×12

螺纹规格 d	螺距 P	n(公称)	t(max)	d_t(max)	d_p(max)	z(max)	长度 l		制成 120°的短螺钉长度 l		l 系列(公称)
							GB/T 71—1985 GB/T 75—1985	GB/T 73—1985	GB/T 73—1985	GB/T 75—1985	
M4	0.7	0.6	1.42	0.4	2.5	2.25	6~20	4~20	4	6	4,5,6,8,10,12,16,20,25,30,35,40,45,50,60
M5	0.8	0.8	1.63	0.5	3.5	2.75	8~25	5~25	5	8	
M6	1	1	2	1.5	4	3.25	8~30	6~30	6	8.10	
M8	1.25	1.2	2.5	2	5.5	4.3	10~40	8~40	6	10.12	
M10	1.5	1.6	3	2.5	7	5.3	12~50	10~50	8	12.16	
技术条件		材料			力学性能等级		螺纹公差	公差产品等级		表面处理	
		Q235、15、35、45			14H、22H		6 g	A		氧化或镀锌钝化	

附表 C-9　吊环螺钉(GB/T 825—1988 摘录)　　单位:mm

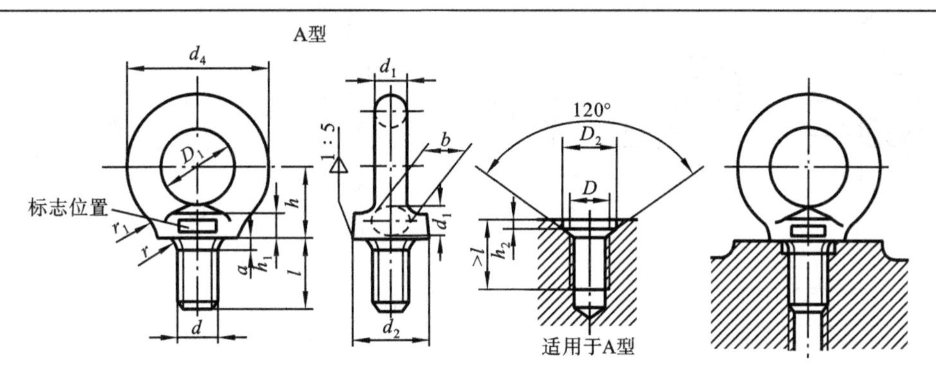

标记示例

螺纹规格 M20、材料为 20 钢、经正火处理、不经表面处理的 A 型吊环螺钉的标记为　螺钉　GB/T 825—1988　M20

d(D)	M8	M10	M12	M16	M20	M24	M30	M36
d_1(max)	9.1	11.1	13.1	15.2	17.4	21.4	25.7	30
D_1(公称)	20	24	28	34	40	48	56	67
d_2(max)	21.1	25.1	29.1	35.2	41.4	49.4	57.7	69
h_1(max)	7	9	11	13	15.1	19.1	23.2	27.4
h	18	22	26	31	36	44	53	63

续表

d_4（参考）			36	44	52	62	72	88	104	123
r_1			4	4	6	6	8	12	15	18
r(min)			1	1	1	1	1	2	2	3
l(公称)			16	20	22	28	35	40		
a(max)			2.5	3	3.5	4	5	6		
b			10	12	14	16	19	24		
D_2（公称 min）			13	15	17	22	28	32		
h_2（公称 min）			2.5	3	3.5	4.5	5	7		
最大起吊重量/kg	单螺钉起吊		0.16	0.25	0.4	0.63	1	1.6	2.5	4
	双螺钉起吊	45° max	0.08	0.125	0.2	0.32	0.5	0.8	1.25	2

注：1. 材料为 20 或 25 钢。

2. d 为商品规格。

附表 C-10 Ⅰ型六角螺母—A 和 B 级（GB/T 6170—2000 摘录）、**—细牙—A 和 B 级**（GB/T 6171—2000）
六角薄螺母—A 和 B 级—倒角（GB/T 6172.1—2000 摘录）、**—细牙—A 和 B 级**（GB/T 6173—2000）

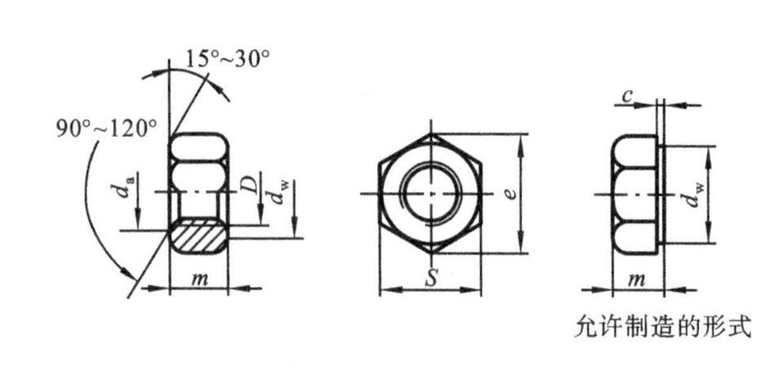

允许制造的形式

标记示例

螺纹规格 D=M12 mm、性能等级为 10 级、不经表面处理、A 级的Ⅰ型六角螺母的标记：

螺母 GB/T 6170 M12

螺纹规格 D=M12 mm×1.5 mm，其他同上的六角螺母的标记：

螺母 GB/T 6171 M12×1.5

螺纹规格 D=M12 mm、性能等级为 04 级、不经表面处理、A 级的六角薄螺母的标记：

螺母 GB/T 6172.1 M12

螺纹规格 M=12 mm×1.5 mm，其他同上，薄螺母的标记：

螺母 GB/T 6173 M12×1.5

螺纹规格	D	M6	M8	M10	M12	M16	M20	M24	M30	M36
	$D\times P$	M6×0.75	M8×1	M10×1	M12×1.5	M16×1.5	M20×2	M24×2	M30×2	M36×3
m (max)	六角螺母	5.2	6.8	8.4	10.8	14.8	18	21.5	25.6	31
	薄螺母	3.2	4	5	6	8	10	12	15	18
d_a(min)		6	8	10	12	16	20	24	30	36
d_w(min)		8.9	11.6	14.6	16.6	22.5	27.7	33.2	42.7	51.1
e(min)		11.05	14.38	17.77	20.03	26.75	32.95	39.55	50.85	60.79
S(max)		10	13	16	18	24	30	36	46	55
c(max)		0.5	0.6			0.8				
技术条件		材料	力学性能等级		螺纹公差		产品等级			
		Q235,35	6,8,10		6H		A 级用于 $D\leqslant16$；B 级用于 $D>16$			

附表 C-11　小垫圈、平垫圈

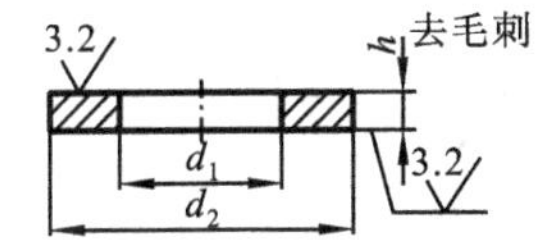

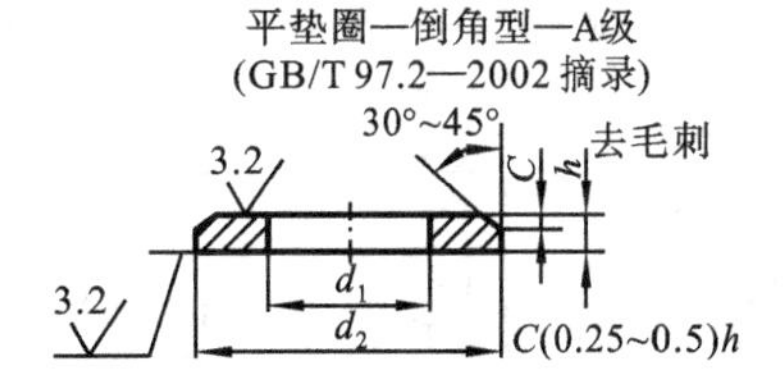

标记示例

小系列(或标准系列)、公称尺寸 d=8 mm、性能等级为 140HV 级、不经表面处理的小垫圈(或平垫圈，或倒角型平垫圈)的标记为　垫圈　GB/T 848—1985　8—140HV(或 GB/T 97.1—1985　8—140HV，或 GB/T 97.2—1985　8—140HV)

公称尺寸(螺纹规格 d)		1.6	2	2.5	3	4	5	6	8	10	12	14	16	20	24	30	36
d_1	GB/T 848—1985	1.7	2.2	2.7	3.2	4.3	5.3	6.4	8.4	10.5	13	15	17	21	25	31	37
	GB/T 97.1—1985																
	GB/T 97.2—1985	—	—	—	—	—											
d_2	GB/T 848—1985	3.5	4.5	5	6	8	9	11	15	18	20	24	28	34	39	50	60
	GB/T 97.1—1985	4	5	6	7	9	10	12	16	20	24	28	30	37	44	56	66
	GB/T 97.2—1985	—	—	—	—	—											
h	GB/T 848—1985	0.3	0.3	0.5	0.5	0.5	1	1.6	1.6	1.6	2	2.5	2.5	3	4	4	5
	GB/T 97.1—1985					0.8				2	2.5		3				
	GB/T 97.2—1985	—	—	—	—	—											

附表 C-12　标准型弹簧垫圈(GB/T 93—1987 摘录)、轻型弹簧垫圈(GB/T 859—1987 摘录)

单位：mm

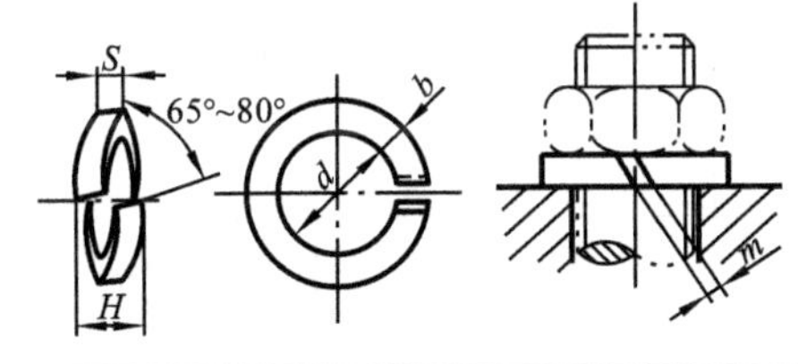

标记示例

规格为 16、材料 65Mn、表面氧化的标准型(或轻型)弹簧垫圈的标记为

垫圈 GB/T 93—1987　16　(或 GB/T 859—1987 16)

规格(螺纹大径)			3	4	5	6	8	10	12	(14)	16	(18)	20	(22)	24	(27)	30	(33)	36
GB/T 93—1987	$S(b)$	公称	0.8	1.1	1.3	1.6	2.1	2.6	3.1	3.6	4.1	4.5	5.0	5.5	6.0	6.8	7.5	8.5	9
	H	min	1.6	2.2	2.6	3.2	4.2	5.2	6.2	7.2	8.2	9	10	11	12	13.6	15	17	18
		max	2	2.75	3.25	4	5.25	6.5	7.75	9	10.25	11.25	12.5	13.75	15	17	18.75	21.25	22.5
	m	⩽	0.4	0.55	0.65	0.8	1.05	1.3	1.55	1.8	2.05	2.25	2.5	2.75	3	3.4	3.75	4.25	4.5
GB/T 59—1987	S	公称	0.6	0.8	1.1	1.3	1.6	2	2.5	3	3.2	3.6	4	4.5	5	5.5	6	—	—
	b	公称	1	1.2	1.5	2	2.5	3	3.5	4	4.5	5	5.5	6	7	8	9	—	—
	H	min	1.2	1.6	2.2	2.6	3.2	4	5	6	6.4	7.2	8	9	10	11	12	—	—
		max	1.5	2	2.75	3.25	4	5	6.25	7.5	8	9	10	11.25	12.5	13.75	15	—	—
	m	⩽	0.3	0.4	0.55	0.65	0.8	1.0	1.25	1.5	1.6	1.8	2.0	2.25	2.5	2.75	3.0	—	—

注：尽可能不采用括号内的规格。

附表 C-13 轴端挡圈

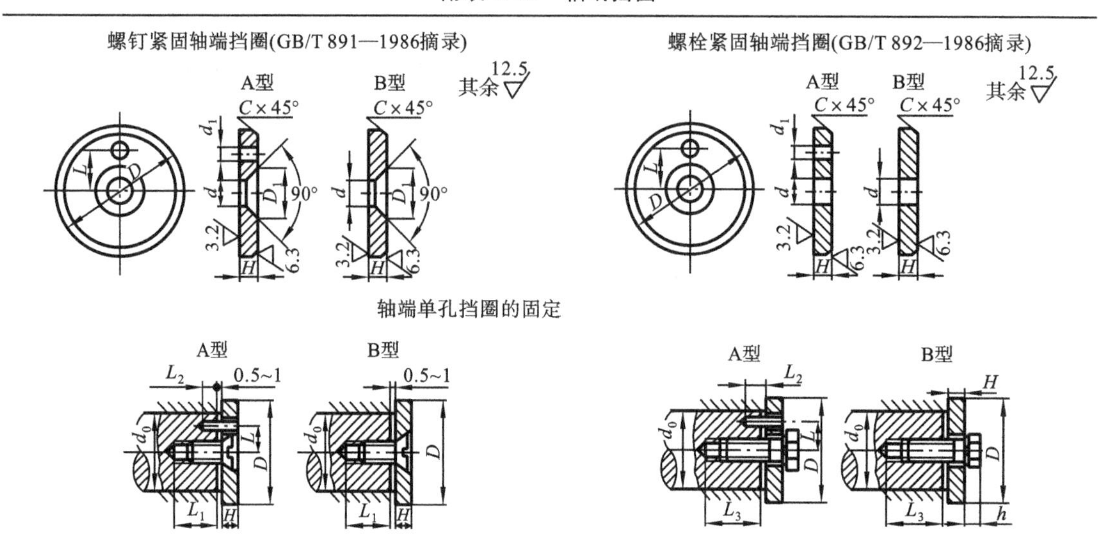

标记示例

挡圈 GB/T 891—1986 45(公称直径 D=45 mm、材料为 Q235—A、不经表面处理的 A 型螺钉紧固轴端挡圈)

挡圈 GB/T 891—1986 B45(公称直径 D=45 mm、材料为 Q235—A、不经表面处理的 B 型螺钉紧固轴端挡圈)

轴径 $d_0\leqslant$	公称直径 D	H	L	d	d_1	C	螺钉紧固轴端挡圈			螺栓紧固轴端挡圈			安装尺寸(参考)			
							D_1	螺钉 GB/T 891—1985 (推荐)	圆柱销 GB/T 891—1986 (推荐)	螺栓 GB/T 891—1985 (推荐)	圆柱销 GB/T 891—1985 (推荐)	垫圈 GB/T 891—1985 (推荐)	L_1	L_2	L_3	h
14	20	4	—	5.5	2.1	0.5	11	M5×12	A2×10	M5×16	A2×10	5	14	6	16	4.8
16	22	4	—													
18	25	4	—													
20	28	4	7.5													
22	30	4	7.5													
25	32	5	10	6.6	3.2	1	13	M6×16	A3×12	M6×20	A3×12	6	18	7	20	5.6
28	35	5	10													
30	38	5	10													
32	40	5	12													
35	45	5	12													
40	50	5	12													
45	55	6	16	9	4.2	1.5	17	M8×20	A4×14	M8×25	A4×14	8	22	8	24	7.4
50	60	6	16													
55	65	6	16													
60	70	6	20													
65	75	6	20													
70	80	6	20													
75	90	9	25	13	5.2	2	25	M12×25	A5×16	M12×30	A5×16	12	26	10	28	10.6
85	100	8	25													

注:1. 当挡圈装在带螺纹孔轴端时,紧固用螺钉允许加长。

2. 材料为 Q235—A,35 钢,45 钢。

3. "轴端单孔挡圈的固定"不属 GB/T 891—1986、GB/T 892—1986,仅供参考。

附表 C-14　圆螺母（GB/T 812—1988 摘录）

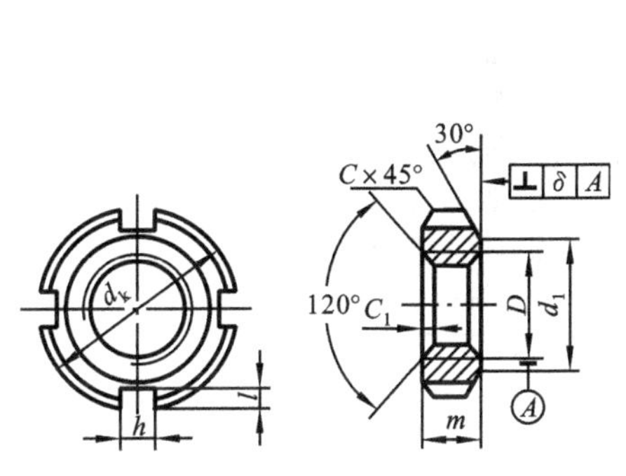

标记示例

螺纹规格 $D\times P$ = M18×1.5、材料 45 钢、槽或全部热处理后圆端为 35～45HRC、表面氧化的圆螺母的标记为

螺母　GB/T 812—1988　M18×1.5

注：1. 表中带“*”者仅用于滚动轴承锁紧装置。

2. 材料：45 钢。

螺纹规格 $D\times P$	d_k	d_1	m	h/min	t/min	C	C_1
M18×1.5	32	24	8	5	2.5	0.5	0.5
M20×1.5	35	27					
M22×1.5	38	30	10				
M24×1.5	42	34				1	
M25×1.5*							
M27×1.5	45	37					
M30×1.5	48	40					
M33×1.5	52	43		6	3		
M35×1.5*							
M36×1.5	55	46					
M39×1.5	58	49					
M40×1.5*						1.5	
M42×1.5	62	53					
M45×1.5	68	59					
M48×1.5	72	61	12	8	3.5		
M50×1.5*							
M52×1.5	78	67					
M55×2*							
M56×2	85	74					1
M60×2	90	79					
M64×2	95	84					
M65×2*							

附表 C-15　圆螺母止动垫圈（GB/T 858—1988 摘录）

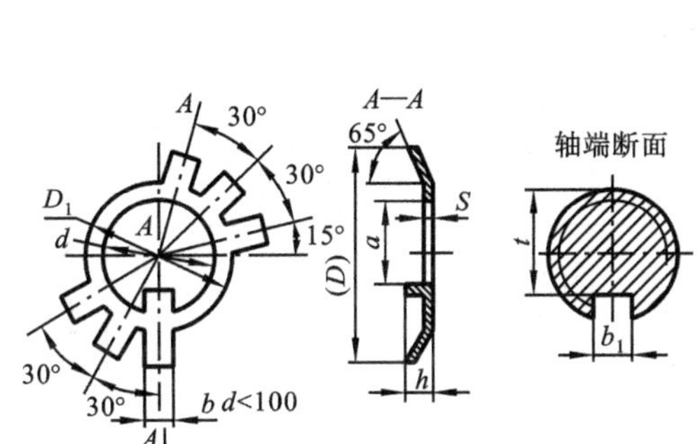

标记示例

规格为 18、材料 Q235—A、经退火、表面氧化的圆螺母止动垫圈的标记为

垫圈　GB/T 858—1988　18

注：1. 表中带“*”者仅用于滚动轴承锁紧装置。

2. 材料：Q215—A，Q235—A，10，15 钢。

规格（螺纹大径）	d	D（参考）	D_1	S	h	b	a	轴端 b_1	轴端 t
18	18.5	35	24	1	4	4.8	15	5	14
20	20.5	38	27				17		16
22	22.5	42	30				19		18
24	24.5	45	34				21		20
25*	25.5				5		22		—
27	27.5	48	37				24		23
30	30.5	52	40				27		26
33	33.5	56	43	1.5		5.7	30	6	29
35*	35.5						32		—
36	36.5	60	46				33		32
39	39.5	62	49				36		35
40*	40.5						37		—
42	42.5	66	53				39		38
45	45.5	72	59				42		41
48	48.5	76	61			7.7	45	8	44
50*	50.5						47		—
52	52.5	82	67		6		49		48
55*	56						52		—
56	57	90	74				53		52
60	61	94	79				57		56
64	65	100	84				61		60
65*	66						62		—

附表 C-16　孔用弹性挡圈(GB/T 893.1—1986 摘录)

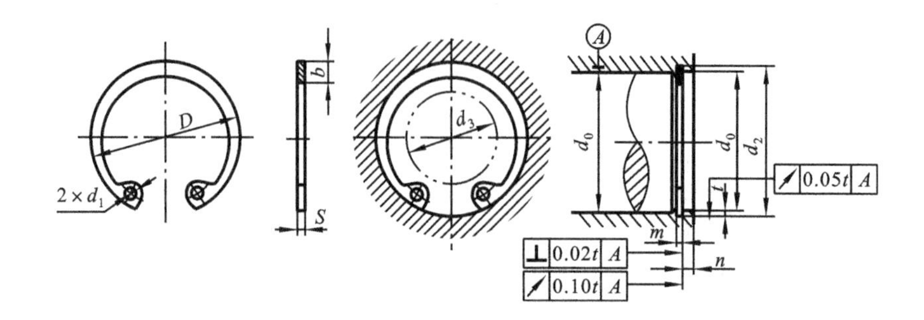

标记示例

孔径 d_0=50 mm、材料 65Mn、热处理硬度 44～51HRC、经表面氧化处理的 A 型孔用弹性挡圈的标记为

挡圈　GB/T 893.1—1986　50

孔径 d_0	挡圈 D	挡圈 S	挡圈 b ≈	沟槽(推荐) d_2 基本尺寸	沟槽(推荐) d_2 极限偏差	沟槽(推荐) m 基本尺寸	沟槽(推荐) m 极限偏差	沟槽(推荐) n ≥	允许套入轴径 d_3 ≤
32	34.4	1.2	3.2	33.7	$^{+0.25}_{0}$	1.3	$^{+0.14}_{0}$	2.6	20
34	36.5	1.5	3.6	35.7		1.7			22
35	37.8			37				3	23
36	38.8			38					24
37	39.8			39					25
38	40.8			40					26
40	43.5		4	42.5				3.8	27
42	45.5			44.5					29
45	48.5		4.7	47.5					31
47	50.5			49.5					32
48	51.5			50.5	$^{+0.30}_{0}$				33
50	54.2	2		53		2.2		4.5	36
52	56.2			55					38
55	59.2			58					40
56	60.2		5.2	59					41
58	62.2			61					43
60	64.2			63					44
62	66.2			65					45
63	67.2			66					46
65	69.2	2.5		68		2.7			48
68	72.5		5.7	71					50
70	74.5			73					53
72	76.5			75					55

孔径 d_0	挡圈 D	挡圈 S	挡圈 b ≈	沟槽(推荐) d_2 基本尺寸	沟槽(推荐) d_2 极限偏差	沟槽(推荐) m 基本尺寸	沟槽(推荐) m 极限偏差	沟槽(推荐) n ≥	允许套入轴径 d_3 ≤
75	79.5	2.5	6.3	78	$^{+0.3}_{0}$	2.7	$^{+0.14}_{0}$	4.5	56
78	82.5			81					60
80	85.5		6.8	83.5	$^{+0.35}_{0}$			5.3	63
82	87.5			85.5					65
85	90.5			88.5					68
88	93.5		7.3	91.5					70
90	95.5			63.5					72
92	97.5		7.7	95.5					73
95	100.5			98.5					75
98	103.5			101.5					78
100	105.5			103.5					80
102	108		8.1	106	$^{+0.54}_{0}$	3.2	$^{+0.18}_{0}$	6	82
105	112			109					83
108	115		8.8	112					86
110	117			114					88
112	119		9.3	116					89
115	122			119					90
120	127			124	$^{+0.63}_{0}$				95
125	132		10	129					100
130	137		10.7	134					105
135	142			139					110
140	147			144					115
145	152		10.9	149					118

注:1. 挡圈尺寸 d_1:当 32 mm≤d_0≤40 mm 时,d_1=2.5 mm;当 42 mm≤d_0≤100 mm 时,d_1=3 mm;当 102 mm≤d_0≤145 mm 时,d_1=4 mm。

2. 材料:65Mn,60Si2MnA。热处理硬度:d_0≤48 mm 时,47～54HRC;当 d_0>48 mm 时,44～51HRC。

附表 C-17 轴用弹性挡圈(GB/T 894.1—1986 摘录)

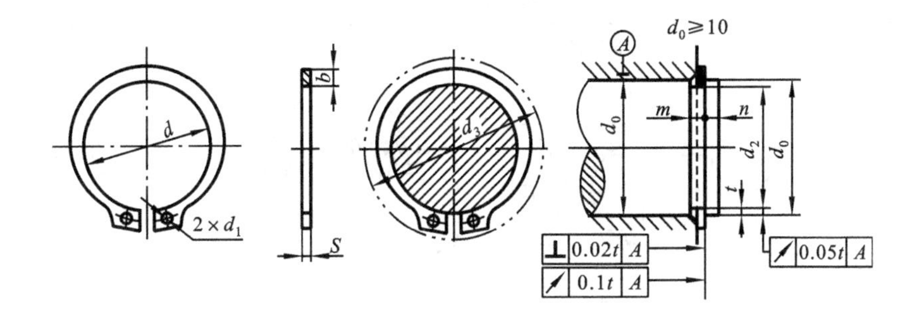

标记示例

轴径 d_0=50 mm、材料 65Mn、热处理硬度 44～51HRC、经表面氧化处理的 A 型轴用弹性挡圈的标记为

挡圈 GB/T 894.1—1986 50

轴径 d_0	挡圈 d	挡圈 S	挡圈 b ≈	沟槽(推荐) d_2 基本尺寸	沟槽(推荐) d_2 极限偏差	沟槽(推荐) m 基本尺寸	沟槽(推荐) m 极限偏差	沟槽(推荐) n ≥	允许套入轴径 d_3 ≤	轴径 d_0	挡圈 d	挡圈 S	挡圈 b ≈	沟槽(推荐) d_2 基本尺寸	沟槽(推荐) d_2 极限偏差	沟槽(推荐) m 基本尺寸	沟槽(推荐) m 极限偏差	沟槽(推荐) n ≥	允许套入轴径 d_3 ≤
14	12.9	1	1.88	13.4	0 −0.11	1.1	+0.14 0	0.9	22	45	41.5	1.5	5.0	42.5	0 −0.25	1.7	+0.14 0	3.8	59.4
15	13.8		2.00	14.3				1.1	23.2	48	44.5			45.5					62.8
16	14.7		2.32	15.2				1.2	24.4	50	45.8	2	5.48	47		2.2		4.5	64.8
17	15.7		2.48	16.2					25.6	52	47.8			49					67
18	16.5			17				1.5	27	55	50.8			52	0 −0.30				70.4
19	17.5			18					28	56	51.8		6.12	53					71.7
20	18.5		2.68	19	0 −0.13				29	58	53.8			55					73.6
21	19.5			20					31	60	55.8			57					75.8
22	20.5			21					32	62	57.8			59					79
24	22.2	1.2	2.32	22.9	0 −0.21	1.3		1.7	34	63	58.8	2.5		60		2.7			79.6
25	23.2			23.9					35	65	60.8			62					81.6
26	24.2			24.9					36	68	63.5		6.32	65					85
28	25.9		3.60	26.6				2.1	38.4	70	65.5			67					87.2
29	26.9		3.72	27.6					39.8	72	67.5			69					89.4
30	27.9			28.6					42	75	70.5			72					92.8
32	29.6		3.92	30.3	0 −0.25			2.6	44	78	73.5			75					96.2
34	31.5	1.5	4.32	32.3		1.7			46	80	74.5		7.0	76.5				5.3	98.2
35	32.2		4.52	33				3	48	82	76.5			78.5					101
36	33.2			34					49	85	79.5			81.5	0 −0.35				104
37	34.2			35					50	88	82.5			84.5					107.3
38	35.2		5.0	36					51	90	84.5		7.6	86.5					110
40	36.5			37.5				3.8	53	95	89.5		9.2	91.5					115
42	38.5			39.5					56	100	94.5			96.5					121

注:1. 挡圈尺寸 d_1:当 14 mm≤d_0≤18 mm 时,d_1=1.7 mm;当 19 mm≤d_0≤30 mm 时,d_1=2 mm;当 32 mm≤d_0≤40 mm 时,d_1=2.5 mm,当 42 mm≤d_0≤100 mm 时,d_1=3 mm。

2. 材料:65Mn,60Si2MnA。热处理硬度:d_0≤48 mm 时,47～54HRC;当 d_0>48 mm 时,44～51HRC。

附表 C-18　普通平键的形式和尺寸(GB/T 1096—2003 摘录)、键和键槽的断面尺寸(GB/T 1095—2003 摘录)

单位:mm

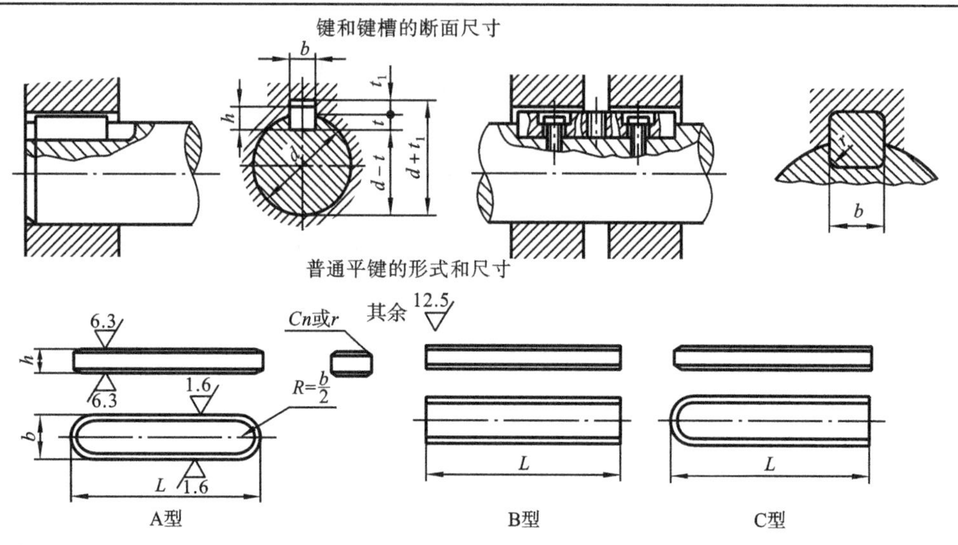

标记示例

圆头普通平键(A 型),b=16 mm、h=10 mm、L=100 mm:GB/T 1096—2003　键 16×10×100

平头普通平键(B 型),b=16 mm、h=10 mm、L=100 mm:GB/T 1096—2003　键 B16×10×100

单圆头普通平键(C 型),b=16 mm、h=10 mm、L=100 mm:GB/T 1096—2003　键 C16×10×100

轴	键	键槽											
公称直径 d	基本尺寸 $b\times h$	宽度 b						深度				半径 r	
		基本尺寸 b	极限偏差					轴 t		毂 t_1			
			松连接		正常连接		紧密连接						
			轴 H9	毂 D10	轴 N9	毂 JS9	轴和毂 P9	基本尺寸	极限偏差	基本尺寸	极限偏差	min	max
自 6~8	2×2	2	+0.025	+0.060	−0.004	±0.0125	−0.006	1.2	+0.1	1	+0.1	0.08	0.16
>8~10	3×3	3	0	+0.020	−0.029		−0.031	1.8	0	1.4	0		
>10~12	4×4	4	+0.030	+0.078	0	±0.015	−0.012	2.5	+0.1	1.8	+0.1	0.08	0.16
>12~17	5×5	5	0	+0.030	−0.030		−0.042	3.0	0	2.3	0	0.16	0.25
>17~22	6×6	6						3.5		2.8			
>22~30	8×7	8	+0.036	+0.098	0	±0.018	−0.015	4.0	+0.2	3.3	+0.2		
>30~38	10×8	10	0	+0.040	−0.036		−0.051	5.0	0	3.3	0	0.25	0.40
>38~44	12×8	12	+0.043	+0.120	0	±0.0215	−0.018	5.0		3.3			
>44~50	14×9	14	0	+0.050	−0.043		−0.061	5.5		3.8			
>50~58	16×10	16						6.0		4.3			
>58~65	18×11	18						7.0		4.4			
>65~75	20×12	20	+0.052	+0.149	0	±0.026	−0.022	7.5	+0.2	4.9	+0.2	0.40	0.60
>75~85	22×14	22	0	+0.065	−0.052		−0.074	9.0	0	5.4	0		
>85~95	25×14	25						9.0		5.4			
>95~110	28×16	28						10.0		6.4			
键的长度系列	6,8,10,12,14,16,18,20,22,25,28,32,36,40,45,50,56,63,70,80,90,100,110,125,140,160,180,200,220,250,280,320,360												

注:1. 在工作图中,轴槽深用 t 或($d-t$)标注,轮毂槽深用($d+t_1$)标注。

2. ($d-t$)和($d+t_1$)两组组合尺寸的极限偏差按相应的 t 和 t_1 极限偏差选取,但($d-t$)极限偏差值应取负号。

3. 键尺寸的极限偏差:b 为 h8,h(矩形)为 h11,L 为 h14。

4. 轴槽及轮毂槽对轴及轮毂轴线的对称度公差一般在 7~9 级内选取。

5. 锥形轴与轮毂采用普通平键连接时,键的基本尺寸 $b\times h$ 按锥形轴与轮毂配合部分的平均直径作为公称直径来选取。

6. 平键的材料通常为 45 钢。

附表 C-19　圆柱销(GB/T 119.1—2 000 摘录)、**圆锥销**(GB/T 117—1986 摘录)

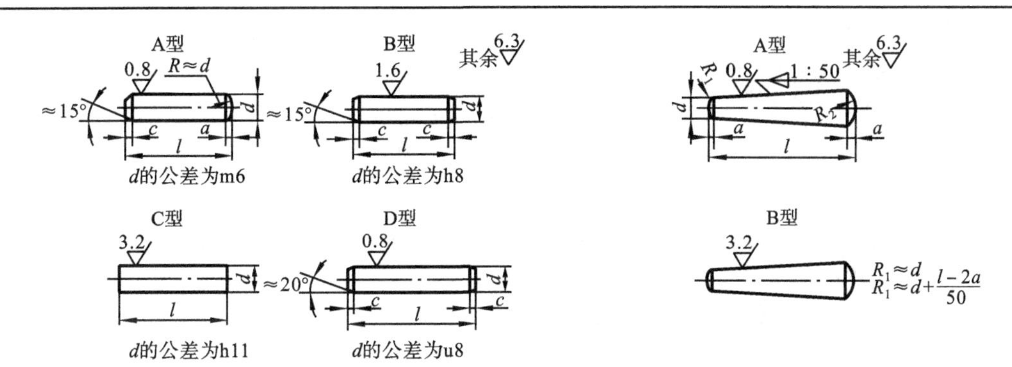

标记示例

公称直径 d=8 mm、长度 l=30 mm、材料为 35 钢、热处理硬度 28～38HRC、表面氧化处理的 A 型圆柱销(A 型圆锥销)的标记为　销　GB/T 119—1986　A8×30(GB/T 117—1986　A8×30)

公称直径 d			3	4	5	6	8	10	12	16	20	25
圆柱销	a≈		0.4	0.5	0.63	0.8	1.0	1.2	1.6	2.0	2.5	3.0
	c≈		0.5	0.63	0.8	1.2	1.6	2.0	2.5	3.0	3.5	4.0
	l(公称)		8～30	8～40	10～50	12～60	14～80	18～95	22～140	26～180	35～200	50～200
圆锥销	d	min	2.96	3.95	4.95	5.95	7.94	9.94	11.93	15.93	19.92	24.92
		max	3	4	5	6	8	10	12	16	20	25
	a≈		0.4	0.5	0.63	0.8	1.0	1.2	1.6	2.0	2.5	3.0
	l(公称)		12～45	14～55	18～60	22～90	22～120	26～160	32～180	40～200	45～200	50～200
l(公称)的系列			12～32(2 进位),35～100(5 进位),100～200(20 进位)									

附表 C-20　开口销(GB/T 91—2000 摘录)

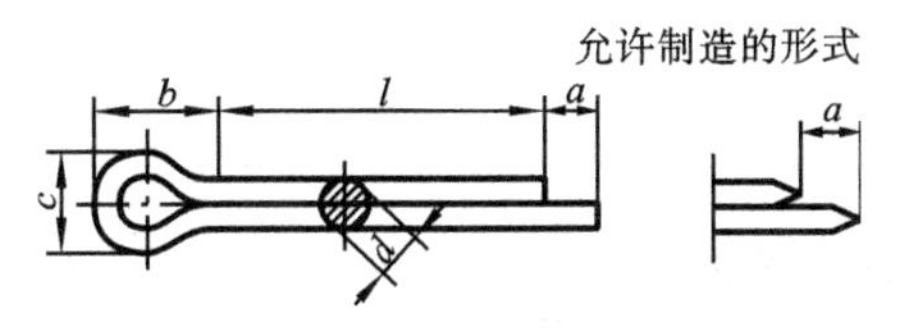

标记示例

公称直径 d=5 mm、长度 l=50 mm、材料为低碳钢、不经表面处理的开口销的标记为

销　GB/T 91—2000　5×50

公称直径 d		0.6	0.8	1	1.2	1.6	2	2.5	3.2	4	5	6.3	8	10	13
a	max	1.6			2.5				3.2	4.0				6.3	
c	max	1.0	1.4	1.8	2	2.8	3.6	4.6	5.8	7.4	9.2	11.8	15.0	19.0	24.8
	min	0.9	1.2	1.6	1.7	2.4	3.2	4.0	5.1	6.5	8.0	10.3	13.1	16.6	21.7
b≈		2	2.4	3	3	3.2	4	5	6.4	8	10	12.6	16	20	26
l(公称)		4～12	5～16	6～20	8～26	8～32	10～40	12～50	14～65	18～80	22～100	30～120	40～160	45～200	70～200
l(公称)的系列		6～32(2 进位),36～100(5 进位),100～200(20 进位)													

注:销孔的公称直径等于销的公称直径 d。

附表 C-21 花键连接的特点和应用

类型	图形	特点和应用
矩形花键	GB/T 1144—1987	矩形花键便于加工，能用磨削方法获得较高的精度。其连接采用小径定心，定心精度高，广泛应用于各种机械的传动装置中
渐开线花键	GB/T 3478.1—1995	渐开线花键的齿廓为渐开线，承受负载时齿间的径向力能起到自动定心作用，使各齿受力比较均匀，强度高、寿命长。加工工艺与齿轮相同，易获得较高的精度和互换性。可用于载荷较大，定心精度要求较高以及尺寸较大的连接

附表 C-22 花键的挤压强度校核

$$\sigma_p=\frac{2T}{\psi ZhlD_m}\leqslant[\sigma_p]$$

式中：T——转矩，N·mm；

ψ——各齿载荷不均匀系数，一般取 $\psi=0.7\sim0.8$；

Z——齿数；

$[\sigma_p]$——花键连接许用挤压应力，MPa；

l——齿的工作长度，mm；

D_m——平均直径，mm；

矩形花键 $D_m=\frac{D+d}{2}$ （D——大径，d——小径）；

渐开线花键 $D_m=d_f$（分度圆直径）；

h——齿的工作高度，mm；

矩形花键 $h=\frac{D-d}{2}-2C$

C——倒角尺寸；

渐开线花键 $h=m$

m——模数。

附表 C-23 花键连接的许用挤压应力$[\sigma_p]$ 单位：MPa

连接方式	使用和制造情况	许用应力$[\sigma_p]$ 齿面未经热处理	许用应力$[\sigma_p]$ 齿面经热处理	连接方式	使用和制造情况	许用应力$[\sigma_p]$ 齿面未经热处理	许用应力$[\sigma_p]$ 齿面经热处理
静连接	不良	35～50	40～70	在载荷作用下移动的动连接	不良	—	3～10
	中等	60～100	100～140		中等		5～15
	良好	80～120	120～200		良好		10～20
不在载荷作用下移动的动连接	不良	15～20	20～35				
	中等	20～30	30～60				
	良好	25～40	40～70				

注：1. 使用和制造情况不良，是指受变载、有双向冲击、振动频率高和振幅大、润滑不好（对动连接）、材料硬度不高和精度不高等。

2. 同一情况下，$[\sigma_p]$的较小值用于工作时间较长和较重要的场合。内、外花键的抗拉强度不低于 600 MPa 钢制造。

附表 C-24 矩形花键基本尺寸系列(GB/T 1144—2001 摘录) 单位:mm

矩形花键的优点:能用磨削加工方法消除热处理变形,故定心直径尺寸公差和位置公差都能获得较高的精度。标准规定其定心方式为小径定心。

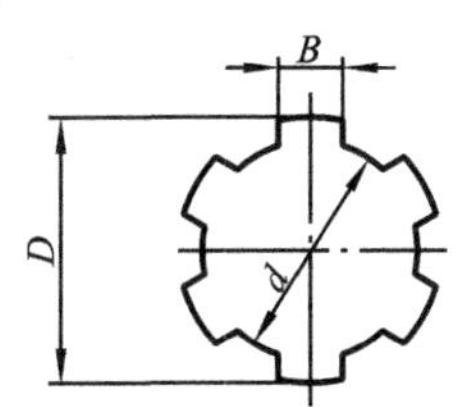

小径 d	轻系列				中系列			
	规格 $N\times d\times D\times B$	键数 N	大径 D	键宽 B	规格 $N\times d\times D\times B$	键数 N	大径 D	键宽 B
11					6×11×14×3	6	14	3
13					6×13×16×3.5		16	3.5
16					6×16×20×4		20	4
18					6×18×22×5		22	5
21					6×21×25×5		25	5
23	6×23×26×6	6	26	6	6×23×28×6		28	6
26	6×26×30×6		30	6	6×26×32×6		32	6
28	6×28×32×7		32	7	6×28×34×7		34	7
32	8×32×36×6	8	36	6	8×32×38×6	8	38	6
36	8×36×40×7		40	7	8×36×42×7		42	7
42	8×42×46×8		46	8	8×42×48×8		48	8
46	8×46×50×9		50	9	8×46×54×9		54	9
52	8×52×58×10		58	10	8×52×60×10		60	10
56	8×56×62×10		62	10	8×56×65×10		65	10
62	8×62×68×12		68	12	8×62×72×12		72	12
72	10×72×78×12	10	78	12	10×72×82×12	10	82	12
82	10×82×88×12		88	12	10×82×92×12		92	12
92	10×92×98×14		98	14	10×92×102×14		102	14
102	10×102×108×16		108	16	10×102×112×16		112	16
112	10×112×120×18		120	18	10×112×125×18		125	18

附表 C-25 矩形花键长度系列(GB/T 10081—2005 摘录) 单位:mm

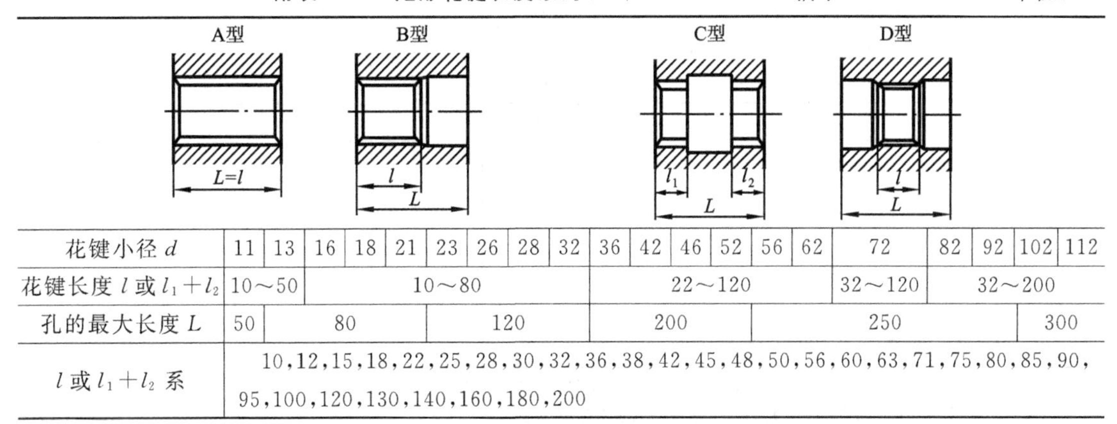

<table>
<tr><td>花键小径 d</td><td>11</td><td>13</td><td>16</td><td>18</td><td>21</td><td>23</td><td>26</td><td>28</td><td>32</td><td>36</td><td>42</td><td>46</td><td>52</td><td>56</td><td>62</td><td>72</td><td>82</td><td>92</td><td>102</td><td>112</td></tr>
<tr><td>花键长度 l 或 l_1+l_2</td><td colspan="2">10~50</td><td colspan="7">10~80</td><td colspan="6">22~120</td><td>32~120</td><td colspan="4">32~200</td></tr>
<tr><td>孔的最大长度 L</td><td>50</td><td colspan="4">80</td><td colspan="4">120</td><td colspan="4">200</td><td colspan="5">250</td><td colspan="2">300</td></tr>
<tr><td>l 或 l_1+l_2 系</td><td colspan="19">10,12,15,18,22,25,28,30,32,36,38,42,45,48,50,56,60,63,71,75,80,85,90,95,100,120,130,140,160,180,200</td></tr>
</table>

附表 C-26 矩形花键键槽截面和尺寸

单位:mm

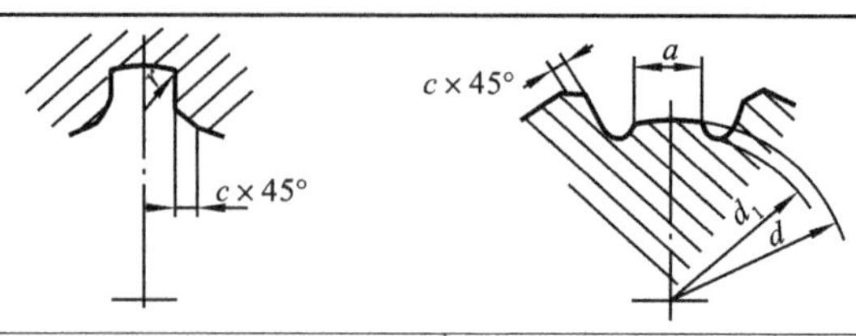

轻系列					中系列				
规格 $N\times d\times D\times B$	c	r	参考 $d_{1\min}$	参考 $a_{\min}$	规格 $N\times d\times D\times B$	c	r	参考 $d_{1\min}$	参考 $a_{\min}$
	0.2	0.1			6×11×14×3	0.2	0.1		
					6×13×16×3.5				
					6×16×20×4	0.3	0.2	14.1	1.0
					6×18×22×5			16.6	1.0
					6×21×25×5			19.5	2.0
6×23×26×6			22	3.5	6×23×28×6	0.4	0.3	21.2	1.2
6×26×30×6	0.3	0.2	24.5	3.8	6×26×32×6			23.6	1.2
6×28×32×7			26.6	4.0	6×28×34×7			25.8	1.4
8×32×36×6			30.3	2.7	8×32×38×6			29.4	1.0
8×36×40×7			34.4	3.5	8×36×42×7			33.4	1.0
8×42×46×8			40.5	5.0	8×42×48×8			39.4	2.5
8×46×50×9			44.6	5.7	8×46×54×9	0.5	0.4	42.6	1.4
8×52×58×10			49.6	4.8	8×52×60×10			48.6	2.5
8×56×62×10	0.4	0.3	53.5	6.5	8×56×65×10	0.6	0.5	52.0	2.5
8×62×68×12			59.7	7.3	8×62×72×12			57.7	2.4
10×72×78×12			69.6	5.4	10×72×82×12			67.4	1.0
10×82×88×12			79.3	8.5	10×82×92×12			77.0	2.9
10×92×98×14			89.6	9.9	10×92×102×14			87.3	4.5
10×102×108×16			99.6	11.3	10×102×112×16			97.7	6.2
10×112×120×18	0.5	0.4	108.8	10.5	10×112×125×18			106.2	4.1

注:d_1 和 d 仅适用于展成法加工。

附表 C-27 矩形内、外花键的尺寸公差带

内花键				外花键			装配形式
d	D	B 拉削后不热处理	B 拉削后热处理	d	D	B	
一般用							
H7	H10	H9	H11	f7	a11	d10	滑动
				g7		f9	紧滑动
				h7		h10	固定
精密传动用							
H5	H10	H7、H9		f5	a11	d8	滑动
				g5		f7	紧滑动
				h5		h8	固定
H6				f6		d8	滑动
				g6		f7	紧滑动
				h6		h8	固定

注:1. 精密传动用的内花键,当需要控制键侧配合间隙时,槽宽可选用 H7,一般情况下可选用 H9。

2. d 为 H6 和 H7 的内花键,允许与提高一级的外花键配合。

附表 C-28　矩形花键的位置度公差　　单位：mm

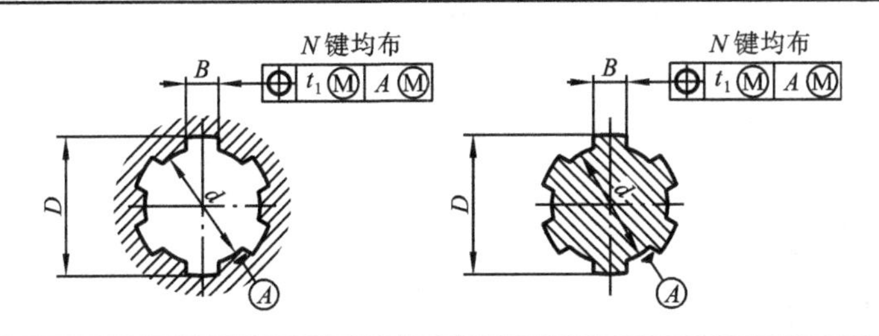

键槽宽或键宽 B		3	3.5～6	7～10	12～18
		t_1			
键槽宽		0.010	0.015	0.020	0.025
键宽	滑动、固定	0.010	0.015	0.020	0.025
	紧滑动	0.006	0.010	0.013	0.016

附表 C-29　矩形花键对称度和等分度公差　　单位：mm

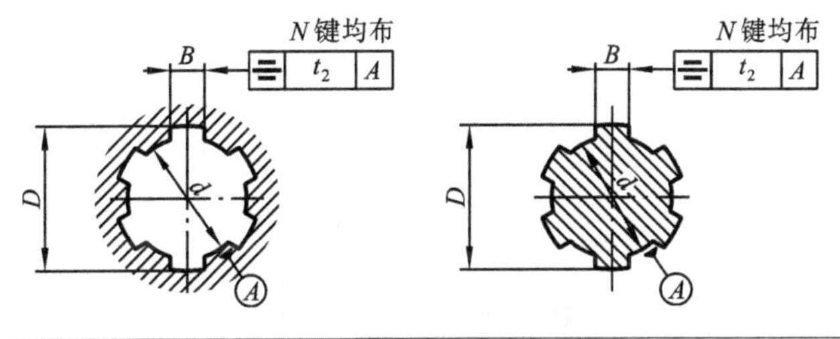

键槽宽或键宽 B	3	3.5～6	7～10	12～18
	t_2			
一般用	0.010	0.012	0.015	0.018
精密传动用	0.006	0.008	0.009	0.011

注：花键的等分度公差等于键宽的对称度公差。

附表 C-30　矩形花键的标记

矩形花键的标记代号应按次序包括下列项目：键数 N，小径 d，大径 D，键宽 B 和花键的公差代号。

标记示例　花键 $N=6$；$d=23\ \frac{H7}{f7}$；$D=26\ \frac{H10}{a11}$；$B=6\ \frac{H11}{d10}$的标记是

花键规格　$N\times d\times D\times B$

　　　　　$6\times 23\times 26\times 6$

花键副　$6\times 23\ \frac{H7}{f7}\times 26\ \frac{H10}{a11}\times 6\ \frac{H11}{d10}$　GB/T 1144—1987

内花键　6×23H7×26H10×6H11　GB/T 1144—1987

外花键　6×23f7×26a11×6d10　GB/T 1144—1987

附录D　密　封　件

附表 D-1　毡封圈及槽(JB/ZQ 4606—1986 摘录)　　单位:mm

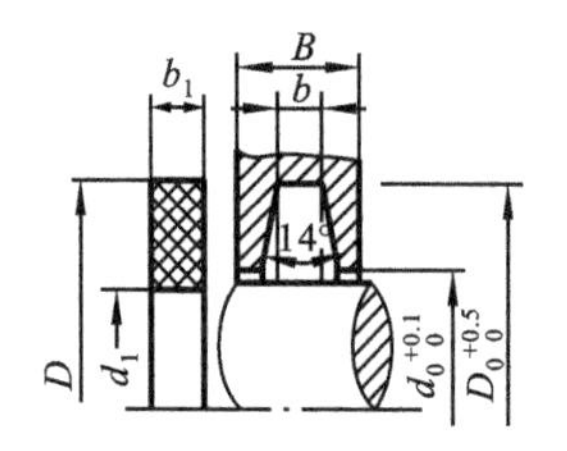

标记示例

轴径 $d=40$ mm 的毛毡圈记为:毡圈 40 JB/ZQ 4606—1986

轴径	毡封圈			槽				
d	D	d_1	b_1	D_0	d_0	b	B_{min} 钢	B_{min} 铸铁
16	29	14	6	28	16	5	10	12
20	33	19		32	21			
25	39	24	7	38	26	6	12	15
30	45	29		44	31			
35	49	34		48	36			
40	53	39		52	41			
45	61	44	8	60	46	7		
50	69	49		68	51			
55	74	53		72	56			
60	80	58		78	61			
65	84	63		85	66			
70	90	68		88	71			
75	94	73		92	77			
80	102	78	9	100	82	9	18	15
85	107	83		105	87			
90	112	88		110	92			
95	117	93	10	115	97			
100	122	98		120	102			
105	127	103		125	107			
110	132	108		130	112			
115	137	113		135	117			

轴径	毡封圈			槽				
d	D	d_1	b_1	D_0	d_0	b	B_{min} 钢	B_{min} 铸铁
120	142	118	10	140	122	8	15	18
125	147	123		145	127			
130	152	128	12	150	132	10	18	20
135	157	133		155	137			
140	162	138		160	143			
145	167	143		165	148			
150	172	148		170	153			
155	177	153		175	158			
160	182	158		180	163			
165	187	163		185	168			
170	192	168		190	173			
175	197	173		195	178			
180	202	178		200	183			
185	207	183		205	188			
190	212	188		210	193			
195	217	193	14	215	198	12	20	22
200	222	198		220	203			
210	232	208		230	213			
220	242	213		240	223			
230	252	223		250	233			
240	262	238		260	243			

注:毡圈材料有半粗羊毛毡和细羊毛毡,粗毛毡适用于速度 $v\leqslant 3$ m/s,优质细毛毡适用于 $v\leqslant 10$ m/s。

附表 D-2　J 型无骨架橡胶油封(HG 4-338—1966)与 U 型无骨架橡胶油封(HG 4-339—1966)[①]

单位:mm

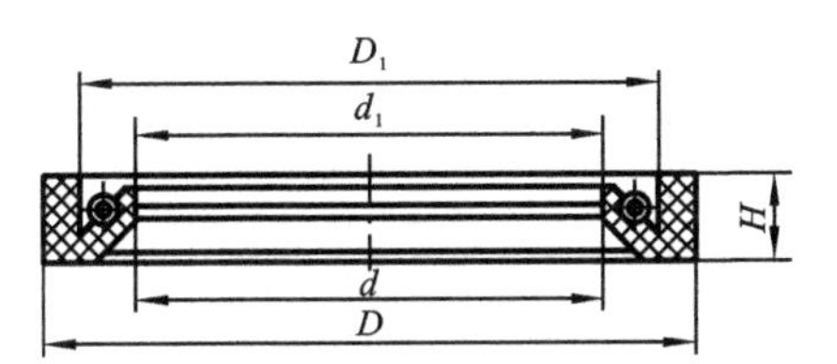

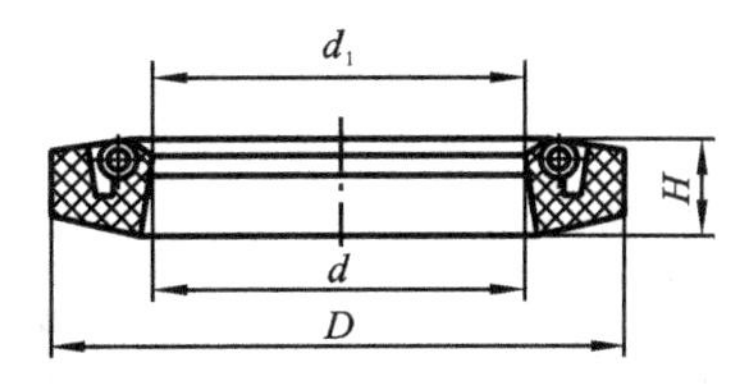

标记示例　d=50 mm,D=75 mm,H=12 mm 耐油橡胶 l-1,J 型无骨架橡胶油封:

J 型油封 50×75×12 橡胶 l-1　HG 4-338—1966

d=50 mm,D=75 mm,H=12.5 mm,耐油橡胶 l-1,U 型无骨架橡胶油封:

U 型油封 50×75×12.5 橡胶 l-1　HG 4-339—1966

轴径 d	D	H		d_1	D_1	轴径 d	D	H		d_1	D_1	轴径 d	D	H		d_1	D_1
		J 型	U 型					J 型	U 型					J 型	U 型		
30	55			29	46	190	225			189	210	420	470			419	442
35	60			34	51	200	235			199	220	430	480			429	452
40	65			39	56	210	245			209	230	440	490			439	462
45	70			44	61	220	255	18	16	219	240	450	500			449	472
50	75	12	12.5	49	66	230	265			229	250	460	510			459	482
55	80			54	71	240	275			239	260	470	520			469	492
60	85			59	75	250	285			249	270	480	530			479	502
65	90			64	81	260	300			259	280	490	540			489	512
70	95			69	86	270	310			269	290	500	550		22.5	499	522
75	100			74	91	280	320			279	300	510	560			509	532
80	105			79	96	290	330			289	310	520	570			519	542
85	110			84	101	300	340			299	320	530	580	25		529	552
90	115			89	106	310	350			309	330	540	590			539	562
95	120			94	111	320	360			319	340	550	600			549	572
100	130	16	14	99	120	330	370	20	18	329	350	560	610			559	582
110	140			109	130	340	380			339	360	570	620			569	592
120	150			119	140	350	390			349	370	580	630			579	602
130	160			129	150	360	400			359	380	590	640			589	612
140	170			139	160	370	410			369	390	600	650			599	622
150	180			149	170	380	420			379	400	630	680			629	652
160	190	18		159	180	390	430			389	410	710	760		无规格	709	732
170	200			169	190	400	440			399	420	800	850			799	822
180	215			179	200	410	460	25	22.5	409	430						

注:此标准经 1986 确认,继续执行。

附表 D-3 J 型、U 型无骨架橡胶油封槽的尺寸及安装示例

J 型无骨架橡胶油封	U 型无骨架橡胶油封					
槽的尺寸/mm						
$H_1 \approx H-(1\sim2)$		$d(dc_6)$	30～95	100～170	180～250	260～400	410～600
		a_1	14	16	18	20	25
		b_1	9.6	10.8	12	13.2	16.5
		c_1	13.8	15.8	17.8	19.8	24.8
		f	12.5	15	17.5	20.0	25.0

附表 D-4 密封元件为弹性材料的旋转轴唇形密封圈(GB/T 13871—2007 摘录) 单位:mm

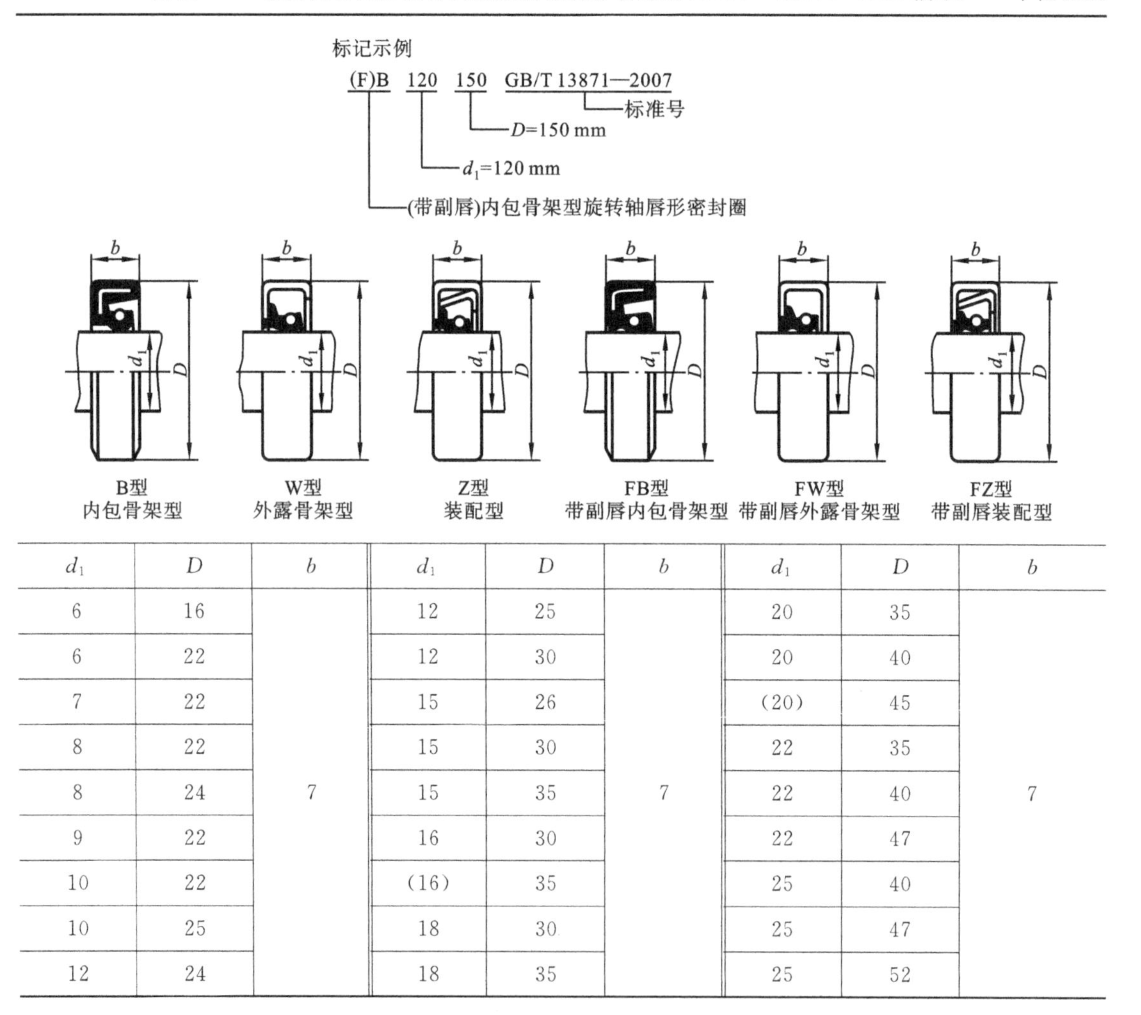

d_1	D	b	d_1	D	b	d_1	D	b
6	16	7	12	25	7	20	35	7
6	22		12	30		20	40	
7	22		15	26		(20)	45	
8	22		15	30		22	35	
8	24		15	35		22	40	
9	22		16	30		22	47	
10	22		(16)	35		25	40	
10	25		18	30		25	47	
12	24		18	35		25	52	

续表

d_1	D	b	d_1	D	b	d_1	D	b
28	40	7	50	68	8	110	140	12
28	47		(50)	70		120	150	
28	52		50	72		130	160	
30	42		55	72		140	170	15
30	47		(55)	75		150	180	
(30)	50		55	80		160	190	
30	52	8	60	80		170	200	
32	45		60	85		180	210	
32	47		65	85	10	190	220	
32	52		65	90		200	230	
35	50		70	90		220	250	
35	52		70	95		240	270	
35	55		75	95		(250)	290	
38	52		75	100		260	300	20
38	58		80	100		280	320	
38	62		80	110		300	340	
40	55		85	110	12	320	360	
(40)	60		85	120		340	380	
40	62		(90)	115		360	400	
42	55		90	120		380	420	
42	62		95	120		400	440	
45	62		100	125				
45	65		(105)	130				

注：考虑到国内实际情况，除全部采用国际标准的基本尺寸外，还补充了若干种国内常用的规格，并加括号以示区别。

附表 D-5　旋转轴唇形密封圈的安装要求（GB/T　13871—2007 摘录）　　单位：mm

<table>
<tr><td rowspan="6">轴导入倒角</td><td>d_1</td><td>d_1-d_2</td><td>d_1</td><td>d_1-d_2</td><td rowspan="6">腔体内孔尺寸</td><td>基本宽度 b</td><td>最小内孔深</td><td>倒角长度</td><td>最大圆角半径</td></tr>
<tr><td>$d_1 \leqslant 10$</td><td>1.5</td><td>$50 < d_1 \leqslant 70$</td><td>4.0</td><td rowspan="3">$\leqslant 10$</td><td rowspan="3">$b+0.9$</td><td rowspan="3">0.70～1.00</td><td rowspan="3">0.50</td></tr>
<tr><td>$10 < d_1 \leqslant 20$</td><td>2.0</td><td>$70 < d_1 \leqslant 95$</td><td>4.5</td></tr>
<tr><td>$20 < d_1 \leqslant 30$</td><td>2.5</td><td>$95 < d_1 \leqslant 130$</td><td>5.5</td></tr>
<tr><td>$30 < d_1 \leqslant 40$</td><td>3.0</td><td>$130 < d_1 \leqslant 240$</td><td>7.0</td><td rowspan="2">>10</td><td rowspan="2">$b+1.2$</td><td rowspan="2">1.20～1.50</td><td rowspan="2">0.75</td></tr>
<tr><td>$40 < d_1 \leqslant 50$</td><td>3.5</td><td>$240 < d_1 \leqslant 400$</td><td>11.0</td></tr>
<tr><td colspan="2">轴直径公差</td><td colspan="3">不得超过 h11</td><td colspan="2"></td><td colspan="3">不得超过 H8</td></tr>
<tr><td colspan="2">与密封圈唇口接触的轴表面粗糙度</td><td colspan="3">$R_a=0.2\sim0.63\ \mu m$
$R_{amax}=0.8\sim2.5\ \mu m$</td><td colspan="2">腔体内孔表面粗糙度</td><td colspan="3">$R_a \leqslant 3.2\ \mu m$　$R_{amax} \leqslant 12.5\ \mu m$
当采用外露骨架型密封圈时，内孔表面粗糙度可选用更低的数值</td></tr>
</table>

注：此表的腔体是指黑色金属整体加工成的刚性件。

附表 D-6　液压气动用 O 形橡胶密封圈第 1 部分：尺寸系列及公差(GB/T 3452.1—2005 摘录)　　单位：mm

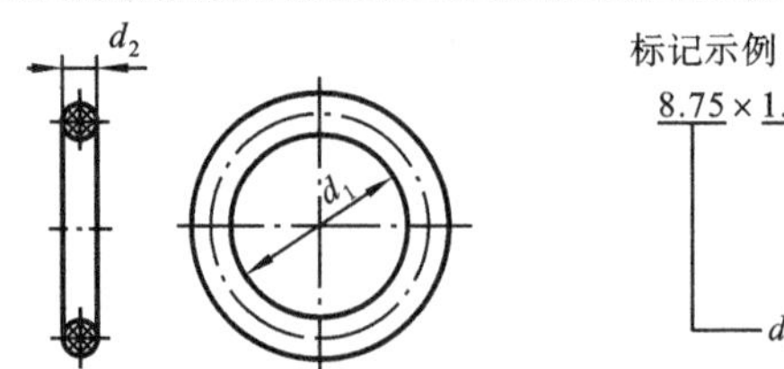

标记示例

8.75×1.80　G　GB/T 3452.1—2005

标准号

通用O形圈

d_2=1.80 mm

d_1=8.75 mm

d_1		d_2					d_1		d_2				
内径	公差	1.80 ±0.08	2.65 ±0.09	3.55 ±0.10	5.30 ±0.13	7.00 ±0.15	内径	公差	1.80 ±0.08	2.65 ±0.09	3.55 ±0.10	5.30 ±0.13	7.00 ±0.15
1.80	±0.13	×					35.5	±0.30		×	×		
2.00		×					36.5		×	×	×		
2.24		×					37.5			×	×		
2.50		×					38.7		×	×	×		
2.80		×					40.0			×	×	×	
3.15		×					41.2	±0.36		×	×	×	
3.55		×					42.5		×	×	×	×	
37.5		×					43.7			×	×	×	
4.00		×					45.0			×	×	×	
4.50		×					46.2		×	×	×	×	
4.87		×					47.5			×	×	×	
5.00		×					48.7			×	×	×	
5.15		×					50.0		×	×	×	×	
5.30		×					51.5	±0.44		×	×	×	
5.60		×					53.0			×	×	×	
6.00		×					54.5			×	×	×	
6.30	±0.14	×					56.0			×	×	×	
6.70		×					58.0			×	×	×	
6.90		×					60.0			×	×	×	
7.10		×					61.5			×	×	×	
7.50		×					63.0			×	×	×	
8.00		×					65.0	±0.53			×	×	
8.50		×					67.0			×	×	×	
8.75		×					69.0				×	×	
9.00		×					71.0			×	×	×	
9.50		×					73.0				×	×	
10.0		×					75.0			×	×	×	
10.6	±0.17	×	×				77.5				×	×	
11.2		×	×				80.0			×	×	×	
11.8		×	×				82.5	±0.65			×	×	
12.5		×	×				85.0			×	×	×	
13.2		×	×				87.5				×	×	
14.0		×	×				90.0			×	×	×	
15.0		×	×				92.5				×	×	
16.0		×	×				95.0			×	×	×	
17.0		×	×				97.5				×	×	
18.0		×	×	×			100			×	×	×	
19.0	±0.22	×	×	×			103				×	×	
20.0		×	×	×			106			×	×	×	
21.2		×	×	×			109				×	×	×
22.4		×	×	×			112			×	×	×	×
23.6		×	×	×			115				×	×	×
25.0		×	×	×			118			×	×	×	×
25.8		×	×	×			122	±0.90			×	×	×
26.5		×	×	×			125			×	×	×	×
28.0		×	×	×			128				×	×	×
30.0		×	×	×			132			×	×	×	×
31.5	±0.30		×	×			136				×	×	×
32.5		×	×	×			140			×	×	×	×
33.5			×	×			145				×	×	×
34.5		×	×	×			150			×	×	×	×

注：×表示标准规定的规格。

附录E　常用滚动轴承的尺寸及性能参数

附表 E-1　深沟球轴承(GB/T 276—1994 摘录)

60000 型

外形尺寸　　　　安装尺寸

当量动负荷

$P_r = XF_r + YF_a$

当量静负荷

当 $F_a/F_r \leqslant 0.8$　$P_{0r} = F_r$

当 $F_a/F_r > 0.8$　$P_{0r} = 0.6F_r + 0.5F_a$

$\frac{F_a}{C_{0r}}$	$\frac{F_a}{F_r} \leqslant e$		$\frac{F_a}{F_r} > e$		e
	X	Y	X	Y	
0.014	1	0	0.56	2.30	0.19
0.029				1.99	0.22
0.056				1.71	0.26
0.084				1.55	0.28
0.11				1.45	0.30
0.17				1.31	0.34
0.29				1.15	0.38
0.43				1.04	0.42
0.57				1.00	0.44

新轴承代号	尺寸/mm						安装尺寸/mm			基本额定负荷/kN		极限转速/(r/min)		重量/kg
	d	D	B	r_1	d_1 ≈	D_1 ≈	d_a min	D_a max	r_a max	C_r	C_{0r}	脂润滑	油润滑	W ≈
61800	10	19	5	0.3	12.6	16.4	12.4	16.6	0.3	1.08	0.58	26 000	34 000	0.005
61900		22	6	0.3	—	—	12.4	19.6	0.3	2.55	1.38	25 000	32 000	0.011
6000		26	8	0.3	14.9	21.1	12.4	23.6	0.3	3.52	1.95	20 000	28 000	0.019
6200		30	9	0.6	17.4	23.6	15	25	0.6	3.92	2.22	19 000	26 000	0.032
6300		35	11	0.6	19.4	27.6	15	30	0.6	5.88	3.45	18 000	24 000	0.053
61801	12	21	5	0.3	15	18.2	14.4	18.6	0.3	1.08	0.60	22 000	30 000	0.007
61901		24	6	0.3	—	—	14.4	21.6	0.3	2.60	1.38	20 000	28 000	0.013
16001		28	7	0.3	—	—	14.4	25.6	0.3	3.92	2.25	19 000	26 000	0.019
6001		28	8	0.3	17.4	23.6	14.4	25.6	0.3	3.92	2.22	19 000	26 000	0.022
6201		32	10	0.6	18.3	26.1	17	27	0.6	5.25	3.05	18 000	24 000	0.035
6301		37	12	1	20.6	29.4	18	31	1	7.48	4.65	17 000	22 000	0.060
61802	15	24	5	0.3	17.9	21.1	17.4	21.6	0.3	1.48	0.90	20 000	28 000	0.008
61902		28	7	0.3	—	—	17.4	25.6	0.3	3.08	1.72	19 000	26 000	0.018
16002		32	8	0.3	20.3	27	17.4	29.6	0.3	4.32	2.50	18 000	24 000	0.025
6002		32	9	0.3	20.4	26.6	17.4	29.6	0.3	4.32	2.50	18 000	24 000	0.031
6202		35	11	0.6	21.6	29.4	20	30	0.6	5.88	3.48	17 000	22 000	0.044
6302		42	13	1	24.3	34.7	21	36	1	8.80	5.40	16 000	20 000	0.077
61803	17	26	5	0.3	20.2	23.2	19.4	23.6	0.3	1.68	1.02	19 000	26 000	0.008
61903		30	7	0.3	—	—	19.4	27.6	0.3	3.32	1.92	18 000	24 000	0.020
16003		35	8	0.3	22.8	29.5	19.4	32.6	0.3	5.25	3.05	17 000	22 000	0.027

续表

新轴承代号	尺寸/mm						安装尺寸/mm			基本额定负荷/kN		极限转速/(r/min)		重量/kg
	d	D	B	r_1	d_1 ≈	D_1 ≈	d_a min	D_a max	r_a max	C_r	C_{0r}	脂润滑	油润滑	W ≈
6003		35	10	0.3	22.9	29.1	19.4	32.6	0.3	4.62	2.78	17 000	22 000	0.040
6203		40	12	0.6	24.6	33.4	22	35	0.6	7.35	4.45	16 000	20 000	0.066
6303		47	14	1	26.8	38.2	23	41	1	10.5	6.55	15 000	19 000	0.109
6403		62	17	1.1	31.9	47.1	24	55	1	17.5	11.8	11 000	15 000	0.268
61804	20	32	7	0.3	24	28.3	22.4	29.6	0.3	2.65	1.72	17 000	22 000	0.020
61904		37	8	0.3	—	—	22.4	34.6	0.3	5.05	3.08	17 000	22 000	0.040
16004		42	9	0.3	27.2	34.6	22.4	39.6	0.3	6.08	3.78	15 000	19 000	0.050
6004		42	12	0.6	26.9	35.1	25	37	0.6	7.22	4.45	15 000	19 000	0.068
6204		47	14	1	29.3	39.7	26	41	1	9.88	6.18	14 000	18 000	0.098
6304		52	15	1.1	29.8	42.2	27	45	1	12.2	7.78	13 000	17 000	0.149
6404		72	19	1.1	38	66.1	27	65	1	23.8	16.8	9 500	13 000	0.400
61805	25	37	7	0.3	29	33	27.4	34.6	0.3	2.85	1.95	15 000	19 000	0.022
61905		42	9	0.3	—	—	27.4	39.6	0.3	5.65	3.68	14 000	18 000	0.050
16005		47	8	0.3	33.3	40.7	27.4	44.6	0.3	6.48	4.18	13 000	17 000	0.060
6005		47	12	0.6	31.8	40.2	30	42	0.6	7.75	4.95	13 000	17 000	0.078
6205		52	15	1	33.8	44.2	31	46	1	10.8	6.95	12 000	16 000	0.121
6305		62	17	1.1	36	51	32	55	1	17.2	11.2	10 000	14 000	0.231
6405		80	21	1.5	42.3	62.7	34	71	1.5	29.5	21.2	8 500	11 000	0.531
61806	30	42	7	0.3	33.8	38.2	32.4	39.6	0.3	3.08	2.35	12 000	16 000	0.026
61906		47	9	03	—	—	32.4	44.6	0.3	5.82	3.98	12 000	16 000	0.060
16006		55	9	0.3	38	47.3	32.4	52.6	0.3	8.62	5.92	10 000	14 000	0.085
6006		55	13	1	38.4	47.7	36	49	1	10.2	6.88	10 000	14 000	0.110
6206		62	16	1	40.8	52.2	36	56	1	15.0	10.0	9 500	13 000	0.200
6306		72	19	1.1	44.8	59.2	37	65	1	20.8	14.2	9 000	12 000	0.349
6406		90	23	1.5	48.6	71.4	39	81	1.5	36.5	26.8	8 000	10 000	0.712
61807	35	47	7	0.3	38.8	43.2	37.4	44.6	0.3	3.18	2.60	10 000	14 000	0.030
61907		55	10	0.6	—	—	40	50	0.6	7.35	5.28	9 500	13 000	0.086
16007		62	9	0.3	44	53.3	37.4	59.6	0.3	8.98	6.52	9 000	12 000	0.100
6007		62	14	1	43.3	53.7	41	56	1	12.5	8.60	9 000	12 000	0.148
6207		72	17	1.1	46.8	60.2	42	65	1	19.8	13.5	8 500	11 000	0.288
6307		80	21	1.5	50.4	66.6	44	71	1.5	25.8	17.8	8 000	10 000	0.455
6407		100	25	1.5	55.1	79.9	44	91	1.5	43.8	32.5	6 700	8 500	0.922
61808	40	52	7	0.3	43.8	48.2	42.4	49.6	0.3	3.38	2.95	9 500	13 000	0.034
61908		62	12	0.6	—	—	45	57	0.6	9.35	6.92	9 000	12 000	0.110
16008		68	9	0.3	49.4	57	42.4	65.6	0.3	9.70	7.40	8 500	11 000	0.130

续表

新轴承代号	尺寸/mm						安装尺寸/mm			基本额定负荷/kN		极限转速/(r/min)		重量/kg
	d	D	B	r_1	d_1 ≈	D_1 ≈	d_a min	D_a max	r_a max	C_r	C_{0r}	脂润滑	油润滑	W ≈
6008		68	15	1	48.8	59.2	46	62	1	13.2	9.42	8 500	11 000	0.185
6208		80	18	1.1	52.8	67.2	47	73	1	22.8	15.8	8 000	10 000	0.368
6308		90	23	1.5	56.5	74.6	48	81	1.5	31.2	22.2	7 000	9 000	0.624
6408		110	27	2	63.6	88.4	50	100	2	50.2	37.8	6 300	8 000	1.218
61809	45	58	7	0.3	48.7	54.3	47.4	55.6	0.3	3.58	3.32	8 500	11 000	—
16009		75	10	0.6	55	65.4	50	70	0.6	9.90	7.95	8 000	10 000	0.170
6009		75	16	1	54.2	65.9	51	69	1	16.2	11.8	8 000	10 000	0.230
6209		85	19	1.1	58.8	73.2	52	78	1	24.5	17.5	7 000	9 000	0.414
6309		100	25	1.5	63	84	54	91	1.5	40.8	29.8	6 300	8 000	0.837
6409		120	29	2	70.7	98.3	55	110	2	59.5	45.5	5 600	7 000	1.520
61810	50	65	7	0.3	54.7	60.3	52.4	62.6	0.3	3.92	3.62	8 000	10 000	0.057
61910		72	12	0.6	—	—	55	67	0.6	9.90	7.95	8 000	10 000	0.140
16010		80	10	0.6	60	70.4	55	75	0.6	12.5	10.0	7 000	9 000	0.180
6010		80	16	1	59.2	70.9	56	74	1	16.8	12.8	7 000	9 000	0.249
6210		90	20	1.1	62.4	77.6	57	83	1	27.0	19.8	6 700	8 500	0.463
6310		110	27	2	69.1	91.9	60	100	2	47.5	35.6	6 000	7 500	1.090
6410		130	31	2.1	77.3	107.8	62	118	2.1	71.0	55.2	5 300	6 700	1.860
61811	55	72	9	0.3	60.2	66.8	57.4	69.6	0.3	5.18	5.0	7 500	9 500	0.080
16011		90	11	0.6	67	78	60	85	0.6	12.5	10.5	6 300	8 000	0.260
6011		90	18	1.1	66.5	79	62	83	1	23.2	17.8	6 300	8 000	0.383
6211		100	21	1.5	68.9	86.1	64	91	1.3	33.5	25.0	6 000	7 500	0.603
6311		120	29	2	76.1	100.9	65	110	2	55.2	41.8	5 300	6 700	1.355
6411		140	33	2.1	82.8	115.2	67	128	2	77.5	62.5	4 800	6 000	2.400
61812	60	78	10	0.3	65.8	72.4	62.4	75.6	0.3	7.05	6.65	6 700	8 500	—
61912		85	13	1	—	—	66	79	1	10.8	9.32	6 300	8 000	0.230
16012		95	11	0.6	72	83.4	65	90	0.6	12.8	11.2	6 000	7 500	0.280
6012		95	18	1.1	71.9	85.7	67	88	1	24.5	19.2	6 000	7 500	0.391
6212		110	22	1.5	76	94.1	69	101	1.5	36.8	27.8	5 600	7 000	0.780
6312		130	31	2.1	81.7	108.4	72	118	2.1	62.8	48.5	5 600	6 300	1.710
6412		150	35	2.1	87.9	122.2	72	138	2.1	83.8	70.0	4 500	5 600	2.820
61913	65	90	13	1	—	—	71	84	1	11.2	10.5	6 000	7 500	—
16013		100	11	0.6	76.5	88.5	70	95	0.6	13.5	12.5	5 600	7 000	0.300
6013		100	18	1.1	75.3	89.7	72	93	1	24.8	19.8	5 600	7 000	0.410
6213		120	23	1.5	82.5	102.5	74	111	1.5	44.0	34.0	5 000	6 300	0.957
6313		120	33	2.1	88.1	116.9	77	128	2.1	72.2	56.5	4 500	5 600	2.100

续表

新轴承代号	尺寸/mm						安装尺寸/mm			基本额定负荷/kN		极限转速/(r/min)		重量/kg
	d	D	B	r_1	d_1 ≈	D_1 ≈	d_a min	D_a max	r_a max	C_r	C_{0r}	脂润滑	油润滑	W ≈
6413		160	37	2.1	94.4	130.6	77	148	2.1	90.8	78.0	4 300	5 300	3.350
61814	70	90	10	0.6	76.1	83.9	75	85	0.6	8.05	8.22	6 000	7 500	0.114
16014		110	13	0.6	83.3	97.1	75	105	0.6	15.5	13.8	5 300	6 700	0.430
6014		110	20	1.1	82	98	77	103	1	29.8	24.2	5 300	6 700	0.575
6214		125	24	1.5	89	109	79	116	1.5	46.8	37.5	4 800	6 000	1.100
6314		150	35	2.1	94.8	125.3	82	138	2.1	80.2	63.2	4 300	5 300	2.550
6414		180	42	3	105.6	146.4	84	166	2.5	108	99.2	3 800	4 800	4.640
61815	75	95	10	0.6	81.1	88.9	80	90	0.6	8.05	8.58	5 600	7 000	—
61915		105	16	1	—	—	81	99	1	13.8	13.2	5 300	6 700	0.420
16015		115	13	0.6	88.3	102	80	110	0.6	19.2	17.8	5 000	6 300	0.460
6015		115	20	1.1	88.6	104	82	108	1	30.8	26.0	5 000	6 300	0.613
6215		130	25	1.5	94	115	84	121	1.5	50.8	41.2	4 500	5 600	1.160
6315		160	37	2.1	101.3	133.7	87	148	2.1	87.2	71.5	4 000	5 000	3.050
6415		190	45	3	112.1	155.9	89	176	2.5	118	115	3 600	4 500	5.690
61816	80	100	10	0.6	86.1	93.9	85	95	0.6	8.42	8.82	5 300	6 700	0.160
61916		110	16	1	—	—	86	104	1	14.5	14.5	5 000	6 300	0.440
16016		125	14	0.6	95.3	110	85	120	0.6	19.5	18.8	4 800	6 000	0.600
6016		125	22	1.1	95.9	112.8	87	118	1	36.5	31.2	4 800	6 000	0.836
6216		140	26	2	100	122	90	130	2	55.0	44.8	4 300	5 300	1.450
6316		170	39	2.1	107.9	142.2	92	158	2.1	94.5	80.0	3 800	4 800	3.620
6416		200	48	3	117.1	162.9	94	186	2.5	125	125	3 400	4 300	6.740
61817	85	110	13	1	92.5	103	91	104	1	16.8	16.2	4 800	6 000	0.285
61917		120	18	1.1	—	—	92	113	1	21.8	20.0	4 800	6 000	0.620
16017		130	14	0.6	100	115	90	125	0.6	19.8	19.5	4 500	5 600	0.630
6017		130	22	1.1	100.1	117.6	92	123	1	39.0	33.5	4 500	5 600	0.864
6217		150	28	2	107.1	130.9	95	140	2	64.0	53.2	4 000	5 000	1.780
6317		180	41	3	114.4	150.6	99	166	2.5	102	89.2	3 600	4 500	4.270
6417		210	52	4	123.5	171.5	103	192	3	135	138	3 200	4 000	7.910
61918	90	125	18	1.1	—	—	97	118	1	25.2	23.5	4 500	5 600	0.650
16018		140	16	1	106	124	96	134	1	25.8	24.8	4 300	5 300	0.850
6018		140	24	1.5	107.2	126.8	99	131	1.5	44.5	39.0	4 300	5 300	1.090
6218		160	30	2	111.7	138.4	100	150	2	73.8	60.5	3 800	4 800	2.180

续表

新轴承代号	尺寸/mm						安装尺寸/mm			基本额定负荷/kN		极限转速/(r/min)		重量/kg
	d	D	B	r_1	d_1 ≈	D_1 ≈	d_a min	D_a max	r_a max	C_r	C_{0r}	脂润滑	油润滑	W ≈
6318		190	43	3	120.8	159.2	104	176	2.5	112	100	3 400	4 300	4.960
6418		225	54	4	131.8	183.2	108	207	3	148	188	2 800	3 600	9.550
61819	95	120	13	1	—	—	101	114	1	12.5	13.8	4 300	5 300	—
16019		145	16	1	111	129	101	139	1	28.5	27.2	4 000	5 000	0.89
6019		145	24	1.5	110.2	129.8	104	136	1.5	44.5	39.0	4 000	5 000	1.14
6219		170	38	2.1	118.1	146.9	107	158	2.1	84.8	70.5	3 600	4 500	2.62
6319		200	45	3	127.1	167.9	109	186	2.5	122	112	3 200	4 000	5.72
61920	100	140	20	1.1	—	—	107	133	1	31.8	29.5	4 000	5 000	0.92
16020		150	16	1	116	134	106	144	1	29.5	28.8	3 800	4 800	0.91
6020		150	24	1.5	114.6	135.4	109	141	1.5	49.5	43.8	3 800	4 800	1.18
6220		180	34	2.1	124.8	155.3	112	168	2.1	94.0	79.0	3 400	4 300	3.20
6320		215	47	3	135.6	179.4	114	201	2.5	132	132	2 800	3 600	7.07
6420		250	58	4	146.4	203.6	118	232	3	172	195	2 400	3 200	12.8
61821	105	130	13	1	112	123	111	124	1	13.5	15.5	3 800	4 800	0.34
16021		160	18	1	123	142	111	154	1	33.5	33.0	3 600	4 500	1.20
6021		160	26	2	121.5	143.6	115	150	2	55.2	49.5	3 600	4 500	1.52
6221		190	36	2.1	131.3	163.7	117	178	2.1	102	89.2	3 200	4 000	3.78
6321		225	49	3	142.1	187.9	119	211	2.5	142	142	2 600	3 400	8.03
61922	110	150	20	1.1	—	—	117	143	1	33.5	33.0	3 600	4 500	1.00
16022		170	19	1	130	150	116	164	1	40.8	40.2	3 400	4 300	1.42
6022		170	28	2	129.1	152.9	120	160	2	63.0	57.2	3 400	4 300	1.87
6222		200	38	2.1	138.9	173.2	122	188	2.1	112	100	3 000	3 800	4.38
6322		240	50	3	150.2	199.8	124	226	2.5	158	168	2 400	3 200	9.50
6422		280	65	4	163.6	226.5	128	262	3	198	235	2 000	2 800	17.86
61824	120	150	16	1	129	141	126	144	1	18.5	21.8	3 400	4 300	0.65
61924		165	22	1.1	—	—	127	158	1	40.8	40.2	3 200	4 000	1.40
16024		180	19	1	139	161	126	174	1	41.8	42.2	3 000	3 800	1.80
6024		180	28	2	137.7	162.4	130	170	2	67.5	61.8	3 000	3 800	1.99
6224		215	40	2.1	149.4	185.6	132	203	2.1	118	112	2 600	3 400	5.30
6324		260	55	3	163.3	216.7	134	246	2.5	175	195	2 200	3 000	12.2

附表 E-2 角接触球轴承(GB/T 292—2007 摘录)

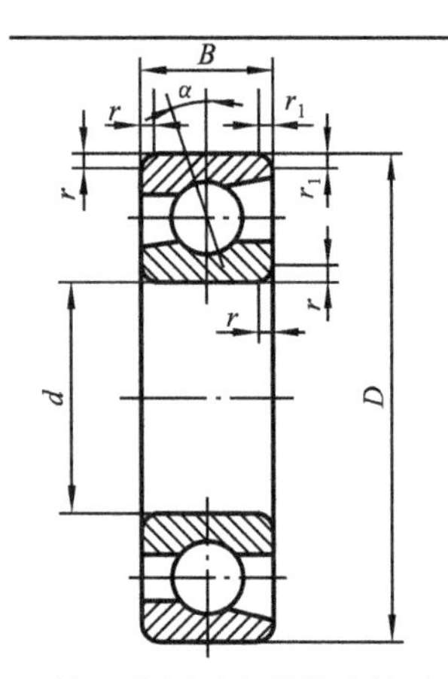

锁口外圈型角接触球轴承

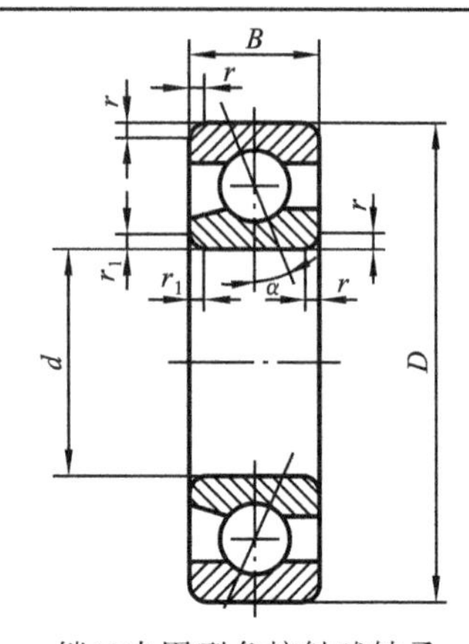

锁口内圈型角接触球轴承

图中所示符号和表中示值均表示公称尺寸。

B——内、外圈宽度;

D——外径;

d——内径;

r——倒角尺寸;

r_1——套圈窄端面倒角尺寸;

r_{min}——r 的最小单一倒角尺寸;

r_{1min}——r_1 的最小单一倒角尺寸;

α——接触角。

锁口内圈型在轴承代号前加 B

例如:滚动轴承 B7202C GB/T 292—2007

负荷类型 接触角	当量动负荷	当量静负荷	7000C 型(36000)(15°) F_r/C_{0r}	e	Y
70000C 型	当 $F_a/F_r \leqslant e, P_r = F_r$	当 $P_{0r} < F_r$,取 $P_{0r} = F_r$,	0.015	0.38	1.47
(36000)15°	当 $F_a/F_r > e, P_r = 0.44F_r + YF_a$	$P_{0r} = 0.5F_r + 0.46F_a$	0.029	0.40	1.40
			0.058	0.43	1.30
70000AC 型	当 $F_a/F_r \leqslant 0.68, P_r = F_r$	当 $P_{0r} < F_r$,取 $P_{0r} = F_r$,	0.087	0.46	1.23
(46000)25°	当 $F_a/F_r > 0.68, P_r = 0.41F_r + 0.87F_a$	$P_{0r} = 0.5F_r + 0.38F_a$	0.12	0.47	1.19
			0.17	0.50	1.12
70000B 型	当 $F_a/F_r \leqslant 1.14, P_r = F_r$	当 $P_{0r} < F_r$,取 $P_{0r} = F_r$,	0.29	0.55	1.02
(66000)40°	当 $F_a/F_r > 1.14, P_r = 0.35F_r + 0.57F_a$	$P_{0r} = 0.5F_r + 0.26F_a$	0.44	0.56	1.00
			0.58	0.56	1.00

新轴承代号	外形尺寸/mm								安装尺寸/mm			基本额定负荷/kN		极限转速/(r/min)		重量/kg
	d	D	B	d_1 ≈	D_1 ≈	a	r min	r_1 min	d_a min	D_a max	r_a max	C_r	C_{0r}	脂润滑	油润滑	W ≈
7002C	15	32	9	20.4	26.6	7.6	0.3	0.15	17.4	29.6	0.3	4.80	2.95	17 000	24 000	0.028
7002AC		32	9	20.4	26.6	10	0.3	0.15	17.4	29.6	0.3	4.58	2.78	17 000	24 000	0.028
7202C		35	11	21.6	29.4	8.9	0.6	0.15	20	30	0.6	6.68	4.19	16 000	22 000	0.043
7202AC		35	11	21.6	29.4	11.4	0.6	0.15	20	30	0.6	6.42	3.92	16 000	22 000	0.043
7302C		42	13	—	—	9.6	1	0.3	21	36	1	9.38	5.95	15 000	22 000	—
7302AC		42	13	—	—	13.5	1	0.3	21	36	1	9.08	5.58	15 000	20 000	—
7003C	17	35	10	22.9	29.1	8.5	0.3	0.15	19.4	32.6	0.3	5.08	3.22	16 000	22 000	0.036
7003AC		35	10	22.9	29.1	11.1	0.3	0.15	19.4	32.6	0.3	4.85	3.02	16 000	22 000	0.036
7203C		40	12	24.8	33.4	9.9	0.6	0.3	22	35	0.6	8.38	5.38	15 000	20 000	0.062
7203AC		40	12	24.8	33.4	12.8	0.6	0.3	22	35	0.6	8.05	5.05	15 000	20 000	0.062
7303C		47	14	26.3	37.7	10.4	1	0.3	23	41	1	12.8	8.62	14 000	19 000	—
7303AC		47	14	26.3	37.7	14.8	1	0.3	23	41	1	11.5	7.08	14 000	19 000	—
7004C	20	42	12	26.9	35.1	10.2	0.6	0.15	25	37	0.6	8.05	5.25	14 000	19 000	0.064
7004AC		42	12	26.9	35.1	13.2	0.6	0.15	25	37	0.6	7.72	4.92	14 000	19 000	0.064
7204C		47	14	29.3	39.7	11.5	1	0.3	26	41	1	11.2	7.46	13 000	18 000	0.1
7204AC		47	14	29.3	39.7	14.9	1	0.3	26	41	1	10.8	7.00	13 000	18 000	0.1
7204B		47	14	30.5	37	21.1	1	0.3	26	41	1	10.8	6.78	13 000	18 000	0.11
7304C		52	15	30.3	41.7	11.3	1.1	0.6	27	45	1	14.2	9.68	12 000	17 000	0.15
7304AC		52	15	30.3	41.7	16.3	1.1	0.6	27	45	1	13.8	9.10	12 000	17 000	0.15

续表

新轴承代号	外形尺寸/mm								安装尺寸/mm			基本额定负荷/kN		极限转速/(r/min)		重量/kg
	d	D	B	d_1 ≈	D_1 ≈	a	r min	r_1 min	d_a min	D_a max	r_a max	C_r	C_{0r}	脂润滑	油润滑	W ≈
7005C	25	47	12	31.9	40.1	10.8	0.6	0.15	30	42	0.6	8.98	6.22	12 000	17 000	0.074
7005AC		47	12	31.9	40.1	14.4	0.6	0.15	30	42	0.6	8.58	5.85	12 000	17 000	0.074
7205C		52	15	33.8	44.2	12.7	1	0.3	31	46	1	12.8	8.95	11 000	16 000	0.12
7205AC		52	15	33.8	44.2	16.4	1	0.3	31	46	1	12.2	8.38	11 000	16 000	0.12
7205B		52	15	35.4	42.1	23.7	1	0.3	31	46	1	12.2	7.88	11 000	16 000	0.13
7305C		62	17	36.6	50.4	13.1	1.1	0.6	32	55	1	21.5	15.8	9 500	14 000	0.23
7305AC		62	17	36.6	50.4	19.1	1.1	0.6	32	55	1	20.8	14.8	9 500	14 000	0.23
7305B		62	17	39.2	48.4	26.8	1.1	0.6	32	55	1	20.2	13.5	9 500	14 000	—
7006C	30	55	13	38.4	47.7	12.2	1	0.3	36	49	1	11.5	8.45	9 500	14 000	0.11
7006AC		55	13	38.4	47.7	16.4	1	0.3	36	49	1	11.2	7.92	9 500	14 000	0.11
7206C		62	16	40.8	52.2	14.2	1	0.3	36	56	1	17.8	12.8	9 000	13 000	0.19
7206AC		62	16	40.8	52.2	18.7	1	0.3	36	56	1	16.8	12.2	9 000	13 000	0.19
7206B		62	16	42.8	50.1	27.4	1	0.3	36	56	1	15.8	11.2	9 000	13 000	0.21
7306C		72	19	44.6	59.4	15	1.1	0.6	37	65	1	26.2	19.8	8 500	12 000	0.35
7306AC		72	19	44.6	59.4	22.2	1.1	0.6	37	65	1	25.2	18.5	8 500	12 000	0.35
7306B		72	19	46.8	56.8	31.1	1.1	0.6	37	65	1	24.8	17.5	8 500	12 00	0.37
7406AC		90	23	48.6	71.5	26.1	1.5	0.6	39	81	1	42.5	32.2	7 500	10 000	—
7007C	35	62	14	43.3	53.7	13.5	1	0.3	41	56	1	14.8	11.5	8 500	12 000	0.15
7007AC		62	14	43.3	53.7	18.3	1	0.3	41	56	1	14.2	10.8	8 500	12 000	0.15
7207C		72	17	46.8	60.2	15.7	1.1	0.6	42	65	1	23.5	17.5	8 000	11 000	0.28
7207AC		72	17	46.8	60.2	21	1.1	0.6	42	65	1	22.5	16.5	8 000	11 000	0.28
7207B		72	17	49.5	58.1	30.9	1.1	0.6	42	65	1	20.8	15.2	8 000	11 000	0.3
7307C		80	21	48.9	66.1	16.6	1.5	0.6	44	71	1.5	34.2	26.8	7 500	10 000	0.47
7307AC		80	21	48.9	66.1	24.5	1.5	0.6	44	71	1.5	32.8	24.8	7 500	10 000	0.47
7307B		80	21	52.4	63.4	24.6	1.5	0.6	44	71	1.5	29.5	21.2	7 500	10 000	0.51
7407AC		100	25	55.2	79.8	29	1.5	0.6	44	91	1.5	53.8	42.5	6 300	8 500	0.97
7008C	40	68	15	48.8	59.2	14.7	1	0.3	46	62	1	15.5	12.2	8 000	11 000	0.18
7008AC		68	15	48.8	59.2	20.1	1	0.3	46	62	1	14.5	11.5	8 000	11 000	0.18
7208C		80	18	52.8	67.2	17	1.1	0.6	47	73	1	26.8	20.5	7 500	10 000	0.37
7208AC		80	18	52.8	67.2	23	1.1	0.6	47	73	1	25.8	19.2	7 500	10 000	0.37
7208B		80	18	56.4	65.7	34.5	1.1	0.6	47	73	1	25.0	18.8	7 500	10 000	0.39
7308C		90	23	56.5	74.5	18.5	1.5	0.6	49	81	1.5	40.2	32.3	6 700	9 000	0.66
7308AC		90	23	56.5	74.5	27.5	1.5	0.6	49	81	1.5	38.5	30.5	6 700	9 000	0.66
7308B		90	23	59.3	71.6	38.8	1.5	0.6	49	81	1.5	35.5	26.2	6 700	9 000	0.67
7408AC		110	27	63.6	88.3	31.8	2	1	50	100	2	62.0	49.5	6 000	8 000	1.23
7408B		110	27	64.6	85.4	37.7	2	1	50	100	2	51.5	41.8	6 00	8 000	1.4
7009C	45	75	16	54.2	65.9	16	1	0.3	51	69	1	19.8	16.2	7 500	10 000	0.23
7009AC		75	16	54.2	65.9	21.9	1	0.3	51	69	1	18.8	15.2	7 500	10 000	0.23
7209C		85	19	58.8	73.2	18.2	1.1	0.6	52	78	1	29.8	23.8	6 700	9 000	0.41

续表

新轴承代号	外形尺寸/mm								安装尺寸/mm			基本额定负荷/kN		极限转速/(r/min)		重量/kg
	d	D	B	d_1 ≈	D_1 ≈	a	r min	r_1 min	d_a min	D_a max	r_a max	C_r	C_{0r}	脂润滑	油润滑	W ≈
7209AC		85	19	58.8	73.2	24.7	1.1	0.6	52	78	1	28.2	22.5	6 700	9 000	0.41
7209B		85	19	60.5	70.2	36.8	1.1	0.6	52	78	1	27.8	21.2	6 700	9 000	0.44
7309C		100	25	61.8	82.6	20.2	1.5	0.6	54	91	1.5	49.2	39.8	6 000	8 000	0.86
7309AC		100	25	61.8	82.6	30.2	1.5	0.6	54	91	1.5	47.5	37.2	6 000	8 000	0.86
7309B		100	25	66	80	42.9	1.5	0.6	54	91	1.5	45.8	34.5	6 000	8 000	0.9
7409AC		120	29	—	96.5	34.6	2	1	55	110	2	66.8	52.8	5 300	7 000	1.77
7010C	50	80	16	59.2	70.9	16.7	1	0.3	56	74	1	20.5	17.2	6 700	9 000	0.25
7010AC		80	16	59.2	70.9	23.2	1	0.3	56	74	1	19.5	16.2	6 700	9 000	0.25
7210C		90	20	62.4	77.7	19.4	1.1	0.6	57	83	1	32.8	26.8	6 300	8 500	0.46
7210AC		90	20	62.4	77.7	26.3	1.1	0.6	57	83	1	31.5	25.2	6 300	8 500	0.46
7210B		90	20	65.4	75.4	39.4	1.1	0.6	57	83	1	28.8	22.8	6 300	8 500	0.40
7310C		110	27	68.7	91.4	22	2	1	60	100	2	53.5	47.2	5 600	7 500	1.08
7310AC		110	27	68.7	91.4	33	2	1	60	100	2	55.5	44.5	5 600	7 500	1.32
7310B		110	27	74.2	88.8	47.5	2	1	60	100	2	52.5	40.8	5 600	7 500	1.15
7410AC		130	31	—	—	37.4	2.1	1.1	62	118	2.1	76.5	64.2	5 000	6 700	—
7410B		130	31	77.6	102.4	46.2	2.1	1.1	62	118	2.1	73.2	56.5	5 000	6 700	2.08
7011C	55	90	18	66	79	18.7	1.1	0.6	62	83	1	28.5	24.5	6 000	8 000	0.38
7011AC		90	18	66	79	25.9	1.1	0.6	62	83	1	27.2	22.8	6 000	8 000	0.38
7211C		100	21	68.9	86.1	20.9	1.5	0.6	64	91	1.5	40.8	33.8	5 600	7 500	0.61
7211AC		100	21	68.9	86.1	28.6	1.5	0.6	64	91	1.5	38.8	31.8	5 600	7 500	0.61
7211B		100	21	72.4	83.4	43	1.5	0.6	64	91	1.5	35.5	28.8	5 600	7 500	0.65
7311C		120	29	75.2	100	23.8	2	1	65	110	2	70.5	60.5	5 000	6 700	1.71
7311AC		120	29	75.2	100	55.8	2	1	65	110	2	67.2	56.8	5 000	6 700	1.42
7311B		120	29	80.5	96.4	51.4	2	1	65	110	2	60.5	48.0	5 000	6 700	1.45
7012C	60	95	18	71.4	85.7	9.38	1.1	0.6	67	88	1	29.5	25.8	5 600	7 500	0.4
7012AC		95	18	71.4	85.7	27.1	1.1	0.6	67	88	1	27.8	24.2	5 600	7 500	0.4
7212C		110	22	76	94.1	22.4	1.5	0.6	69	101	1.5	44.8	37.8	5 300	7 000	0.8
7212AC		110	22	76	94.1	30.8	1.5	0.6	69	101	1.5	42.8	35.5	5 300	7 000	0.8
7212B		110	22	79.3	91.5	46.7	1.5	0.6	69	101	1.5	43.2	35.5	5 300	7 000	0.84
7312C		130	31	81.5	108	25.6	2.1	1.1	72	118	2.1	80.5	70.2	4 800	6 300	1.7
7312AC		130	31	81.5	108	38.7	2.1	1.1	72	118	2.1	77.8	65.8	4 800	6 300	2.06
7312B		130	31	87.1	104.2	55.4	2.1	1.1	72	118	2.1	69.2	55.5	4 800	6 300	1.85
7412AC		150	35	88	122.2	43.1	2.1	1.1	72	138	2.1	102	90.8	4 300	5 600	3.54

续表

新轴承代号	外形尺寸/mm								安装尺寸/mm			基本额定负荷/kN		极限转速/(r/min)		重量/kg
	d	D	B	d_1 ≈	D_1 ≈	a	r min	r_1 min	d_a min	D_a max	r_a max	C_r	C_{0r}	脂润滑	油润滑	W ≈
7412B		150	35	91.4	118.6	55.7	2.1	1.1	72	138	2.1	90.2	75.2	4 300	5 600	3.56
7013C	65	100	18	75.3	89.8	20.1	1.1	0.6	72	93	1	30.8	27.8	5 300	7 000	0.43
7013AC		100	18	75.3	89.8	28.2	1.1	0.6	72	93	1	29.2	26.2	5 300	7 000	0.43
7213C		120	23	82.5	102.6	24.2	1.5	0.6	74	111	1.5	53.8	46.0	4 800	6 300	1
7213AC		120	23	82.5	102.6	33.5	1.5	0.6	74	111	1.5	51.2	43.2	4 800	6 300	1
		120	23	88.4	101.2	51.1	1.5	0.6	74	111	1.5	48.8	41.8	4 800	6 300	1.05
7313C		140	33	88	117	27.4	2.1	1.1	77	128	2.1	91.5	80.5	4 300	5 600	2.23
7313AC		140	33	88	117	41.5	2.1	1.1	77	128	2.1	89.8	75.5	4 300	5 600	2.57
7313B		140	33	93.9	112.4	59.5	2.1	1.1	77	128	2.1	79.5	64.8	4 300	5 600	2.25
7014C	70	110	20	82	98	22.1	1.1	0.6	77	103	1	37.2	34.0	5 000	6 700	0.6
7014AC		110	20	82	98	30.9	1.1	0.6	77	103	1	35.2	31.8	5 000	6 700	0.6
7214C		125	24	89	109.1	25.3	1.5	0.6	79	116	1.5	56.0	49.2	4 500	6 700	1.1
7214AC		125	24	89	109.1	35.1	1.5	0.6	79	116	1.5	53.2	46.2	4 500	6 700	1.1
7214B		125	24	91.1	104.9	52.9	1.5	0.6	79	116	1.5	53.0	45.5	4 500	6 700	1.15
7314C		150	35	94.6	125.2	29.2	2.1	1.1	82	138	2.1	102	91.5	4 000	5 300	2.67
7314AC		150	35	94.6	125.2	44.3	2.1	1.1	82	138	2.1	98.5	86.0	4 000	5 300	3.06
7314B		150	35	100.9	120.5	63.7	2.1	1.1	82	138	2.1	88.0	72.8	4 000	5 300	2.75
7414AC		180	42	104	145	51.5	3	1.1	84	166	2.5	125	125	3 600	4 800	5.22
7015C	75	115	20	88	104	22.7	1.1	0.6	82	108	1	38.2	35.8	4 800	6 300	0.63
7015AC		115	20	88	104	32.2	1.1	0.6	82	108	1	36.0	33.5	4 800	6 300	0.63
7215C		130	25	94	115	26.4	1.5	0.6	84	121	1.5	60.8	54.2	4 300	5 600	1.2
7215AC		130	25	94	115	36.6	1.5	0.6	84	121	1.5	57.8	50.8	4 300	5 600	1.2
7215B		130	25	96.1	109.9	55.5	1.5	0.6	84	121	1.5	56.6	48.8	4 300	5 600	1.3
7315C		160	37	101.3	133.7	31	2.1	1.1	87	148	2.1	112	105	3 800	5 600	3.56
7315AC		160	37	101.3	133.7	47.2	2.1	1.1	87	148	2.1	108	97.0	3 800	5 000	3.56
7315B		160	37	108.9	130.4	68.4	2.1	1.1	87	148	2.1	95.8	82.2	3 800	5 000	3.3
7016C	80	125	22	95.2	112.8	24.7	1.1	0.6	87	118	1	45.0	43.2	4 500	6 000	0.85
7016AC		125	22	95.2	112.8	34.9	1.1	0.6	87	118	1	42.5	40.5	4 500	6 000	0.85
7216C		140	26	100	122	27.7	2	1	90	130	2	68.8	63.2	4 000	5 300	1.45
7216AC		140	26	100	122	38.9	2	1	90	130	2	65.5	59.2	4 000	5 300	1.45
7216B		140	26	103.2	117.8	59.2	2	1	90	130	2	61.8	54.5	4 000	5 300	1.55
7316C		170	39	108	142	32.8	2.1	1.1	92	158	2.1	122	118	3 600	4 800	3.59

续表

新轴承代号	外形尺寸/mm								安装尺寸/mm			基本额定负荷/kN		极限转速/(r/min)		重量/kg
	d	D	B	d_1 ≈	D_1 ≈	a	r min	r_1 min	d_a min	D_a max	r_a max	C_r	C_{0r}	脂润滑	油润滑	W ≈
7316AC		170	39	108	142	50	2.1	1.1	92	158	2.1	118	108	3 600	4 800	3.59
7316B		170	39	114.8	136.8	71.9	2.1	1.1	92	158	2.1	105	92.0	3 600	4 800	3.9
7416AC		200	48	117.1	163	58.1	3	1.1	94	186	2.5	152	162	3 200	4 300	8.72
7017C	85	130	22	99.4	116.3	25.4	1.1	0.6	92	123	1	46.2	45.2	4 300	5 600	0.89
7017AC		130	22	99.4	116.3	36.1	1.1	0.6	92	123	1	43.8	42.5	4 300	5 600	0.89
7217C		150	28	107.1	131	29.9	2	1	95	140	2	76.8	69.8	3 800	5 000	1.8
7217AC		150	28	107.1	131	41.6	2	1	95	140	2	72.8	65.5	3 800	5 000	1.8
7217B		150	28	110.1	126	63.3	2	1	95	140	2	71.5	64.0	3 800	5 000	1.95
7317C		180	41	111.3	153	34.6	3	1.1	99	166	2.5	132	128	3 400	4 500	4.38
7317AC		180	41	111.3	153	52.8	3	1.1	99	166	2.5	125	122	3 400	4 500	4.38
7317B		180	41	121.2	145.6	76.1	3	1.1	99	166	2.5	112	105	3 400	4 500	4.6
7018C	90	140	24	107.2	126.8	27.4	1.5	0.6	99	131	1.5	54.8	53.8	4 000	5 300	1.15
7018AC		140	24	107.2	126.8	38.8	1.5	0.6	99	131	1.5	52.0	50.5	4 000	5 300	1.15
7218C		160	30	111.7	138.4	31.7	2	1	100	150	2	94.2	87.8	3 600	4 800	2.25
7218AC		160	30	111.7	138.4	44.2	2	1	100	150	2	89.8	82.2	3 600	4 800	2.25
7218B		160	30	118.1	135.2	67.9	2	1	100	150	2	81.8	74.2	3 600	4 800	2.4
7318C		190	43	121	159.3	36.4	3	1.1	104	176	2.5	142	142	3 200	4 300	5.17
7318AC		190	43	121	159	55.6	3	1.1	104	176	2.5	135	135	3 200	4 300	5.02
7318B		190	43	128.6	153.2	80.8	3	1.1	104	176	2.5	122	115	3 200	4 300	5.4
7418AC		215	54	131.8	183.5	64.2	4	1.5	108	197	3	178	205	2 800	3 600	12.2
7019C	95	145	24	110.2	129.8	28.1	1.5	0.6	104	136	1.5	56.5	56.5	3 800	5 000	1.2
7019AC		145	24	110.2	129.8	40	1.5	0.6	104	136	1.5	53.5	53.5	3 800	5 000	1.2
7219C		170	32	118.1	147	33.8	2.1	1.1	107	158	2.1	102	95.5	3 400	4 500	2.7
7219AC		170	32	118.1	147	46.9	2.1	1.1	107	158	2.1	98.8	89.2	3 400	4 500	2.7
7219B		170	32	126.1	144.4	72.5	2.1	1.1	107	158	2.1	92.8	85.2	3 400	4 500	2.9
7319C		200	45	128	167.5	38.2	3	1.1	109	186	2.5	152	158	3 000	4 000	5.98
7319AC		200	45	128	167.5	58.5	3	1.1	109	186	2.5	145	148	3 000	4 000	6.69
7319B		200	45	135.4	161.5	84.4	3	1.1	109	186	2.5	132	130	3 000	4 000	6.25
7020C	100	150	24	114.6	135.4	23.7	1.5	0.6	109	141	1.5	61.2	60.5	3 800	5 000	1.25
7020AC		150	24	114.6	135.4	41.2	1.5	0.6	109	141	1.5	57.8	56.8	3 800	5 000	1.25

附表 E-3　单向推力球轴承(GB/T 301—1995 摘录)

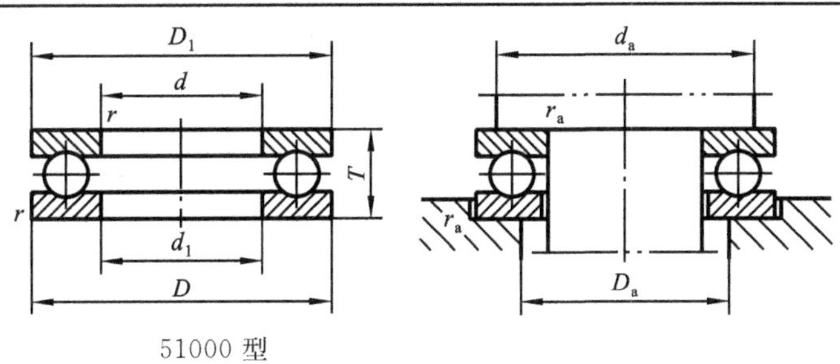

51000 型

外形尺寸　　　　安装尺寸

当量动负荷

$P_a = F_a$

当量静负荷

$P_{0a} = F_a$

新轴承代号	外形尺寸/mm						安装尺寸/mm			基本额定负荷/kN		最小负荷常数	极限转速/(r/min)		重量/kg
	d	D	T	d_1 min	D_1 max	r min	d_a min	D_a max	r_a max	C_a	C_{0a}	A	脂润滑	油润滑	W ≈
51104	20	35	10	21	35	0.3	29	26	0.3	11.0	19.8	0.005	4 800	6 700	0.04
51204		40	14	22	40	0.6	32	28	0.6	16.2	27.5	0.009	3 800	5 300	0.08
51304		47	18	22	47	1	36	31	1	27.0	44.5	0.022	3 600	4 500	—
51105	25	42	11	26	42	0.6	35	32	0.6	11.8	24.2	0.007	4 300	6 000	0.06
51205		47	15	27	47	0.6	38	34	0.6	21.2	40.2	0.018	3 400	4 800	0.12
51305		52	18	27	52	1	41	36	1	27.5	49.0	0.026	3 000	4 300	0.18
51405		60	24	27	60	1	46	39	1	42.8	71.2	0.053	2 200	3 400	0.34
51106	30	47	11	32	47	0.6	40	37	0.6	12.2	27.2	0.009	4 000	5 600	0.07
51206		52	16	32	52	0.6	43	39	0.6	21.5	43.2	0.02	3 200	4 500	0.14
51306		60	21	32	60	1	48	42	1	36.2	66.8	0.046	2 400	3 600	0.27
51406		70	28	32	70	1	54	46	1	52.2	90.2	0.084	1 900	3 000	0.53
51107	35	52	12	37	52	0.6	45	42	0.6	15.8	35.8	0.014	3 800	5 300	0.08
51207		62	18	37	62	1	51	46	1	30.2	62.5	0.04	2 800	4 000	0.22
51307		68	24	37	68	1	55	48	1	42.8	83.5	0.072	2 000	3 200	0.39
51407		80	32	37	80	1.1	62	53	1	69.2	122	0.17	1 700	2 600	0.82
51108	40	60	13	42	60	0.6	52	48	0.6	20.2	50.2	0.027	3 400	4 800	0.12
51208		68	19	42	68	1	57	51	1	34.5	73.2	0.055	2 400	3 600	0.27
51308		78	26	42	78	1	63	55	1	53.5	108	0.013	1 900	3 000	0.55
51408		90	36	42	90	1.1	70	60	1	86.8	165	0.275	1 500	2 200	1.18
51109	45	65	14	47	65	0.6	57	53	0.6	20.2	50.2	0.027	3 200	4 500	0.15
51209		73	20	47	73	1	62	56	1	36.8	83.8	0.072	2 200	3 400	0.32
51309		85	28	47	85	1	69	61	1	58.5	120	0.148	1 700	2 600	0.69
51409		100	39	47	100	1.1	78	67	1	108	208	0.442	1 400	2 000	1.64
51110	50	70	14	52	70	0.6	62	58	0.6	20.8	55.2	0.032	3 000	4 300	0.16
51210		78	22	52	78	1	67	61	1	41.8	97.0	0.097	2 000	3 200	0.39
51310		95	31	52	95	1.1	77	68	1	74.5	162	0.266	1 600	2 400	1.00

续表

新轴承代号	外形尺寸/mm						安装尺寸/mm			基本额定负荷/kN		最小负荷常数	极限转速/(r/min)		重量/kg
	d	D	T	d_1 min	D_1 max	r min	d_a min	D_a max	r_a max	C_a	C_{0a}	A	脂润滑	油润滑	W ≈
51410		110	43	52	110	1.5	86	74	1.5	125	242	0.589	1 300	1 900	1.99
51111	55	78	16	57	78	0.6	69	64	0.6	30.0	81.5	0.068	2 800	4 000	0.24
51211		90	25	57	90	1	76	69	1	53.5	128	0.168	1 900	3 000	0.61
51311		105	35	57	105	1.1	85	75	1	91.8	195	0.303	1 500	2 200	1.34
51411		120	48	57	120	1.5	94	81	1.5	148	285	0.834	1 100	1 700	2.6
51112	60	85	17	62	85	1	75	70	1	30.2	82.5	0.07	2 600	3 800	0.29
51212		95	26	62	95	1	81	74	1	56.8	142	0.207	1 800	2 800	0.69
51312		110	35	62	110	1.1	90	80	1	95.2	212	0.462	1 400	2 000	1.43
51412		130	51	62	130	1.5	102	88	1.5	172	358	1.326	1 000	1 600	3.3
51113	65	90	18	67	90	1	80	75	1	35.5	98.0	0.099	2 400	3 600	0.34
51213		100	27	67	100	1	86	79	1	56.8	150	0.226	1 700	2 600	0.77
51313		115	36	67	115	1.1	95	85	1	118	250	0.638	1 300	1 900	1.57
51413		140	56	68	140	2	110	95	2	175	380	1.48	900	1 400	4.20
51114	70	95	18	72	95	1	85	80	1	36.8	108	0.119	2 200	3 400	0.36
51214		105	27	72	105	1	91	84	1	56.8	150	0.226	1 600	2 400	0.81
51314		125	40	72	125	1.1	103	92	1	118	272	0.756	1 200	1 800	2.10
51414		150	60	73	150	2	118	102	2	198	448	2.07	850	1 300	5.18
51115	75	100	19	77	100	1	90	85	1	37.2	112	0.128	2 000	3 200	0.42
51215		110	27	77	110	1	96	89	1	63.2	170	0.295	1 500	2 200	0.86
51315		135	44	77	135	1.5	111	99	1.5	135	315	1.04	1 100	1 700	2.70
51415		160	65	78	160	2	125	110	2	232	545	3.05	800	1 200	6.97
51116	80	105	19	82	105	1	95	90	1	37.5	115	0.138	1 900	3 000	0.43
51216		115	28	82	115	1	101	94	1	64.5	178	0.324	1 400	2 000	0.95
51316		140	44	82	140	1.5	116	104	1.5	138	340	1.19	1 000	1 600	2.80
51416		170	68	83	170	2.1	133	117	2	245	602	3.726	750	1 100	7.11
51117	85	110	19	87	110	1	100	95	1	37.8	122	0.148	1 800	2 800	0.46
51217		125	31	88	125	1	109	101	1	85.5	235	0.56	1 300	1 900	1.30
51317		150	49	88	150	1.5	124	111	1.5	172	412	1.766	950	1 500	3.70
51417		180	72	88	177	2.1	141	124	2	260	655	4.42	700	1 000	9.50
51118	90	120	22	92	120	1	108	102	1	50.0	158	0.256	1 700	2 600	0.68
51218		135	35	93	135	1.1	117	108	1	99.2	270	0.746	1 200	1 800	1.77
51318		155	50	93	155	1.5	129	116	1.5	178	445	0.202	900	1 400	3.90
51418		190	77	93	187	2.1	149	131	2	295	775	6.09	670	950	11.2
51120	100	135	25	102	135	1	121	114	1	62.2	198	0.403	1 600	2 400	1.00
51220		150	38	103	150	1.1	130	120	1	125	348	1.226	1 100	1 700	2.40

续表

新轴承代号	外形尺寸/mm						安装尺寸/mm			基本额定负荷/kN		最小负荷常数	极限转速/(r/min)		重量/kg
	d	D	T	d_1 min	D_1 max	r min	d_a min	D_a max	r_a max	C_a	C_{0a}	A	脂润滑	油润滑	W ≈
51320		170	55	103	170	1.5	142	128	1.5	212	562	3.236	800	1 200	5.10
51420		210	85	104	205	3	165	145	2.5	348	970	9.606	600	850	14.9
51122	110	145	25	112	145	1	131	124	1	64.0	215	0.48	1 500	2 200	1.08
51222		160	38	113	160	1.1	140	130	1	128	388	1.58	1 000	1 600	2.60
51322		190	63	113	187	2	158	142	2	235	642	4.216	700	1 100	7.90
51422		230	95	113	225	3	181	159	2.5	378	1115	12.7	530	750	—
51124	120	155	25	122	155	1	141	134	1	62.5	215	0.48	1 400	2 000	1.16
51224		170	39	123	170	1.1	150	140	1	128	388	1.58	950	1 500	2.90
51324		210	70	123	205	2.1	173	157	2	268	778	6.176	670	950	10.9
51126	130	170	30	132	170	1	154	146	1	87.5	302	0.922	1 300	1 900	1.87
51226		190	45	133	187	1.5	166	154	1.5	178	528	2.85	900	1 400	4.20
51326		225	75	134	220	2.1	186	169	2	282	852	7.36	600	850	13.3
51426		270	110	134	265	4	212	188	3	485	1605	26.3	430	600	32.0
51128	140	180	31	142	178	1	164	156	1	87.8	312	0.99	1 200	1 800	2.10
51228		200	46	143	197	1.5	176	164	1.5	180	558	3.15	850	1 300	4.50
51328		240	80	144	235	2.1	199	181	2	318	1005	10.4	560	800	15.9
51428		280	112	144	275	4	222	198	3	485	1605	26.3	400	560	32.2
51130	150	190	31	152	188	1	174	166	1	88.2	325	1.09	1 100	1 700	2.20
51230		215	50	152	212	1.5	189	176	1.5	202	632	4.13	800	1 200	5.80
51330		250	80	154	245	2.1	209	191	2	330	1082	12	530	750	16.7
51430		300	120	154	295	4	238	212	3	518	1788	32.46	380	530	38.2
51132	160	200	31	162	198	1	184	176	1	90.8	348	1.276	1 000	1 600	2.30
51232		225	51	163	222	1.5	199	186	1.5	205	665	4.52	750	1 100	6.70
51332		270	87	164	265	3	225	205	2.5	362	1262	16.3	500	700	21.5
51134	170	215	34	172	213	1.1	197	188	1	102	395	1.58	950	1 500	3.30
51234		240	55	173	237	1.5	212	198	1.5	215	715	5.196	700	1 000	8.30
51334		280	87	174	275	3	235	215	2.5	362	1262	16.3	480	670	22.5
51136	180	225	34	183	222	1.1	207	198	1	122	478	2.356	900	1 400	3.50
51236		250	56	183	247	1.5	222	208	1.5	228	788	6.276	670	950	8.90
51336		300	95	184	295	3	251	229	2.5	398	1455	21.7	430	600	28.7
51138	190	240	37	193	237	1.1	220	210	1	138	535	2.95	850	1 300	4.10
51238		270	62	194	267	2	238	222	2	275	990	10	630	900	11.9
51338		320	105	195	315	4	266	244	3	468	1772	31.96	400	560	41.1
51140	200	250	37	203	247	1.1	230	220	1	142	572	3.336	800	1 200	4.20
51240		280	62	204	277	2	248	232	2	280	992	11	600	850	12.4
51340		340	110	205	335	4	282	258	3	510	2002	40.9	360	500	44

附表 E-4　圆锥滚子轴承(GB/T 297—1994 摘录)

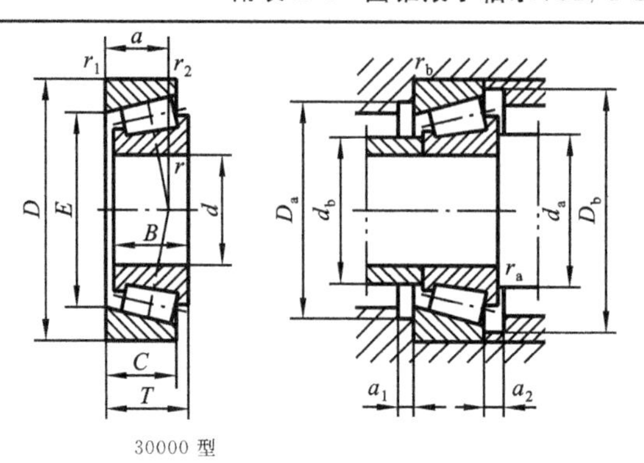

30000 型

外形尺寸　　　　安装尺寸

当量动负荷

当 $F_a/F_r \leqslant e$，$P_r = F_r$

当 $F_a/F_r > e$，$P_r = 0.4F_r + YF_a$

当量静负荷

$P_{0r} = 0.5F_r + Y_0F_a$

若 $P_{0r} < F_r$，取 $P_{0r} = F_r$

新轴承代号	外形尺寸/mm										安装尺寸/mm								基本额定负荷/kN		极限转速/(r/min)		计算系数			重量/kg
	d	D	T	B	C	E ≈	a ≈	r min	r_1 min	r_2 min	d_a min	d_b max	D_a max	D_b min	a_1 min	a_2 min	r_a max	r_b max	C_r	C_{0r}	脂润滑	油润滑	e	Y	Y_0	W ≈
30204	20	47	15.25	14	12	37.3	11.2	1	1	0.5	26	27	41	43	2	3.5	1	1	26.8	18.2	8 000	10 000	0.35	1.7	1	0.124
30304		52	16.25	15	13	41.3	11	1.5	1.5	0.8	27	28	45	48	3	3.5	1.5	1.5	31.5	20.8	7 500	9 500	0.3	2	1.1	0.168
32304		52	22.25	21	18	39.5	13.4	1.5	1.5	0.8	27	28	45	48	3	4.5	1.5	1.5	40.8	28.8	7 500	9 500	0.3	2	1.1	0.24
30205	25	52	16.25	15	13	41.1	12.6	1	1	0.5	31	31	46	48	2	3.5	1	1	32.2	23	7 000	9 000	0.37	1.6	0.9	0.159
30305		62	18.25	17	15	50.6	13	1.5	1.5	0.8	32	34	55	58	3	3.5	1.5	1.5	44.8	30	6 300	8 000	0.3	2	1.1	0.25
31305		62	18.25	17	13	44.1	20	1.5	1.5	0.8	32	31	55	59	3	5.5	1.5	1.5	38.8	26.8	6 300	8 000	0.83	0.7	0.4	0.255
32305		62	25.25	24	20	48.6	15.5	1.5	1.5	0.8	32	32	55	58	3	5.5	1.5	1.5	58.5	42.5	6 300	8 000	0.3	2	1.1	—
32006	30	55	17	17	13	45.8	12	1	1	—	—	—	—	—	3	5	—	—	23.2	19.8	6 300	8 000	0.26	2.3	1.3	0.16
30206		62	17.25	16	14	49.9	13.8	1	1	0.5	36	37	56	58	2	3.5	1	1	41.2	29.5	6 000	7 500	0.37	1.6	0.9	0.245
32206		62	21.25	20	17	48.9	15.4	1	1	0.5	36	36	56	58	3	4.5	1	1	49.2	37.2	6 000	7 500	0.37	1.6	0.9	0.285
30306		72	20.75	19	16	58.2	15	1.5	1.5	0.8	37	40	65	66	3	5	1.5	1.5	55.8	38.5	5 600	7 000	0.31	1.9	1	0.408
31306		72	20.75	19	14	51.7	23	1.5	1.5	0.8	37	37	65	68	3	7	1.5	1.5	49.5	34.8	5 600	7 000	0.83	0.7	0.4	0.376
32306		72	28.75	27	23	55.7	18.8	1.5	1.5	0.8	37	38	65	66	4	6	1.5	1.5	77.5	58.8	5 600	7 000	0.31	1.9	1	0.575
32007	35	62	18	17	15	51.7	14	1	1	—	—	—	—	—	3	5	1	1	28.5	26.2	5 600	7 000	0.29	2.1	1.1	0.21
30207		72	18.25	17	15	58.8	15.3	1.5	1.5	0.8	42	44	65	67	3	3.5	1.5	1.5	51.5	37.2	5 300	6 700	0.37	1.6	0.9	0.345
32207		72	24.25	23	29	57.0	17.6	1.5	1.5	0.8	42	42	65	68	3	5.5	1.5	1.5	67.5	52.5	5 300	6 700	0.37	1.6	0.9	0.488
30307		80	22.75	21	18	65.7	17	2	1.5	0.8	44	45	71	74	3	5	2	1.5	71.2	50.2	5 000	6 300	0.31	1.9	1	0.513
31307		80	22.75	21	15	58.8	26	2	1.5	0.8	44	42	71	76	4	8	2	1.5	62.2	44.5	5 000	6 300	0.83	0.7	0.4	0.53
32307		80	32.75	31	25	62.8	20.5	2	1.5	0.8	44	43	71	74	4	8	2	1.5	93.8	72.2	5 000	6 300	0.31	1.9	1	0.683
32908	40	62	15	15	12	54.2	12	0.6	0.6	—	—	—	—	—	3	5	0.6	0.6	17.8	15.8	5 600	7 000	0.28	2.1	1.2	0.14
32008		68	19	18	16	56.9	15	1	1	—	—	—	—	—	3	5	1	1	33.2	30.8	5 300	6 700	0.3	2	1.1	0.27
30208		80	19.75	18	16	65.7	16.9	1.5	1.5	0.8	47	49	73	75	3	4	1.5	1.5	59.8	42.8	5 000	6 300	0.37	1.6	0.9	0.411
32208		80	24.75	23	19	64.7	19	1.5	1.5	0.8	47	48	73	75	3	6	1.5	1.5	74.2	56.8	5 000	6 300	0.37	1.6	0.9	0.559
30308		90	25.25	23	20	72.7	19.5	2	1.5	0.8	49	52	81	84	3	5.5	2	1.5	86.2	63.8	4 500	5 600	0.35	1.7	1	0.761
31308		90	25.25	23	17	66.9	29	2	1.5	0.8	49	48	81	87	4	8.5	2	1.5	77.2	55.8	4 500	5 600	0.83	0.7	0.4	0.671

续表

新轴承代号	外形尺寸/mm										安装尺寸/mm								基本额定负荷/kN		极限转速/(r/min)		计算系数			重量/kg
	d	D	T	B	C	E ≈	a ≈	r min	r_1 min	r_2 min	d_a min	d_b max	D_a max	D_b min	a_1 min	a_2 min	r_a max	r_b max	C_r	C_{0r}	脂润滑	油润滑	e	Y	Y_0	W ≈
32308		90	25.25	33	27	99.2	23.4	2	1.5	0.8	49	49	81	83	4	8.5	2	1.5	110	87.8	4 500	5 600	0.35	1.7	1	1.045
32909	45	68	15	14	12	59.5	13	0.6	0.6	—	—	—	—	—	3	5	0.6	0.6	18.5	18.2	5 300	6 700	0.31	1.9	1.1	—
32009		75	20	19	16	63.4	16	1	1	—	—	—	—	—	4	6	1	1	37.2	34.8	5 000	6 300	0.3	2	1.1	0.32
30209		85	20.75	19	16	70.4	18.6	1.5	1.5	0.8	52	53	78	80	3	5	1.5	1.5	64.2	47.8	4 500	5 600	0.4	1.5	0.8	0.506
32209		85	24.75	23	19	69.6	20	1.5	1.5	0.8	52	53	78	81	3	6	1.5	1.5	79.5	62.8	4 500	5 600	0.4	1.5	0.8	0.577
30309		100	27.75	25	22	81.7	21.5	2	1.5	0.8	54	59	91	94	3	5.5	2	1.5	102	76.2	4 000	5 000	0.35	1.7	1	1.066
31309		100	27.25	25	18	75.1	32	2	1.5	0.8	54	54	91	96	4	9.5	2	1.5	89.5	65	4 000	5 000	0.83	0.7	0.4	0.989
32309		100	38.25	36	30	78.3	25.6	2	1.5	0.8	54	56	91	93	4	8.5	2	1.5	138	111.8	4 000	5 000	0.35	1.7	1	1.48
32910	50	72	15	15	12	62.7	15	0.6	0.6	—	—	—	—	—	3	5	0.6	0.6	18.5	18.2	5 000	6 300	0.35	1.7	0.9	0.7
32010		80	20	19	16	68.6	17	1	1	—	—	—	—	—	4	6	1	1	38.2	36.8	4 500	5 600	0.32	1.9	1	0.31
30210		90	21.75	20	17	75.0	20	1.5	1.5	0.8	57	58	83	86	3	5	1.5	1.5	72.2	55.2	4 300	5 300	0.42	1.4	0.8	0.592
32210		90	24.75	23	19	74.2	21	1.5	1.5	0.8	57	57	83	86	3	6	1.5	1.5	84.8	68	4 300	5 300	0.42	1.4	0.8	0.618
30310		110	29.25	27	23	90.6	23	2.5	2	1	60	65	100	103	4	6.5	2.1	2	122	92.5	3 800	4 800	0.35	1.7	1	1.25
31310		110	29.25	27	19	82.7	35	2.5	2	1	60	58	100	105	4	10.5	2.1	2	102	73.8	3 800	4 800	0.83	0.7	0.4	1.254
32310		110	42.25	40	33	86.2	23	2.5	2	1	60	61	100	102	5	9.5	2.1	2	168	140	3 800	4 800	0.35	1.7	1	1.885
32011	55	90	23	22	19	76.9	19	1.5	1.5	—	—	—	—	—	4	6	1.5	1.5	53.2	51.8	4 000	5 000	0.31	1.9	1.1	0.53
30211		100	22.75	21	18	84.1	21	2	1.5	0.8	64	64	91	95	4	5	2	1.5	86.5	65.5	3 800	4 800	0.4	1.5	0.8	0.739
32211		100	26.75	25	21	82.8	22.5	2	1.5	0.8	64	62	91	96	4	6	2	1.5	102	81.5	3 800	4 800	0.4	1.5	0.8	0.915
30311		120	31.5	29	25	99.1	25	2.5	2	1	65	70	110	112	4	6.5	2.1	2	145	112	3 400	4 300	0.35	1.7	1	1.63
31311		120	31.5	29	21	89.5	38	2.5	2	1	65	63	110	114	4	10.5	2.1	2	122	90.5	3 400	4 300	0.83	0.7	0.4	1.528
32311		120	45.5	43	35	94.3	30.6	2.5	2	1	65	66	110	111	5	10.5	2.1	2	192	162	3 400	4 300	0.35	1.7	1	2.39
32912	60	85	17	16	14	73.9	18	1	1	—	—	—	—	—	3	5	1	1	28.8	31.5	4 000	5 000	0.38	1.6	0.9	0.24
32012		95	23	22	19	81.8	20	1.5	1.5	—	—	—	—	—	4	6	1.5	1.5	54	54.5	3 800	4 800	0.33	1.8	1	0.56
30212		110	23.75	22	19	91.8	22.4	2	1.5	0.8	69	69	101	103	4	5	2	1.5	97.8	74.5	3 600	4 500	0.4	1.5	0.8	0.934
32212		110	29.75	28	24	90.2	24.9	2	1.5	0.8	69	68	101	105	4	6	2	1.5	125	102	3 600	4 500	0.4	1.5	0.8	1.197
30312		130	33.5	31	26	107.7	26.5	3	2.5	1.2	72	76	118	121	5	7.5	2.5	2.1	162	125	3 200	4 000	0.35	1.7	1	1.94
31312		130	33.5	31	22	98.2	41	3	2.5	1.2	72	69	118	124	5	11.5	2.5	2.1	138	102	3 200	4 000	0.83	0.7	0.4	1.896
32312		130	48.5	46	37	102.9	32	3	2.5	1.2	72	72	118	122	6	11.5	2.5	2.1	215	180	3 200	4 000	0.35	1.7	1	2.88
32013	65	100	23	22	19	86.7	21	1.5	1.5	—	—	—	—	—	4	6	1.5	1.5	55.8	57.5	3 600	4 500	0.35	1.7	0.9	0.63
30213		120	24.75	23	20	101.9	24	2	1.5	0.8	74	77	111	114	4	5	2	1.5	112	86.2	3 200	4 000	0.4	1.5	0.8	1.132
32213		120	32.75	31	27	99.4	27.2	2	1.5	0.8	74	75	111	115	4	6	2	1.5	152	125	3 200	4 000	0.4	1.5	0.8	1.58
30313		140	36	33	28	116.8	29	3	2.5	1.2	77	83	128	131	5	8	2.5	2.1	185	142	2 800	3 600	0.35	1.7	1	2.629
31313		140	36	33	23	106.3	44	3	2.5	1.2	77	75	128	134	5	13	2.5	2.1	155	118	2 800	3 600	0.83	0.7	0.4	2.406
32313		140	51	48	39	111.7	34	3	2.5	1.2	77	79	128	131	6	12	2.5	2.1	245	208	2 800	3 600	0.35	1.7	1	3.609
32914	70	100	20	19	16	88.6	19	1	1	—	—	—	—	—	4	6	1	1	44.5	47.5	3 600	4 500	0.33	1.8	1	—

续表

新轴承代号	外形尺寸/mm										安装尺寸/mm								基本额定负荷/kN		极限转速/(r/min)		计算系数			重量/kg
	d	D	T	B	C	E ≈	a ≈	r min	r_1 min	r_2 min	d_a min	d_b max	D_a max	D_b min	a_1 min	a_2 min	r_a max	r_b max	C_r	C_{0r}	脂润滑	油润滑	e	Y	Y_0	W ≈
32014		110	25	24	20	94.8	23	1.5	1.5	—	—	—	—	—	5	7	1.5	1.5	69.8	71.8	3 400	4 300	0.34	1.8	1	0.85
30214		125	26.25	24	21	105.7	25.9	2	1.5	0.8	79	81	116	119	4	5.5	2	1.5	125	97.5	3 000	3 800	0.42	1.4	0.8	1.296
32214		125	33.25	31	27	103.7	28.6	2	1.5	0.8	79	79	116	120	4	6.5	2	1.5	158	135	3 000	3 800	0.42	1.4	0.8	1.62
30314		150	38	35	30	125.2	30.6	3	2.5	1.2	82	89	138	141	5	8	2.5	2.1	208	162	2 600	3 400	0.35	1.7	1	3.17
31314		150	38	35	25	113.4	47	3	2.5	1.2	82	80	138	143	5	13	2.5	2.1	178	135	2 600	3 400	0.83	0.7	0.4	3.032
32314		150	54	51	42	119.7	36.5	3	2.5	1.2	82	84	138	141	6	12	2.5	2.1	285	242	2 600	3 400	0.35	1.7	1	4.43
32015	75	115	25	24	20	99.3	24	1.5	1.5	—	—	—	—	—	5	7	1.5	1.5	71.2	74.8	3 200	4 000	0.35	1.7	0.9	0.88
30215		130	27.25	22	22	110.4	27.4	2	1.5	0.8	84	85	121	125	4	5.5	2	1.5	130	105	2 800	3 600	0.44	1.4	0.8	1.384
32215		130	33.25	31	27	108.9	30.2	2	1.5	0.8	84	84	121	126	4	6.5	2	1.5	160	135	2 800	3 600	0.44	1.4	0.8	1.765
30315	75	160	40	37	31	134.0	32	3	2.5	1.2	87	95	148	150	5	9	2.5	2.1	238	188	2 400	3 200	0.35	1.7	1	3.542
31315		160	40	37	26	122.1	50	3	2.5	1.2	87	86	148	153	6	14	2.5	2.1	170	150	2 400	3 200	0.83	0.7	0.4	3.4
32315		160	58	55	45	127.8	39	3	2.5	1.2	87	91	148	150	7	13	2.5	2.1	328	288	2 400	3 200	0.35	1.7	1	5.316
32016	80	125	29	27	23	107.5	26	1.5	1.5	—	—	—	—	—	5	8	1.5	1.5	86.5	90.8	3 000	3 800	0.34	1.8	1	1.18
30216		140	28.25	26	22	119.1	28	2.5	2	1	90	90	130	133	4	6	2.1	2	150.8	120	2 600	3 400	0.42	1.4	0.8	1.65
32216		140	35.25	33	28	117.4	31.3	2.5	2	1	90	89	130	135	5	7.5	2.1	2	188	158	2 600	3 400	0.42	1.4	0.8	2.162
30316		170	42.5	39	33	143.1	34	3	2.5	1.2	92	102	158	160	5	9.5	2.5	2.1	262	208	2 200	3 000	0.35	1.7	1	4.486
31316		170	42.5	39	27	129.2	52.5	3	2.5	1.2	92	91	158	161	6	15.5	2.5	2.1	215	165	2 200	3 000	0.83	0.7	0.4	4.3
32316		170	61.5	58	48	136.5	42	3	2.5	1.2	92	97	158	160	7	13.5	2.5	2.1	365	322	2 200	3 000	0.35	1.7	1	6.39
32917	85	120	23	23	18	10	21	1.5	1.5	—	—	—	—	—	4	6	1.5	1.5	61.8	70.2	3 400	3 800	0.26	2.3	0.3	0.73
32017		130	29	27	23	112.3	27	1.5	1.5	—	—	—	—	—	5	8	1.5	1.5	88.5	94.2	2 800	3 600	0.35	1.7	0.9	1.25
30217		150	30.5	28	24	126.6	29.9	2.5	2	1	95	96	140	142	5	6.5	2.1	2	168	135	2 400	3 200	0.42	1.4	0.8	2.06
32217		150	38.5	36	30	124.9	34	2.5	2	1	95	95	140	143	5	8.5	2.1	2	215	185	2 400	3 200	0.42	1.7	0.8	2.67
30317		180	44.5	41	34	150.4	36	4	3	1.5	99	107	166	168	6	10.5	3	2.5	288	228	2 000	2 800	0.35	1.7	1	5.305
31317		180	44.5	41	28	137.4	55.5	4	3	1.5	99	96	166	171	6	16.5	3	2.5	238	182	2 000	2 800	0.83	0.7	0.4	4.975
32317		180	63.5	60	49	144.2	43.6	4	3	1.5	99	102	166	168	3	14.5	3	2.5	398	352	2 000	2 800	0.35	1.7	1	6.81
32918	90	125	23	23	18	111.2	25	1.5	1.5	—	—	—	—	—	4	6	1.5	1.5	64.8	78.5	3 200	3 600	0.38	1.6	0.9	—
32018		140	32	30	26	120.3	29	2	1.5	—	—	—	—	—	5	8	2	1.5	102	108	2 600	3 400	0.34	1.8	1	1.7
30218		160	32.5	30	26	134.9	32.4	2.5	2	1	100	102	150	151	5	6.5	2.1	2	188	152	2 200	3 000	0.42	1.4	0.8	2.558
32218		160	42.5	40	34	132.6	36.7	2.5	2	1	100	101	150	153	5	8.5	2.1	2	258	225	2 200	3 000	0.42	1.4	0.8	3.265
30318		190	46.5	43	36	159.0	37.5	4	3	1.5	104	113	176	178	6	10.5	3	2.5	322	260	1 900	2 600	0.35	1.7	1	6.144
31318		190	46.5	43	30	145.5	58.5	4	3	1.5	104	102	176	181	6	16.5	3	2.5	265	205	1 900	2 600	0.83	0.7	0.4	6.428
32318		190	67.5	64	53	151.7	46	4	3	1.5	104	107	176	178	8	14.5	3	2.5	452	405	1 900	2 600	0.35	1.7	1	8.568
32019	95	145	32	30	26	125.4	30	2	1.5	—	—	—	—	—	5	8	2	1.5	102	108	2 400	3 200	0.36	1.7	0.9	1.7
30219		170	34.5	32	27	143.3	35.1	3	2.5	1.2	107	108	158	160	5	7.5	2.1	2.1	215	175	2 000	2 800	0.42	1.4	0.8	3.269
32219		170	45.5	43	37	140.2	39	3	2.5	1.2	107	106	158	163	5	8.5	2.1	2.1	285	255	2 000	2 800	0.42	1.4	0.8	4.216
30319		200	49.5	45	38	165.8	40	4	3	1.5	109	118	186	185	6	11.5	3	2.5	348	282	1 800	2 400	0.35	1.7	0.8	7.13
31319		200	49.5	45	32	151.5	61.5	4	3	1.5	109	107	186	189	6	17.5	3	2.5	292	230	1 800	2 400	0.83	0.7	0.4	6.8
32319		200	71.5	67	55	160.3	94	4	3	1.5	109	114	186	187	8	16.5	3	2.5	488	438	1 800	2 400	0.35	1.7	1	10.13

附表 E-5　带锁圈有保持架滚针轴承(GB/T 5801—2006 摘录)

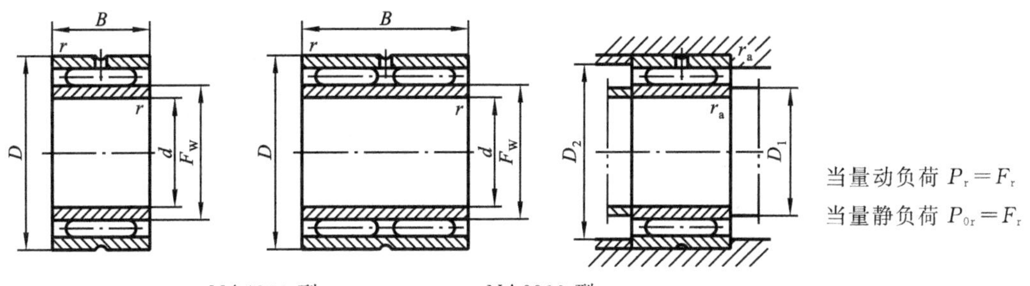

NA4900 型　　NA6900 型

NA4800 型

外形尺寸　　安装尺寸

新轴承代号	外形尺寸/mm					安装尺寸/mm			基本额定负荷/kN		极限转速/(r/min)		重量/kg
	d	D	B	F_w	r min	D_1 min	D_2 max	r_a max	C_r	C_{0r}	脂润滑	油润滑	W ≈
NA4900	10	22	13	14	0.3	12.4	19.6	0.3	4.60	3.90	15 000	22 000	23
NA4901	12	24	13	16	0.3	14.4	21.6	0.3	5.0	4.40	13 000	19 000	26
NA6901		24	22	16	0.3	14.4	21.6	0.3	8.60	8.80	13 000	19 000	46
NA4902	15	28	13	20	0.3	17.4	25.6	0.3	5.70	5.50	10 000	16 000	34
NA6902		28	23	20	0.3	17.4	25.6	0.3	9.80	11.2	10 000	16 000	64
NA4903	17	30	13	22	0.3	19.4	27.6	0.3	5.90	5.80	9 500	15 000	37
NA6903		30	23	22	0.3	19.4	27.6	0.3	10.0	11.5	9 500	15 000	72
NA4904	20	37	17	25	0.3	22.4	34.6	0.3	8.30	9.30	9 000	14 000	75
NA6904		37	30	25	0.3	22.4	34.6	0.3	14.2	18.5	9 000	14 000	140
NA4905	25	42	17	30	0.3	27.4	39.6	0.3	10.2	11.2	8 000	12 000	88
NA6905		42	30	30	0.3	27.4	39.6	0.3	17.5	22.2	8 000	12 000	160
NA4906	30	47	17	35	0.3	32.4	44.6	0.3	11.2	13.2	7 000	10 000	100
NA6906		47	30	35	0.3	32.4	44.6	0.3	19.2	26.2	7 000	10 000	190
NA4907	35	55	20	42	0.6	40	50	0.6	16.5	22.2	6 000	8 500	170
NA6907		55	36	42	0.6	40	50	0.6	28.2	44.5	6 000	8 500	310
NA4908	40	62	22	48	0.6	45	57	0.6	17.5	25.2	5 300	7 500	230
NA6908		62	40	48	0.6	45	57	0.6	30.2	50.5	5 300	7 500	430
NA4909	45	68	22	52	0.6	50	63	0.6	24.8	29.5	4 800	6 700	270
NA6909		68	40	52	0.6	50	63	0.6	42.5	59.2	4 800	6 700	500
NA4910	50	72	22	58	0.6	55	67	0.6	26.2	33.0	4 500	6 300	270
NA6910		72	40	58	0.6	55	67	0.6	45.0	60.2	4 500	6 300	520
NA4911	55	80	25	63	1	61	74	1	29.5	39.2	4 000	5 600	400
NA6911		80	45	63	1	61	74	1	50.8	78.8	4 000	5 600	780

续表

新轴承代号	外形尺寸/mm					安装尺寸/mm			基本额定负荷/kN		极限转速/(r/min)		重量/kg
	d	D	B	F_W	r min	D_1 min	D_2 max	r_a max	C_r	C_{0r}	脂润滑	油润滑	W ≈
NA4912	60	85	25	68	1	66	79	1	31.5	43.2	3 800	5 300	430
NA6912		85	45	68	1	66	79	1	53.8	86.5	3 800	5 300	810
NA4913	65	90	25	72	1	71	84	1	32.6	45.8	3 600	5 000	460
NA6913		90	45	72	1	71	84	1	56.0	91.8	3 600	5 000	830
NA4914	70	100	30	80	1	76	94	1	40.8	62.8	3 200	4 500	730
NA6914		100	54	80	1	76	94	1	69.8	12.5	3 200	4 500	1 350
NA4915	75	105	30	85	1	81	99	1	42.0	66.2	3 000	4 300	780
NA6915		105	54	85	1	81	99	1	72.2	13.2	3 000	4 300	1 450
NA4916	80	110	30	90	1	86	104	1	42.0	67.8	2 800	4 000	880
NA6916		110	54	90	1	86	104	1	72.0	13.5	2 800	4 000	1 500
NA4917	85	120	35	100	1.1	92	113	1	51.0	90.2	2 400	3 600	1 250
NA6917		120	63	100	1.1	92	113	1	87.5	180	2 400	3 600	2 200
NA4918	90	125	35	105	1.1	97	118	1	61.5	100	2 200	3 400	1 300
NA6918		125	63	105	1.1	97	118	1	105	198	2 200	3 400	2 300
NA4919	95	130	35	110	1.1	102	123	1	63.0	105	2 000	3 200	1 400
NA6919		130	63	110	1.1	102	123	1	108	208	2 000	3 200	2 500
NA4920	100	140	40	115	1.1	107	133	1	77.5	138	2 000	3 200	1 900
NA6920		140	71	115	1.1	107	133	1	132	275	2 000	3 200	3 400
NA4922	110	150	40	125	1.1	117	143	1	81.0	152	1 900	3 000	2 100
NA4924	120	165	45	135	1.1	127	158	1	88.0	172	1 800	2 800	2 850
NA4926	130	180	50	150	1.5	139	171	1.5	108	228	1 600	2 400	3 900
NA4828	140	175	35	—	1.1	146	166	1	98	112	1 500	2 200	2 170
NA4928		190	50	160	1.5	149	181	1.5	110	240	1 500	2 200	4 150
NA4834	170	215	45	—	1.1	176	202	1	100	182	1 300	2 000	4 310
NA4836	180	225	45	—	1.1	186	210	1	105	195	1 200	1 900	4 600

附录 F　常用联轴器与离合器

表 F-1　凸缘式联轴器（GB/T 5843—2003）　　单位:mm

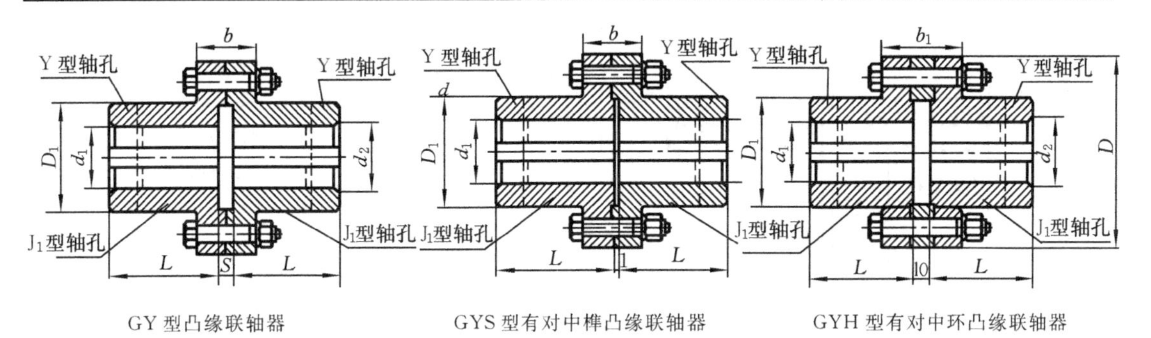

GY 型凸缘联轴器　　　GYS 型有对中榫凸缘联轴器　　　GYH 型有对中环凸缘联轴器

标记示例　GY3 凸缘联轴器

主动端:Y 型轴孔,$d_1=20$ mm,$L_1=52$ mm;　　从动端:J_1型轴孔,$d_2=28$ mm,$L_1=44$ mm

标记为:GY3 联轴器$\frac{Y20\times52}{J_1 28\times44}$　GB 5843—2003

型号	公称转矩 T_n/(N·m)	许用转速 [n]/(r/min)	轴孔直径 d_1,d_2	轴孔长度 L		D	D_1	b	b_1	S	转动惯量 I/(kg·m²)	质量 m/kg
				Y	J_1							
GY1 GYS1 GYH1	25	12 000	12,14	32	27	80	30	26	42	6	0.000 8	1.16
			16,18 19	42	30							
GY2 GYS2 GYH2	63	10 000	16,18,19	42	30	90	40	28	44	6	0.001 5	1.72
			20,22,24	52	38							
			25	62	44							
GY3 GYS3 GYH3	112	9 500	20,22 24	52	38	100	45	30	46	6	0.002 5	2.38
			25,28	62	44							
GY4 GYS4 GYH4	224	9 000	25,28 30	62	44	105	55	32	48	6	0.003	3.15
			32,35	82	60							
GY5 GYS5 GYH5	400	8 000	30,32 35,38	82	60	120	68	36	52	8	0.007	5.43
			40,42	112	84							
GY6 GYS6 GYH6	900	6 800	38	82	60	140	80	40	56	8	0.015	7.59
			40,42,45 48,50	112	84							
GY7 GYS7 GYH7	1 600	6 000	48,50 55,56	112	84	160	100	40	56	8	0.031	13.1
			60,63	142	107							

表 F-2　LT 型弹性套柱销联轴器（GB/T 4323—2002）　　单位：mm

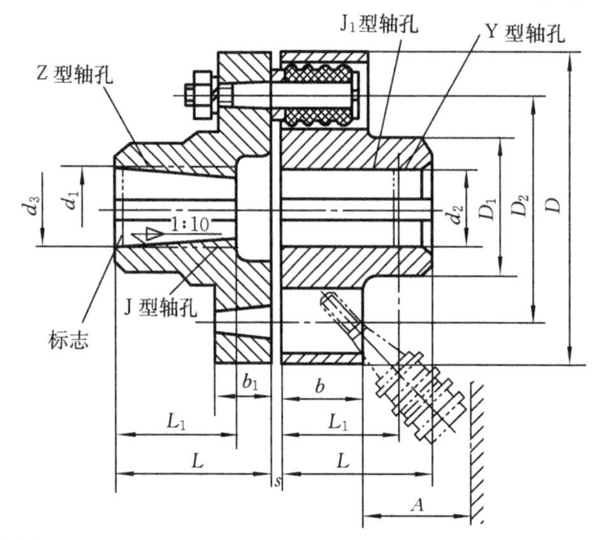

标记示例

LT3 弹性套柱销联轴器

主动端：Z 型轴孔，C 型键槽

d_2=16 mm，L_1=30 mm

从动端：J 型轴孔，B 型键槽

d_3=18 mm，L_1=30 mm

标记为：

LT3 联轴器 $\frac{ZC16\times30}{JB18\times30}$

GB/T 4323—2002

型号	公称转矩 T_n/(N·m)	许用转速 [n]/(r/min)	轴孔直径 d_1,d_2,d_3	轴孔长度				D	b	$A\geqslant$	质量 m/kg	转动惯量 I/(kg·m²)
				Y 型	J,J₁,Z 型		L_{max}					
				L	L_1	L						
LT1	6.3	8 800	9	20	14		25	71	16	18	0.82	0.000 5
			10,11	25	17							
			12,14	32	20							
LT2	16	7 600	12,14				35	80			1.20	0.000 8
			16,18,19	42	30	42						
LT3	31.5	6 300	16,18,19				38	95	23	35	2.20	0.002 3
			20,22	52	38	52						
LT4	63	5 700	20,22,24				40	106			2.84	0.003 7
			25,28	62	44	62						
LT5	125	4 600	25,28				50	130	38	45	6.05	0.012 0
			30,32,35	82	60	82						
LT6	250	3 800	30,32,35				55	160			9.57	0.028 0
			40,42	112	84	112						
LT7	500	3 600	40,42,45,48				65	190			14.01	0.055 0
LT8	710	3 000	45,48,50,55,56				70	224	48	65	23.12	0.134 0
			60,63	142	107	142						
LT9	1 000	2 850	50,55,56	112	84	112	80	250			30.69	0.213 0
			60,63,65,70,71	142	107	142						
LT10	2 000	2 300	63,65,70,71,75				100	315	58	80	61.40	0.660 0
			80,85,90,95	172	132	172						
LT11	4 000	1 800	80,85,90,95				115	400	73	100	120.7	2.122 0
			100,110	212	167	212						

注：1. 优先选用轴孔长度 L_{max}。

2. 质量、转动惯量按材料为铸钢、最大轴孔、L_{max} 计算的近似值。

3. 尺寸 b 摘自重型机械标准。

附表 F-3　不带拨爪的单向超越离合器系列尺寸

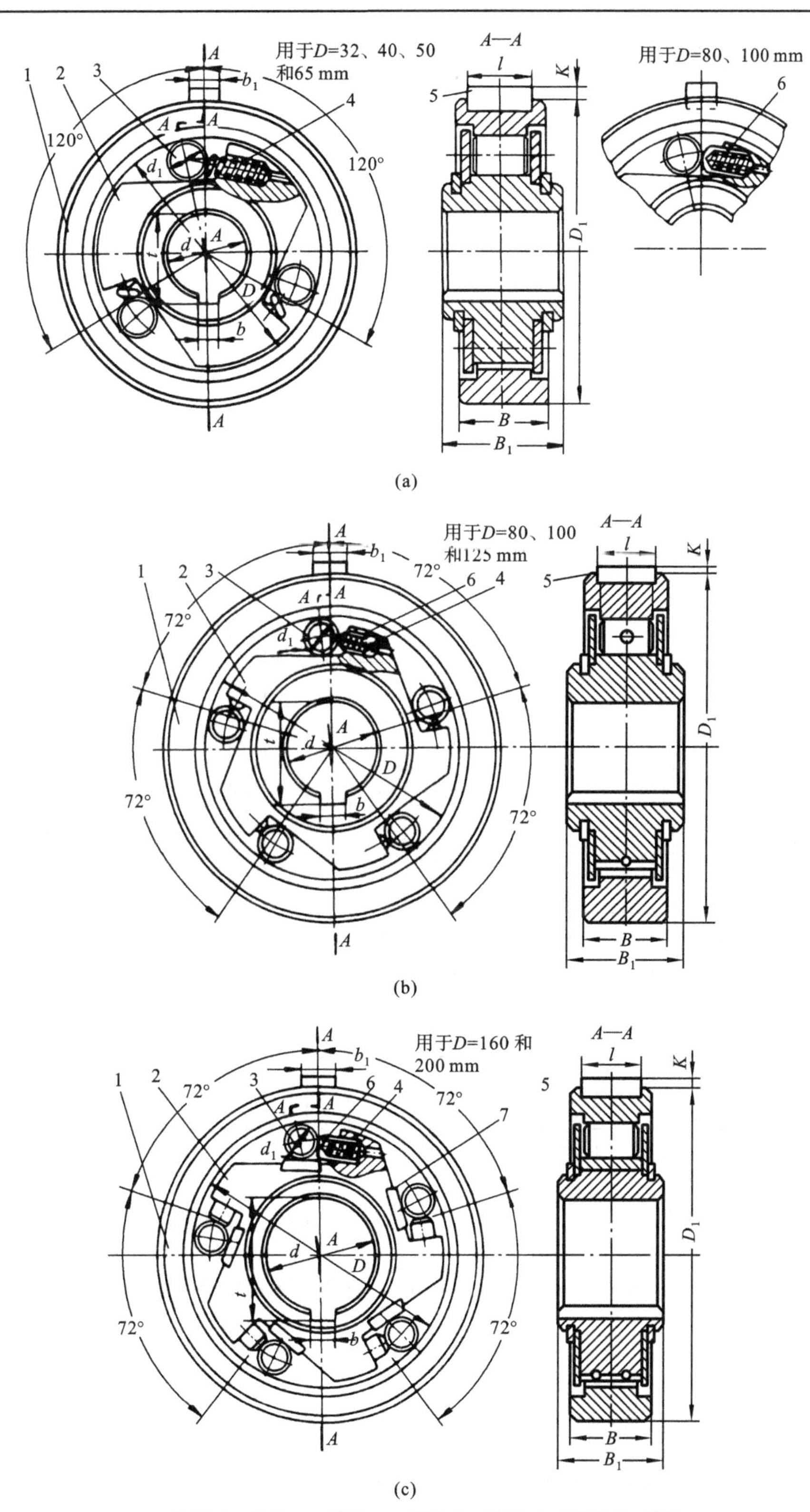

(a)

(b)

(c)

1—外环；2—星轮；3—滚柱；4—弹簧；5—平键；6—顶销；7—镶块

续表

D	滚柱数 z	额定转矩 /(N·m)	D_1 (k6)	d_1 (h6)	d (H7)	B	B_1	b (H8)	t (H11)	b_1 (h8)	l (f9)	K	允许最高接合次数 /(次/min)	超越时的极限转速 /(r/min)	最大摩擦转矩 /(N·m)	接合时最大空转角
32	3	2.5	45	4	10	$12_{-0.12}^{0}$	$18_{0}^{+0.24}$	3	11.1	3	8	1.2	250	3 000	0.12	—
					12			4	13.6							
					14				15.6							
40		4.5	55	5	14	$15_{-0.12}^{0}$	$22_{0}^{+0.28}$	5	17.9	4	10	1.8	200	2 500	0.22	3°
					16											
					18				19.9							
50		8.5	70	6	16	$18_{-0.15}^{0}$	$25_{0}^{+0.28}$		17.9	5	12	2.3	160	2 000	0.42	2°30′
					18				19.9							
					20			6	22.3							
65		16.5	85	8	16	$20_{-0.15}^{0}$	$28_{0}^{+0.28}$	5	17.9		14		125	1 500	0.5	2°
					20			6	22.3							
					25			8	27.6							
80	3	33	105	10	20	$25_{-0.15}^{0}$	$35_{0}^{+0.34}$	6	22.3	6	18	2.6	100	1 250	1	1°30′
					25			8	27.6							
					30				32.6							
					35			10	37.9							
	5	55			25			8	27.6						1.7	
					30				32.6							
					35			10	37.9							
100	3	70	130	13	25	$30_{-0.20}^{0}$	$45_{0}^{+0.34}$	8	27.6	8	24	3.2	80	1 000	2.1	1°
					30				32.6							
					35			10	37.9							
					40			12	42.9							
	5	120			30			8	32.6						2.4	
					35			10	37.9							
					40			12	42.9							
125	5	210	160	16	35	$35_{-0.25}^{0}$	$55_{0}^{+0.40}$	10	37.9	8	28	3.2	65	800	4.2	45′
					40			12	42.9							
					45			14	48.3							
					50			16	53.6							
160		390	200	20	70	$40_{-0.25}^{0}$	$60_{0}^{+0.40}$	20	74.3	12	32	3.3	50	630	7.8	—
200		770	250	25	90	$50_{-0.30}^{0}$	$70_{0}^{+0.40}$	24	95.2		40		40	500	16	30′

注：1. 根据传动要求，外环、星轮可以和传动件做成一体。

2. 离合器的技术要求：

(1) 同一离合器的滚柱直径尺寸允差，$D \leqslant 80$ 时，允差为 0.005；$D > 80$ 时，允差为 0.008；

(2) 顶销在孔中不应有咬住现象。应保证顶销和滚柱在任何位置上都能始终接触；

(3) 用手轻微沿轴向推动离合器星轮时，应感觉到滚柱和盖板、盖板和外环间有少量的间隙。

3. 允许总的接合次数(寿命)为 5×10^6。

4. 表中所列额定转矩为在每分钟最高接合次数和极限转速情况下的数值，当实际每分钟接合次数和转速低于此极限时，额定转矩可以提高 20%。

5. 当滚柱磨损量达到直径的 1.5%时，楔角急剧增大，将导致离合器打滑。

6. 超过允许总的接合次数时，由于零件磨损，也将使离合器打滑。

7. 最大摩擦转矩是指以极限转速超越时，对外环的允许最大摩擦转矩。

附表 F-4　带拨爪的单向超越离合器系列尺寸　　　单位:mm

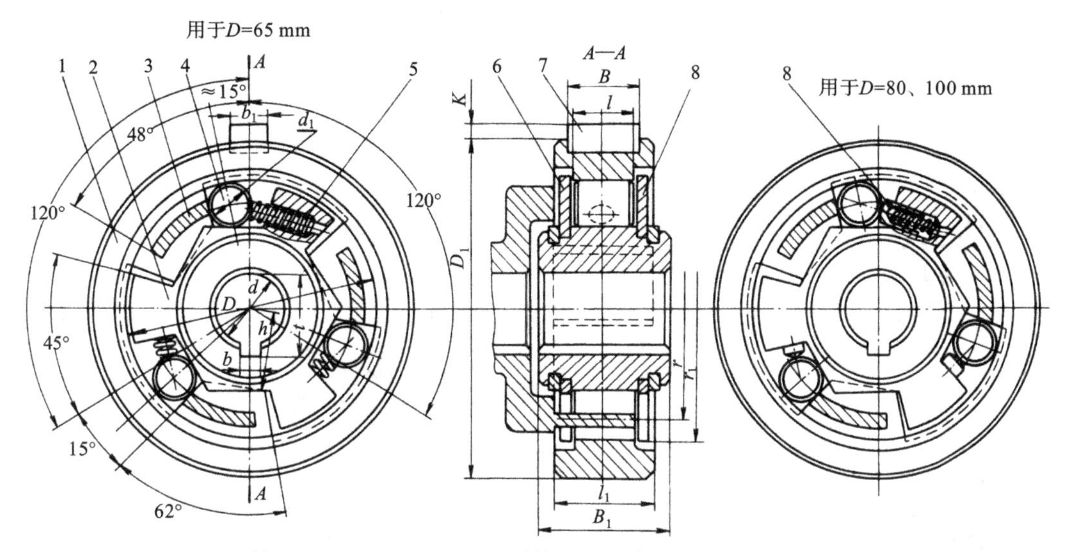

1—外环;2—星轮;3—拨爪;4—滚柱;5—弹簧;6 内盖板;7—平键;8—外盖板;9—顶销

D (H7)	额定转矩 /(N·m)	滚柱数 z	d (H7)	D_1 (k6)	d_1 (h7)	B /mm	B_1 /mm	b (H8)	t (H11)	b_1 (h8)	l (d11)	K	拨爪			
													l_1	r	r_1	h
65	16.5	3	16	85	8	$20_{-0.15}^{0}$	$30_{0}^{0.28}$	5	17.9	5	14	2.3	21	27.5	31.5	22
			20					6	22.3							
			25					8	27.6							
85	33.0		20	105	10	$25_{-0.15}^{0}$	$30_{0}^{0.34}$	6	22.3	6	18	2.6	25	33.5	39	27
			25					8	27.6							
			30						32.6							
			35					10	37.9							
100	70.0		25	130	13	$30_{-0.2}^{0}$	$45_{0}^{0.34}$	8	27.6	8	24	3.2	31	41	49	33
			30						32.6							
			35					10	37.9							
			40					12	42.9							

注:1. 根据传动要求,离合器的外环和星轮可以和传动件做成一体。

2. 拨爪的尺寸根据结构而定,表中仅列出爪部的尺寸,供参考。

3. 离合器的技术要求与不带拨爪的单向超越离合器相同。

4. 外环、滚柱、外盖板、弹簧和顶销等零件可与不带拨爪的单向超越离合器通用。

附录G　圆柱齿轮精度

附表 G-1　常用的圆柱齿轮和齿轮副误差的定义和代号

名　称	代号	定　义
齿圈径向跳动  齿圈径向跳动公差	ΔF_r F_r	在齿轮一转范围内，测头在齿槽内与齿高中部双面接触，测头相对于齿轮轴线的最大变动量
公法线长度变动 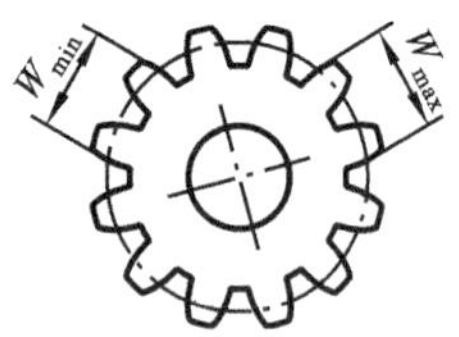 公法线长度变动公差	ΔF_w F_w	在齿轮一周范围内，实际公法线长度最大值与最小值之差：$\Delta F_w = W_{max} - W_{min}$
齿形误差 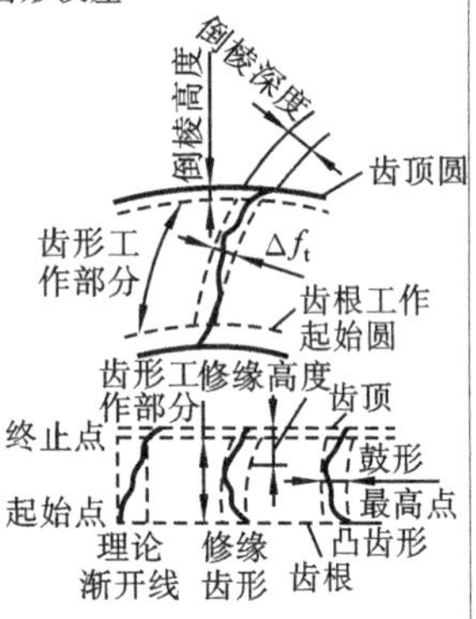 齿形公差	Δf_f f_f	在端截面上①，齿形工作部分内（齿顶倒棱部分除外），包容实际齿形的两条最近的设计齿形间的法向距离 设计齿形可以是修正的理论渐开线，包括修缘齿形、凸齿形等
基节偏差 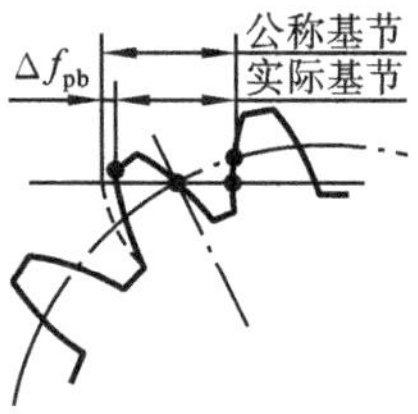 基节极限偏差	Δf_{pb} $\pm f_{pb}$	实际基节与公称基节之差，实际基节是指基圆柱切平面所截两相邻同侧齿面的交线之间的法向距离
齿向误差 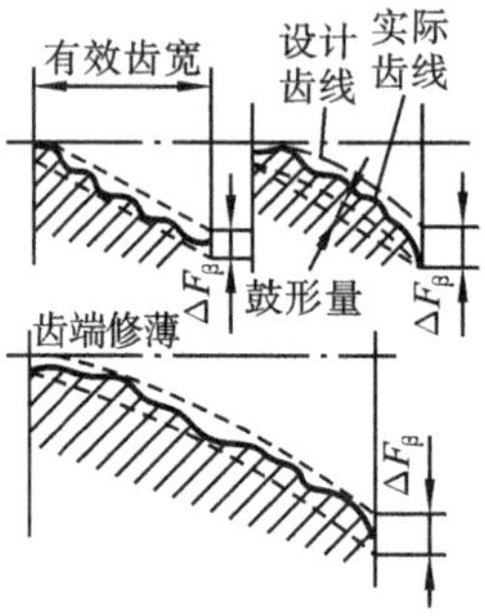 齿向误差	ΔF_β F_β	在分度圆柱面上，齿宽有效部分范围内（端部倒角部分除外），包容实际齿线的两条设计齿线之间的端面距离，设计齿线可以是修正的圆柱螺旋线，包括鼓形线、齿端修薄及其他修形曲线
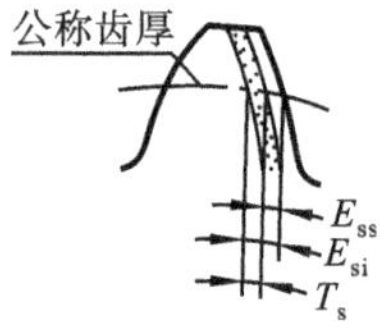 齿厚偏差 齿厚极限偏差 上偏差 下偏差 公差	ΔE_s E_{ss} E_{si} T_s	分度圆柱面上②，齿厚实际值与公称值之差 对于斜齿轮，指法向齿厚
公法线平均长度偏差 公法线平均长度极限偏差 上偏差 下偏差 公差	ΔE_{wm} E_{wms} E_{wmi} T_{wm}	在齿轮一周内，公法线长度平均值与公称值之差
齿轮副的中心距偏差 齿轮副的中心距极限偏差	Δf_a $\pm f_a$	在齿轮副的齿宽中间平面内，实际中心距与公称中心距之差

续表

名　　称	代号	定　　义	名　　称	代号	定　　义
齿距偏差 实际齿距 公称齿距 Δf_{pt}	Δf_{pt}	在分度圆上，实际齿距与公称齿距之差，公称是指所有实际齿距的平均值	轴线的平行度误差 齿宽b 基准轴线 H V 实际中心距 中点 H 实际中心距 Δf_x 轴线在H平面上的投影 基准轴线 轴线在V平面上的投影 Δf_y	Δf_x	一对齿轮的轴线在其基准平面 H 上投影的平行度误差
齿距极限偏差	$\pm f_{pt}$			Δf_y	在等于齿宽的长度上测量一对齿轮的轴线，在垂直于基准平面，并且平行于基准轴线的平面 V 上投影的平行度误差
			x 方向轴线的平行度误差	f_x	注：包含基准轴线并通过由另一轴线与齿宽中间平面相交的点所形成的平面，称为基准平面。两条轴线中任何一条轴线都可作为基准轴线
			y 方向轴线的平行度误差	f_y	

注：① 允许用检查被测齿轮和测量蜗杆啮合时齿轮齿面上的接触迹线（可称为"啮合齿形"）代替，但应按基圆切线方向计值。

② 允许在齿高中部测量，但仍按分度圆柱面上计值。

附表 G-2　齿轮第Ⅱ组精度与圆周速度 v 的关系

齿的种类	齿面硬度 HBS	第Ⅱ组精度等级				
		6	7	8	9	10
		圆周速度(m/s)				
直齿	≤350	≤18	≤12	≤6	≤4	≤1
	>350	≤15	≤10	≤5	≤3	≤1
斜齿	≥350	≤36	≤25	≤12	≤8	≤2
	>350	≤30	≤20	≤9	≤6	≤1.5

注：此表不属于国家标准内容，仅供参考。

附表 G-3　推荐的圆柱齿轮和齿轮副检验项目

项　　目		精度等级	
		7～8	9
公差组	Ⅰ	F_r 与 F_w	
	Ⅱ	f_f 与 $\pm f_{pb}$ 或 f_f 与 $\pm f_{pt}$	$\pm f_{pt}$ 与 $\pm f_{pb}$
	Ⅲ	接触斑点或 F_β	
齿轮副	对齿轮	E_w 或 E_s	
	对传动	接触斑点，$\pm f_a$	
	对箱体	f_x，f_y	
齿轮毛坯公差		顶圆直径公差，基准面的径向跳动公差，基准面的端面跳动公差	

附表 G-4　齿厚极限偏差与公法线平均长度偏差

$C=+1f_{pt}$	$G=-6f_{pt}$	$L=-16f_{pt}$	
$D=0$	$H=-8f_{pt}$	$M=-20f_{pt}$	$R=-40f_{pt}$
$E=-2f_{pt}$	$J=-10f_{pt}$	$N=-25f_{pt}$	$S=-50f_{pt}$
$F=-4f_{pt}$	$K=-12f_{pt}$	$P=-32f_{pt}$	

齿厚极限偏差代号

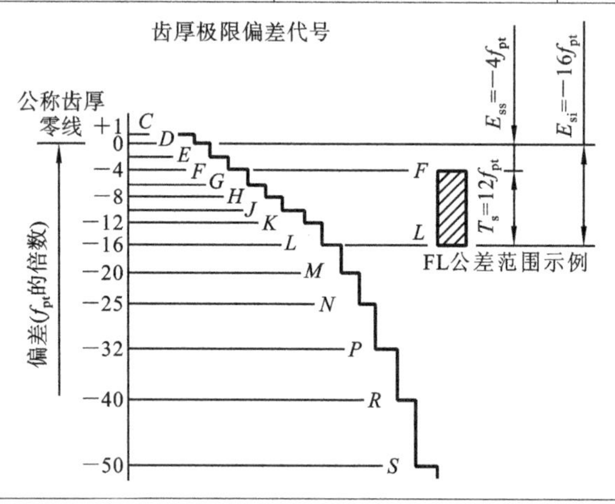

公法线平均长度上偏差 $E_{wms}=E_{ss}\cos\alpha-0.72F_r\sin\alpha$

公法线平均长度下偏差 $E_{wmi}=E_{si}\cos\alpha-0.72F_r\sin\alpha$

公法线平均长度公差 $T_{wmi}=T_s\cos\alpha-1.44F_r\sin\alpha$

注：对外啮合齿轮，F_r 为齿圈径向跳动公差。

附表 G-5　齿厚极限偏差 E_s 参考值

Ⅱ组精度	法向模数 m_n/mm	分度圆直径/mm							
		≤80	>80～125	>125～180	>180～250	>250～315	>315～400	>400～500	>500～630
7	≥1～3.5	HK$\binom{-112}{-168}$	HK$\binom{-112}{-168}$	HK$\binom{-128}{-192}$	HK$\binom{-128}{-192}$	JL$\binom{-160}{-256}$	KL$\binom{-192}{-256}$	JL$\binom{-180}{-288}$	KM$\binom{-216}{-360}$
	>3.5～6.3	GJ$\binom{-108}{-180}$	GJ$\binom{-108}{-180}$	GJ$\binom{-120}{-200}$	HK$\binom{-120}{-240}$	HK$\binom{-160}{-240}$	HK$\binom{-160}{-240}$	JL$\binom{-200}{-320}$	JL$\binom{-200}{-320}$
	>6.3～10	GH$\binom{-120}{-160}$	GH$\binom{-120}{-160}$	GJ$\binom{-132}{-220}$	GJ$\binom{-132}{-220}$	HK$\binom{-176}{-264}$	HK$\binom{-176}{-264}$	HK$\binom{-200}{-300}$	HK$\binom{-200}{-300}$

续表

Ⅱ组精度	法向模数 m_n/mm	分度圆直径/mm							
		≤80	>80~125	>125~180	>180~250	>250~315	>315~400	>400~500	>500~630
8	≥1~3.5	GJ$\begin{pmatrix}-120\\-200\end{pmatrix}$	GJ$\begin{pmatrix}-120\\-200\end{pmatrix}$	GJ$\begin{pmatrix}-132\\-220\end{pmatrix}$	HK$\begin{pmatrix}-176\\-246\end{pmatrix}$	HK$\begin{pmatrix}-176\\-264\end{pmatrix}$	HK$\begin{pmatrix}-176\\-264\end{pmatrix}$	HK$\begin{pmatrix}-200\\-300\end{pmatrix}$	HK$\begin{pmatrix}-200\\-300\end{pmatrix}$
	>3.5~6.3	FG$\begin{pmatrix}-100\\-150\end{pmatrix}$	GH$\begin{pmatrix}-150\\-200\end{pmatrix}$	GJ$\begin{pmatrix}-168\\-280\end{pmatrix}$	GJ$\begin{pmatrix}-168\\-280\end{pmatrix}$	GJ$\begin{pmatrix}-168\\-280\end{pmatrix}$	GJ$\begin{pmatrix}-168\\-280\end{pmatrix}$	HK$\begin{pmatrix}-224\\-336\end{pmatrix}$	HK$\begin{pmatrix}-224\\-336\end{pmatrix}$
	>6.3~10	FG$\begin{pmatrix}-112\\-168\end{pmatrix}$	FG$\begin{pmatrix}-112\\-168\end{pmatrix}$	FH$\begin{pmatrix}-128\\-256\end{pmatrix}$	GH$\begin{pmatrix}-192\\-256\end{pmatrix}$	GH$\begin{pmatrix}-192\\-256\end{pmatrix}$	GH$\begin{pmatrix}-192\\-256\end{pmatrix}$	GH$\begin{pmatrix}-216\\-228\end{pmatrix}$	GJ$\begin{pmatrix}-216\\-360\end{pmatrix}$
9	≥1~3.5	FH$\begin{pmatrix}-112\\-224\end{pmatrix}$	GJ$\begin{pmatrix}-168\\-280\end{pmatrix}$	GJ$\begin{pmatrix}-192\\-320\end{pmatrix}$	GJ$\begin{pmatrix}-192\\-320\end{pmatrix}$	GJ$\begin{pmatrix}-192\\-320\end{pmatrix}$	HK$\begin{pmatrix}-256\\-384\end{pmatrix}$	HK$\begin{pmatrix}-288\\-432\end{pmatrix}$	HK$\begin{pmatrix}-288\\-432\end{pmatrix}$
	>3.5~6.3	FG$\begin{pmatrix}-144\\-216\end{pmatrix}$	FG$\begin{pmatrix}-144\\-216\end{pmatrix}$	FH$\begin{pmatrix}-160\\-320\end{pmatrix}$	FH$\begin{pmatrix}-160\\-320\end{pmatrix}$	GJ$\begin{pmatrix}-240\\-400\end{pmatrix}$	GJ$\begin{pmatrix}-240\\-400\end{pmatrix}$	GJ$\begin{pmatrix}-240\\-400\end{pmatrix}$	GJ$\begin{pmatrix}-240\\-400\end{pmatrix}$
	>6.3~10	FG$\begin{pmatrix}-160\\-240\end{pmatrix}$	FG$\begin{pmatrix}-160\\-240\end{pmatrix}$	FG$\begin{pmatrix}-180\\-270\end{pmatrix}$	FG$\begin{pmatrix}-180\\-270\end{pmatrix}$	FG$\begin{pmatrix}-180\\-270\end{pmatrix}$	GH$\begin{pmatrix}-270\\-360\end{pmatrix}$	GH$\begin{pmatrix}-300\\-400\end{pmatrix}$	GH$\begin{pmatrix}-300\\-400\end{pmatrix}$

注:本表不属于 GB/T 10095—2008,仅供参考。表中偏差值适用于一般传动。

附表 G-6　齿轮有关 F_r、F_w、f_f、f_{pt}、f_{pb} 及 F_β 值　　单位:μm

分度圆直径/mm 大于	到	法向模数 m_n/mm	第Ⅰ公差组 齿圈径向跳动公差 F_r 7	8	9	公法线长度变动公差 F_w 7	8	9	第Ⅱ公差组 齿形公差 f_f 7	8	9	齿距极限偏差 $\pm f_{pt}$ 7	8	9	基节极限偏差 $\pm f_{pb}$ 7	8	9
		≥1~3.5	36	45	71				11	14	22	14	20	28	13	18	25
—	125	>3.5~6.3	40	50	80	28	40	56	14	20	32	18	25	36	16	22	32
		>6.3~10	45	56	90				17	22	36	20	28	40	18	25	36
		≥1~3.5	50	63	80				13	18	28	16	22	32	14	20	30
125	400	>3.5~6.3	56	71	100	36	50	71	16	22	36	20	28	40	18	25	36
		>6.3~10	63	86	112				19	28	45	22	32	45	20	30	40
		≥1~3.5	63	80	100				17	25	40	18	25	36	16	22	32
400	800	>3.5~6.3	71	90	112	45	63	90	20	28	45	20	28	40	18	25	36
		>6.3~10	80	100	125				24	36	56	25	36	50	22	32	45

第Ⅲ公差组 齿向公差 F_β 齿轮宽度/mm		精度等级 7	8	9
—	40	1	18	28
40	100	16	25	40
100	160	20	32	50
160	250	24	38	60

附表 G-7　接触斑点

接触斑点	精度等级		
	7	8	9
按高度不小于/(%)	45(35)	40(30)	30
按长度不小于/(%)	60	50	40

注:1. 接触斑点的分布位置应趋近齿面中部,齿顶和两端部棱边处不允许接触。

2. 括号内数值,用于轴向重合度 ε_β>0.8 的斜齿。

附表 G-8　中心距极限偏差 $\pm f_a$ 值　　单位：μm

第Ⅱ公差组精度等级			7,8	9
f_a			$\frac{1}{2}$IT8	$\frac{1}{2}$IT9
齿轮副中心距 a/mm	大于 30	到 50	19.5	31
	50	80	23	37
	80	120	27	43.5
	120	180	31.5	50
	180	250	36	57.5
	250	315	40.5	65
	315	400	44.5	70
	400	500	48.5	77.5
	500	630	55	87

附表 G-9　齿坯尺寸和形状公差

齿轮精度等级①		7,8	9
孔	尺寸公差 形状公差	IT7	IT8
轴	尺寸公差 形状公差	IT6	IT7
顶圆直径②		IT8	IT9

注：① 当三个公差组的精度等级不同时，按最高的精度等级确定公差值。

② 当顶圆不作测量齿厚的基准时，尺寸公差按 IT11 给定，但不大于 $0.1\ m_n$。

附表 G-10　轴线平行度公差

x 方向轴线平行公差 $f_x = F_\beta$	F_β 见附表 G-6
y 方向轴线平行公差 $f_y = \frac{1}{2} F_\beta$	

附表 G-11　齿坯基准面径向和端面圆跳动公差　　单位：μm

分度圆直径/mm		精 度 等 级	
大于	到	7,8	9
—	125	18	28
125	400	22	36
400	800	32	50

注：当以顶圆作基准面时，本栏就指顶圆的径向跳动。

附表 G-12　齿轮表面粗糙度 Ra 推荐值　　单位：μm

第Ⅱ组精度等级	表面粗糙度				
	齿顶圆柱面	基准端面	齿面	基准孔	基准轴
7	1.6	1.6　3.2	0.8　1.6		0.8
8	3.2		1.6		
9	6.3	3.2			1.6

附表 G-13　公法线长度 L'（$m=1$，$\alpha=20°$）　　单位：mm

齿轮齿数 z	跨测齿数 n	公法线长度 L'	齿轮齿数 z	跨测齿数 n	公法线长度 L'	齿轮齿数 z	跨测齿数 n	公法线长度 L'
			31	4	10.766 6	61	7	20.043 2
			32	4	10.780 6	62	7	20.057 2
			33	4	10.794 6	63	8	23.023 3
4	2	4.484 2	34	4	10.808 6	64	8	23.037 3
5	2	4.498 2	35	4	10.822 6	65	8	23.051 3
6	2	4.512 2	36	5	13.788 8	66	8	23.065 3
7	2	4.526 2	37	5	13.802 8	67	8	23.079 3
8	2	4.540 2	38	5	13.816 8	68	8	23.093 3
9	2	4.554 2	39	5	13.830 8	69	8	23.107 3
10	2	4.568 3	40	5	13.844 8	70	8	23.121 3
11	2	4.582 3	41	5	13.858 8	71	9	23.135 3
12	2	4.596 3	42	5	13.872 8	72	9	26.101 5
13	2	4.610 3	43	5	13.886 8	73	9	26.115 5
14	2	4.624 3	44	5	13.900 8	74	9	26.129 5
15	2	4.638 3	45	6	16.867 0	75	9	26.143 5
16	2	4.652 3	46	6	16.881 0	76	9	26.157 5
17	2	4.666 3	47	6	16.895 0	77	9	26.171 5
18	3	7.632 4	48	6	16.909 0	78	9	26.185 5
19	3	7.646 4	49	6	16.923 0	79	9	26.199 5
20	3	7.660 4	50	6	16.937 0	80	9	26.213 5
21	3	7.674 4	51	6	16.951 0	81	10	29.179 7
22	3	7.688 4	52	6	16.966 0	82	10	29.193 7
23	3	7.702 4	53	6	16.979 0	86	10	29.207 7
24	3	7.716 5	54	7	19.945 2	84	10	29.221 7
25	3	7.730 5	55	7	19.959 1	85	10	29.235 7
26	3	7.744 5	56	7	19.973 1	86	10	29.249 7
27	4	10.710 6	57	7	19.987 1	87	10	29.263 7
28	4	10.724 6	58	7	20.001 1	88	10	29.277 7
29	4	10.738 6	59	7	20.015 2	89	10	29.291 7
30	4	10.752 6	60	7	20.029 2	90	11	32.257 9

附录 H　减速器附件结构

附表 H-1　凸缘式轴承端盖及尺寸

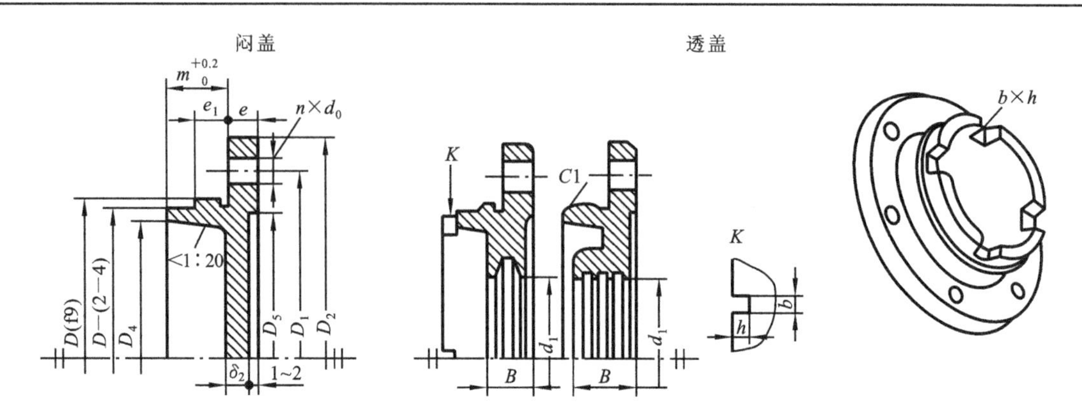

符　　号	尺寸关系				符　　号	尺寸关系
D(轴承外径)	30～60	62～100	110～130	140～280	D_5	$D_1-(2.5\sim3)d_3$
d_3(螺钉直径)	6～8	8～10	10～12	12～16	e	$1.2d_3$
n(螺钉数)	4	4	6	6	e_1	$(0.1\sim0.15)D(e_1\geqslant e)$
d_0	$d_3+(1\sim2)$				m	由结构确定
D_1	无套杯时：$D_1=D+2.5d_3$				δ_2	8～10
	有套杯时：$D_1=D+2.5d_3+2\delta_2$				b	8～10
	套杯厚度：$s_2=7\sim12$				h	$(0.8\sim1)b$
D_2	$D_1+(2.5\sim3)d_3$				透盖密封槽的结构尺寸	由密封方式及其装置决定
D_4	$(0.85\sim0.9)D$					

附表 H-2　嵌入式轴承端盖结构及尺寸

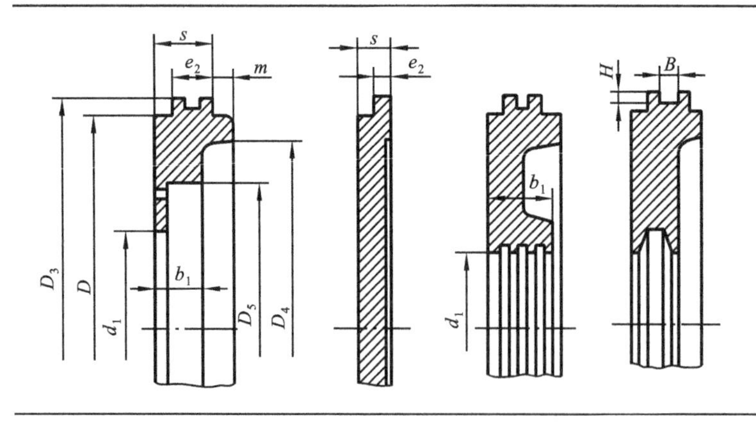

材料 HT150

$e_2=5\sim10$ mm

$s=10\sim15$ mm

m 由结构确定

$D_3=D+e_2$，装有 O 形圈的，按 O 形圈外径取整

D_5、d_1、b_1 等由密封尺寸确定

H、B 按 O 形圈沟槽尺寸确定

D_4 由轴承结构确定

附表 H-3　套杯

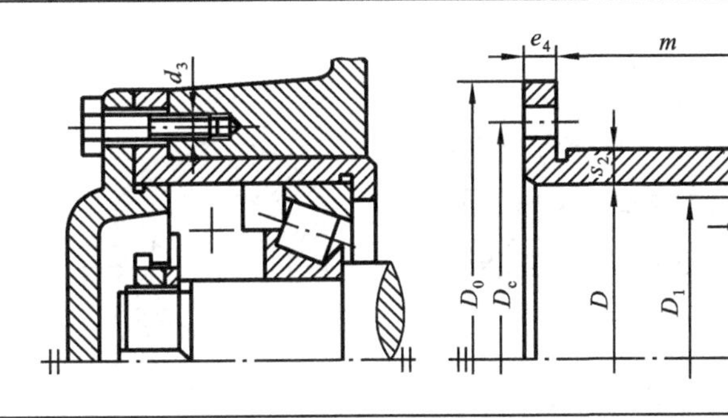

材料 HT150

$s_1 \approx s_2 \approx e_4 = 7 \sim 12$ mm

m 按结构确定

$D_c = D + 2s_2 + 2.5d_3$

$D_0 = D_c + 2.5d_3$

D_1 由轴承安装尺寸确定

附表 H-4　调整垫片组

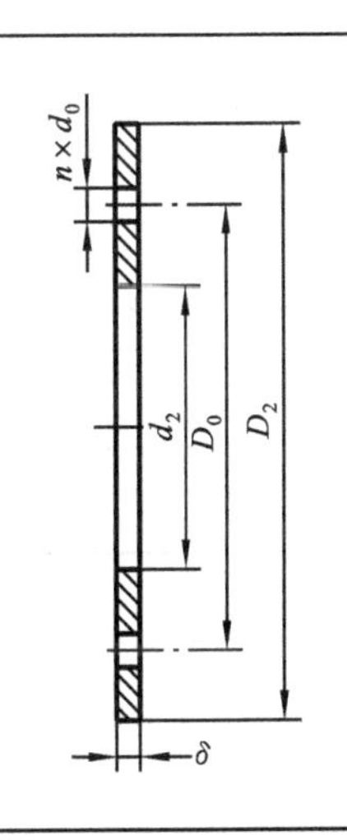

组别 / 尺寸	A 组			B 组			C 组		
厚度 δ/mm	0.5	0.2	0.1	0.5	0.15	0.1	0.5	0.15	0.125
片数 n'	3	4	2	1	4	4	1	3	3

注:1. 材料:冲压铜片或 08 钢抛光。

2. 凸缘式轴承盖用的调整垫片。

　$d_2 = D + (2 \sim 4)$ mm,D 为轴承外径

　D_0、D_2 和 $n \times d_0$ 按轴承盖结构确定

3. 嵌入式轴承盖用的调整垫片(调整环):

　$D_2 = D - 1$ mm

　d_2 按轴承外圈的安装尺寸确定

4. 建议准备 0.05 mm 的垫片若干,以备调整微小间隙用

附表 H-5　通气器 1

单位:mm

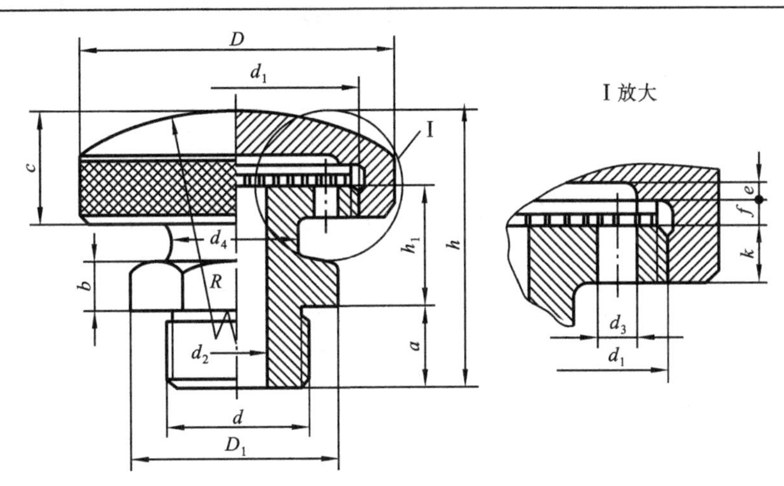

d	d_1	d_2	d_3	d_4	D	h	a	b	c	h_1	R	D_1	k	e	f
M18×1.5	M33×1.5	8	3	16	40	40	12	7	16	18	40	25.4	6	2	2
M27×1.5	M48×1.5	12	4.5	24	60	54	15	10	22	24	60	36.9	7	2	2
M36×1.5	M64×1.5	16	6	30	80	70	20	13	28	32	80	53.1	10	3	3

附表 H-6　通气器 2　　单位：mm

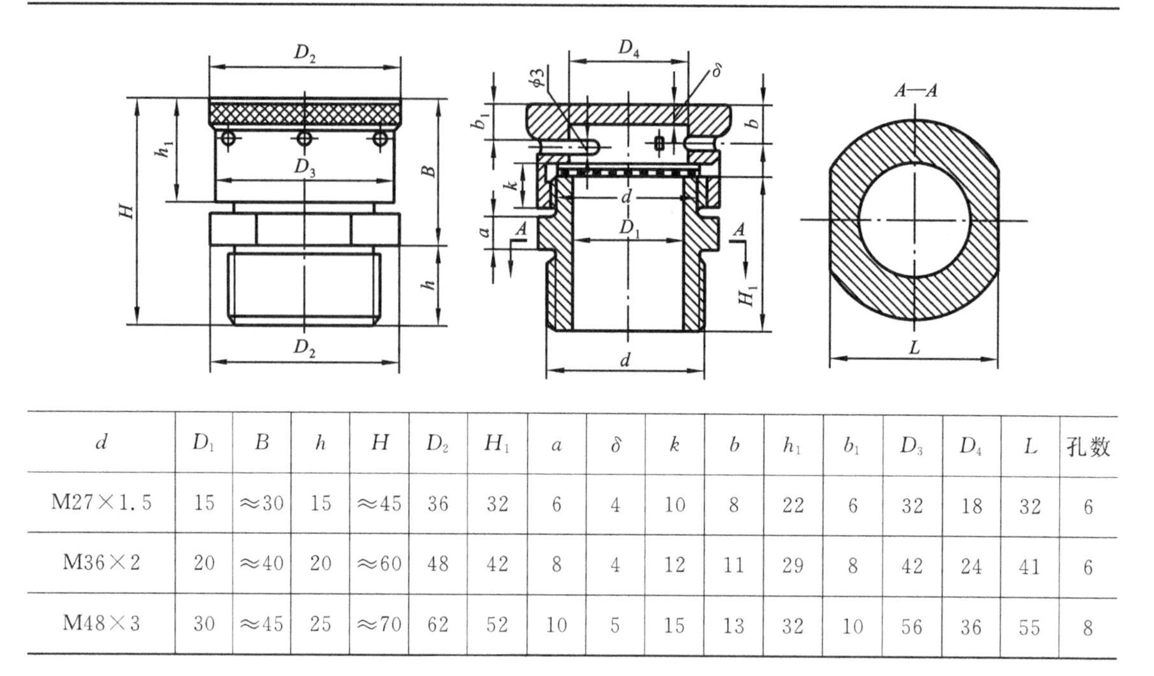

d	D_1	B	h	H	D_2	H_1	a	δ	k	b	h_1	b_1	D_3	D_4	L	孔数
M27×1.5	15	≈30	15	≈45	36	32	6	4	10	8	22	6	32	18	32	6
M36×2	20	≈40	20	≈60	48	42	8	4	12	11	29	8	42	24	41	6
M48×3	30	≈45	25	≈70	62	52	10	5	15	13	32	10	56	36	55	8

附表 H-7　通气塞　　单位：mm

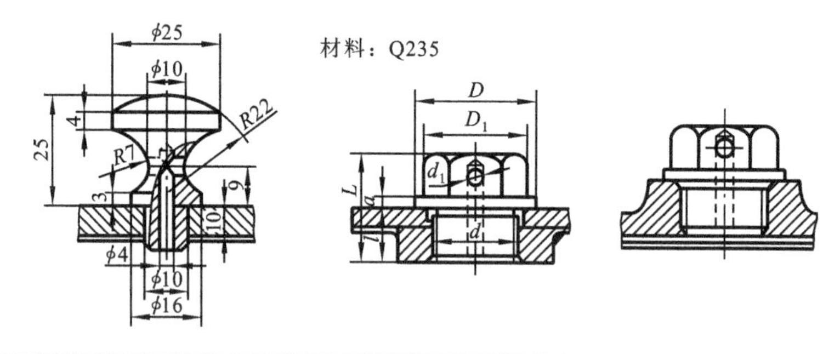

d	D	D_1	S	L	l	a	d_1
M12×1.25	18	16.5	14	19	10	2	4
M16×1.5	22	19.6	17	23	12	2	5
M20×1.5	30	25.4	22	28	15	4	6
M22×1.5	32	25.4	22	29	15	4	7
M27×1.5	38	31.2	27	34	18	4	8
M30×2	42	36.9	32	36	18	4	8

注：S—螺母扳手宽度。

附表 H-8　检查孔盖　　　　单位：mm

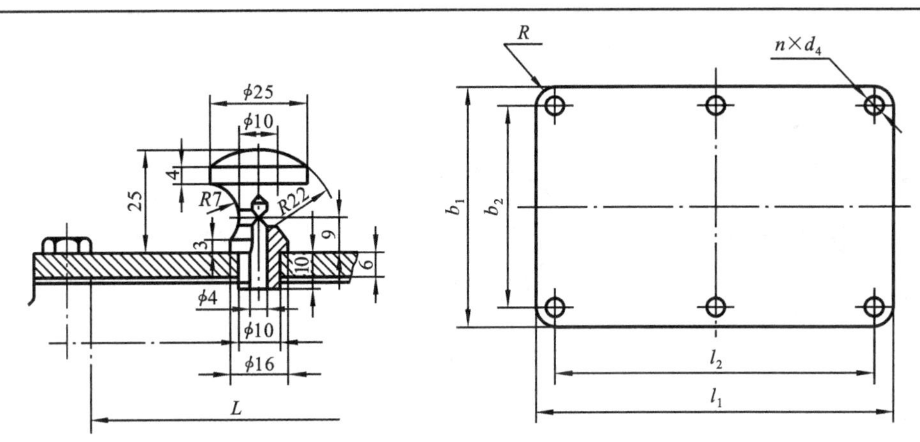

减速器中心距 a	检查孔尺寸		检查孔盖尺寸						
	b	L	b_1	l_1	b_2	l_2	R	孔径 d_4	孔数 n
100～150	50～60	90～110	80～90	120～140	$1/2(b+b_1)$	$1/2(l+l_1)$	5	6.5	4
150～250	60～75	110～130	90～105	140～160					
250～400	75～110	130～180	105～140	160～210				9	6

注：1. 二级减速器 a 按总中心距计并应取偏大值。

2. 检查孔盖用钢板制作时，厚度取 6 mm，材料 Q235。

3. 检查孔长 L 和宽 b 可根据结构自行在本表所提供的尺寸范围内选取，宽 b 在图中省略未标。

附表 H-9　圆形油标　　　　单位：mm

压配式圆形油标(GB 1160.1—1989)

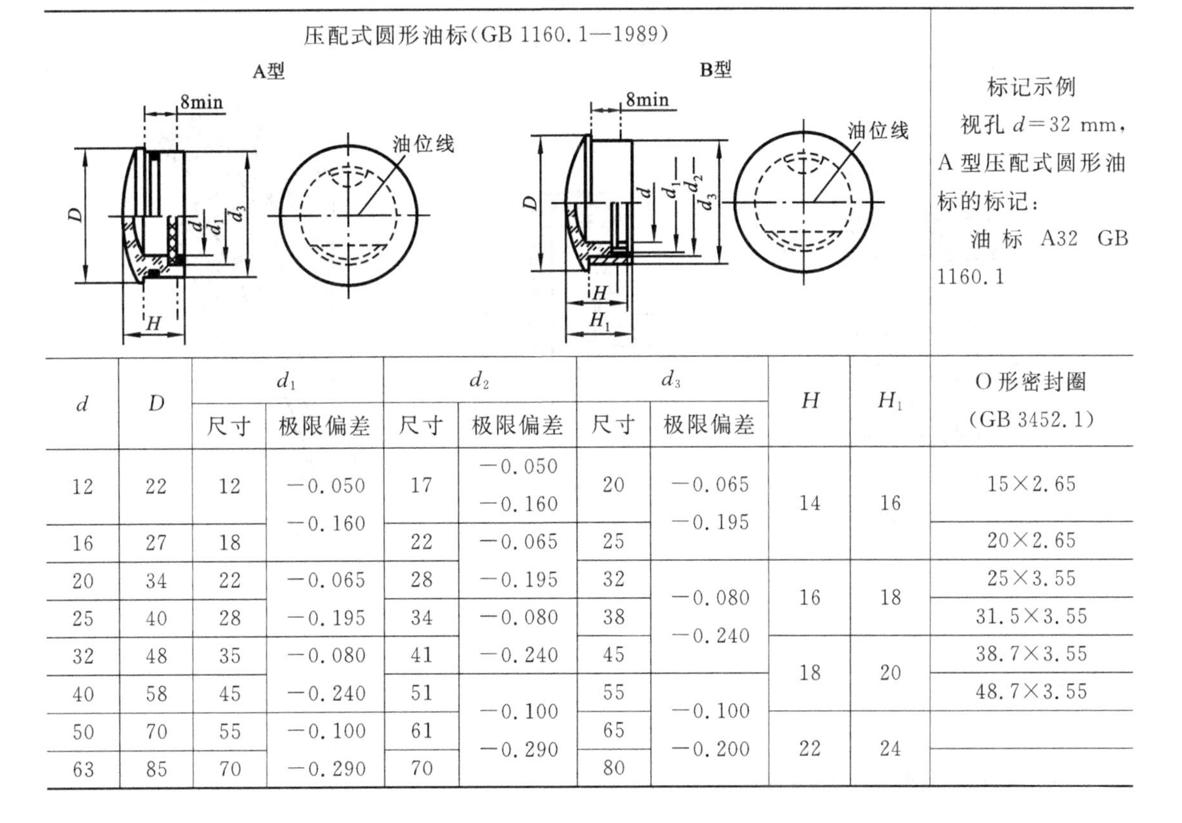

标记示例

视孔 d=32 mm，A 型压配式圆形油标的标记：

油标 A32 GB 1160.1

d	D	d_1		d_2		d_3		H	H_1	O 形密封圈 (GB 3452.1)
		尺寸	极限偏差	尺寸	极限偏差	尺寸	极限偏差			
12	22	12	−0.050 −0.160	17	−0.050 −0.160	20	−0.065 −0.195	14	16	15×2.65
16	27	18		22	−0.065 −0.195	25				20×2.65
20	34	22	−0.065 −0.195	28		32	−0.080 −0.240	16	18	25×3.55
25	40	28		34	−0.080 −0.240	38				31.5×3.55
32	48	35	−0.080 −0.240	41		45		18	20	38.7×3.55
40	58	45		51	−0.100 −0.290	55	−0.100 −0.200			48.7×3.55
50	70	55	−0.100 −0.290	61		65		22	24	
63	85	70		70		80				

续表

旋入式圆形油标(GB 1160.2—1989)

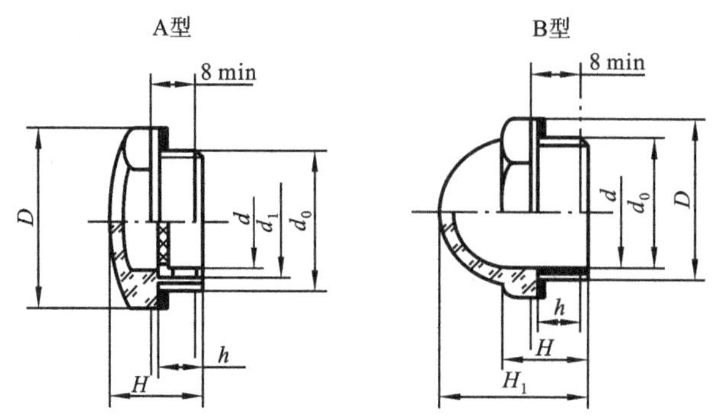

标记示例

视孔 $d=32$ mm,A 型旋入式圆形油标的标记:

油标 A32 GB 1160.2

d	d_0	D		d_1		S		H	H_1	h
		基本尺寸	极限偏差	基本尺寸	极限偏差	基本尺寸	极限偏差			
10	M16×1.5	22	−0.065 −0.195	12	−0.050 −0.160	21	0 −0.33	15	22	8
20	M27×1.5	36	−0.080 −0.240	22	−0.065 −0.195	32	0 −1.00	18	30	10
32	M42×1.5	52	−0.100 −0.290	35	−0.080 −0.240	46		22	40	12
50	M60×2	72		55	−0.100 −0.290	65	0 −1.20	26	—	14

附表 H-10　杆式油标　　单位:mm

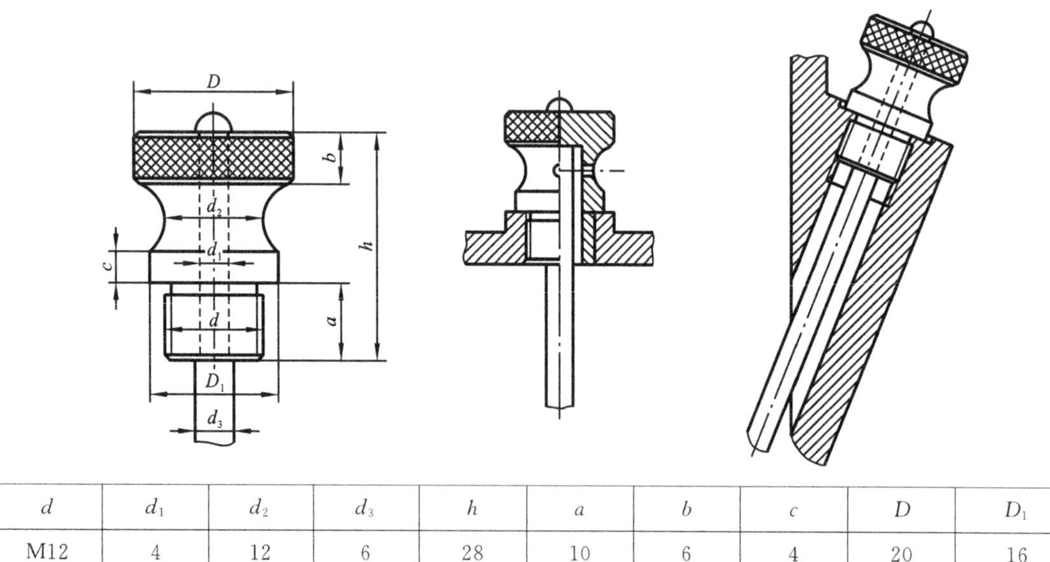

d	d_1	d_2	d_3	h	a	b	c	D	D_1
M12	4	12	6	28	10	6	4	20	16
M16	4	16	6	35	12	8	5	26	22
M20	6	20	8	42	15	10	6	32	36

注:表中左图为具有通气孔的杆式油标。

附表 H-11　放油螺塞

外六角螺塞(JB/ZQ14450—1986)

软钢纸板油圈(QB365—1981)

耐油石棉橡胶板油圈(GB539—1983)　　单位:mm

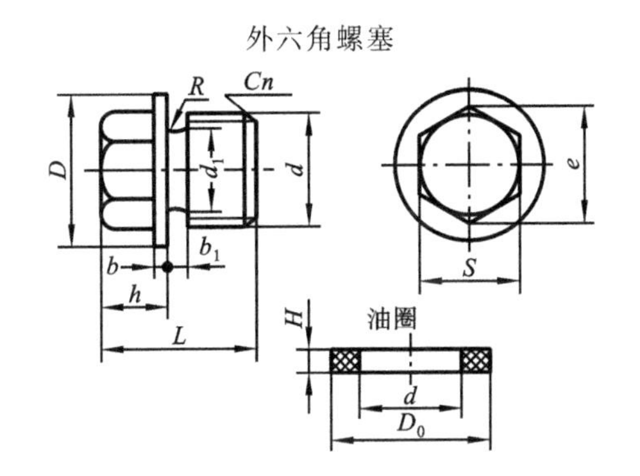

标记示例

螺塞 M20×1.5 JB/ZQ/4450—1986

油圈 30×20QB 365—1981(D_0=30 mm,d=20 mm 的软钢纸板油圈)

油圈 30×20GB 539—1983(D_0=30 mm,d=20 mm 的皮封油圈)

<table>
<tr><th rowspan="2">d</th><th rowspan="2">d1</th><th rowspan="2">D</th><th rowspan="2">e</th><th rowspan="2">S</th><th rowspan="2">L</th><th rowspan="2">h</th><th rowspan="2">b</th><th rowspan="2">b1</th><th rowspan="2">R</th><th rowspan="2">n</th><th rowspan="2">D0</th><th colspan="2">H</th></tr>
<tr><th>软钢纸圈</th><th>耐油石棉橡胶圈</th></tr>
<tr><td>M10×1</td><td>8.5</td><td>18</td><td>12.7</td><td>11</td><td>20</td><td>10</td><td rowspan="4">4</td><td rowspan="2">2</td><td rowspan="2">0.5</td><td>0.7</td><td>18</td><td rowspan="5">2</td><td rowspan="6">2</td></tr>
<tr><td>M12×1.25</td><td>10.2</td><td>22</td><td>15.0</td><td>13</td><td>24</td><td rowspan="2">12</td><td rowspan="4">1.0</td><td rowspan="2">22</td></tr>
<tr><td>M14×1.5</td><td>11.8</td><td>23</td><td>20.8</td><td>18</td><td>25</td><td rowspan="4">3</td><td rowspan="7">1</td></tr>
<tr><td>M18×1.5</td><td>15.8</td><td>28</td><td rowspan="2">24.2</td><td rowspan="2">21</td><td>27</td><td rowspan="3">15</td><td>25</td></tr>
<tr><td>M20×1.5</td><td>17.8</td><td>30</td><td rowspan="2">30</td><td rowspan="5">4</td><td>30</td></tr>
<tr><td>M22×1.5</td><td>19.8</td><td>32</td><td>27.7</td><td>24</td><td rowspan="4">1.5</td><td>32</td><td rowspan="4">3</td></tr>
<tr><td>M24×2</td><td>21.0</td><td>34</td><td>31.2</td><td>27</td><td>32</td><td>16</td><td rowspan="3">4</td><td>35</td><td rowspan="3">2.5</td></tr>
<tr><td>M27×2</td><td>24.0</td><td>38</td><td>34.6</td><td>30</td><td>35</td><td>17</td><td>40</td></tr>
<tr><td>M30×2</td><td>27.0</td><td>42</td><td>39.3</td><td>34</td><td>38</td><td>18</td><td>45</td></tr>
</table>

附表 H-12　吊耳和吊钩

名称及图形	结构尺寸
吊耳(铸在箱盖上)	$c_3=(4\sim5)\delta_1$ $c_4=(1.3\sim1.5)c_3$ $b=(1.8\sim2.5)\delta_1$ $R=c_4$ $r_1\approx0.2c_3$ $r\approx0.25c_3$ δ_1为箱盖壁厚
吊耳环(铸在箱盖上)	$d=b\approx(1.8\sim2.5)\delta_1$ $R\approx(1\sim1.2)d$ $e\approx(0.8\sim1)d$ δ_1为箱盖壁厚
吊钩(铸在箱座上)	$K=c_1+c_2$ (K为箱座接合面凸缘宽度) $H\approx0.8K$ $h\approx0.5H$ $r\approx0.25K$ $b\approx(1.8\sim2.5)\delta$ δ为箱座壁厚
吊钩(铸在箱座上)	$K=c_1+c_2$ $H\approx0.8K$ $h\approx0.5H$ $r\approx K/6$ $b\approx(1.8\sim2.5)\delta$ H_1按结构确定 δ为箱座壁厚

附录Ⅰ　公差与配合、形位公差和表面粗糙度

附表 Ⅰ-1　标准公差数值(GB/T 1800.3—1998 摘录)　　单位:μm

基本尺寸/mm		>6~10	>10~18	>18~30	>30~50	>50~80	>80~120	>120~180	>180~250	>250~315	>315~400
公差等级	IT5	6	8	9	11	13	15	18	20	23	25
	IT6	9	11	13	16	19	22	25	29	32	26
	IT7	15	18	21	25	30	35	40	46	52	57
	IT8	22	27	33	39	46	54	63	72	81	89
	IT9	36	43	52	62	74	87	100	115	130	140
	IT10	58	70	84	100	120	140	160	185	210	230
	IT11	90	110	130	160	190	220	350	290	320	360
	IT12	150	180	210	250	300	350	400	460	520	570

附表 Ⅰ-2　孔的极限偏差值(GB/T 1800.3—1998 摘录)　　单位:μm

基本尺寸/mm		>18~24	>24~30	>30~40	>40~50	>50~65	>65~80	>80~100	>100~120	>120~180	>180~250	>250~315
公差带	D7	+86 +65		+105 +80		+130 +120		+155 +120		+185 +145	+216 +170	+242 +190
	D8	+98 +65		+119 +80		+146 +100		+174 +120		+208 +145	+242 +170	+242 +190
	▼D9	+117 +65		+142 +80		+174 +100		+207 +120		+245 +145	+285 +170	+271 +190
	D10	+149 +65		+180 +80		+200 +100		+260 +120		+305 +145	+355 +170	+320 +190
	D11	+195 +65		+240 +80		+290 +100		+340 +120		+395 +145	+460 +170	+400 +190
	▼H7	+21 0		+25 0		+30 0		+35 0		+40 0	+46 0	+52 0
	▼H8	+33 0		+39 0		+46 0		+54 0		+63 0	+72 0	+81 0
	▼H9	+52 0		+62 0		+74 0		+87 0		+100 0	+115 0	+130 0
	H10	+84 0		+100 0		+120 0		+140 0		+160 0	+185 0	+210 0
	▼H11	+130 0		+160 0		+190 0		+220 0		+250 0	+290 0	+320 0

注:标注▼者为优先公差带,应优先选用。

附表 I-3　轴的极限偏差值(GB/T 1800.3—1998 摘录)　　　　单位:μm

基本尺寸 /mm		>18 ~24	>24 ~30	>30 ~40	>40 ~50	>50 ~65	>65 ~80	>80 ~100	>100 ~120	>120 ~140	>140 ~160	>160 ~180	>180 ~200
公差带	▼d9	−65 −117		−80 −142		−100 −174		−120 −207		−145 −245			−170 −285
	d10	−65 −149		−80 −180		−100 −220		−120 −260		−145 −305			−170 −355
	d11	−65 −195		−80 −240		−100 −290		−120 −340		−145 −395			−170 −460
	▼f7	−20 −41		−25 −50		−30 −60		−36 −71		−43 −83			−50 −96
	f8	−20 −53		−25 −64		−30 −76		−36 −90		−43 −106			−50 −122
	f9	−20 −72		−25 −87		−30 −104		−36 −123		−43 −143			−50 −165
	▼h7	0 −21		0 −25		0 −30		0 −35		0 −40			0 −46
	h8	0 −33		0 −39		0 −46		0 −54		0 −63			0 −72
	▼h9	0 −52		0 −62		0 −74		0 −87		0 −100			0 −115
	h10	0 −84		0 −100		0 −120		0 −140		0 −160			0 −185
	▼h11	0 −130		0 −160		0 −190		0 −220		0 −250			0 −290
	js5	±4.5		±5.5		±6.5		±7.5		±9			±10
	js6	±6.5		±8		±9.5		±11		±12.5			±14.5
	js7	±10		±12		±15		±17		±20			±23
	k5	+11 +2		+13 +2		+15 +2		+18 +3		+21 +3			+24 +4
	▼k6	+15 +2		+18 +2		+21 +2		+25 +3		+28 +3			+33 +4
	k7	+23 +2		+27 +2		+32 +2		+38 +3		+43 +3			+50 +4
	m5	+17 +8		+20 +9		+24 +11		+28 +13		+33 +15			+37 +17
	m6	+21 +8		+25 +9		+30 +11		+35 +13		+40 +15			+46 +17
	m7	+29 +8		+34 +9		+41 +11		+48 +13		+55 +15			+63 +17
	n5	+24 +15		+28 +17		+33 +20		+38 +23		+45 +27			+51 +31

续表

基本尺寸 /mm		>18～24	>24～30	>30～40	>40～50	>50～65	>65～80	>80～100	>100～120	>120～140	>140～160	>160～180	>180～200
公差带	▼n6	+28 +15		+33 +17		+38 +20		+45 +23		+52 +27			+60 +31
	n7	+36 +15		+42 +17		+50 +20		+58 +23		+67 +27			+77 +31
	r5	+37 +28		+45 +34		+54 +41	+56 +43	+66 +51	+69 +54	+81 +63	+83 +65	+86 +68	+97 +77
	r6	+41 +28		+50 +34		+60 +41	+62 +34	+73 +51	+76 +54	+88 +63	+90 +65	+93 +68	+106 +77
	r7	+49 +28		+59 +34		+71 +41	+73 +43	+86 +51	+89 +54	+103 +63	+105 +65	+108 +68	+123 +77

注：标注▼者为优先公差带，应优先选用。

附表 I-4　轮毂与轴的配合

配　　合	特点与应用	装配方法
$\frac{H7}{s6}$	受重载、大冲击载荷、转速较高时仍能保持零件的相对位置	压力机装配
$\frac{H7}{r6}$、$\frac{H7}{n6}$	受冲击、振动时能保证相互对中、用于轮芯与齿圈的配合，或不常拆卸的轴毂配合	压力机或锤装配
$\frac{H7}{m6}$、$\frac{H7}{k6}$	能保证在载荷平稳下零件相互对中，用于较常拆卸的轴毂联接，如齿轮与轴、联轴器与轴	压力机或锤装配
$\frac{H7}{js6}$	用于需保证相配零件对中又经常拆卸的轴毂联接	压力机或锤装配

附表 I-5　滚动轴承、轴套及轴承盖的配合

轴承内圈与轴	k6、m6	轴承套杯与机座孔	$\frac{H7}{h6}$、$\frac{H7}{js6}$
轴承外圈与机座孔	H7、J7、JS7	轴承盖与机座孔	$\frac{H7}{f8}$、$\frac{H7}{h8}$
轴套、挡油盘与轴	$\frac{F9}{m8}$、$\frac{D9}{n8}$、$\frac{E9}{k6}$、$\frac{E9}{js6}$、$\frac{H8}{k7}$	嵌入式轴承盖凸缘与机座凹槽	$\frac{H11}{h11}$

附表 I-6　形位公差和公差等级推荐

轴			箱　体	
项　目		公差等级	项　目	公差等级
与滚动轴承配合处	配合直径圆柱度	5	轴承座孔的圆柱度	6～7
	定位轴肩端面圆跳动或垂直度	6	轴承座孔端面对中心线的垂直度或圆跳动	7
	定位轴颈表面相对基准轴线的圆跳动	6	两轴承座孔同轴度	6～7

续表

轴			箱　体	
项　目		公差等级	项　目	公差等级
与传动零件配合处	配合轴颈表面相对基准轴线的圆跳动或同轴度	6～8	箱体接合平面度	7
	定位轴肩端面圆跳动或垂直度	6～8	箱体轴承座孔中心线相对接合面的对称度	10～11
键槽	对称度	7～9	轴承孔中心线的平行度、垂直度等与传动副有关	查齿轮或蜗杆传动精度

附表 I-7　圆度、圆柱度公差值(GB/T 1184—1996 摘录)　　单位:μm

公差等级	主　参　数/mm									应 用 举 例
	>18～30	>30～50	>50～80	>80～120	>120～180	>180～250	>250～315	>315～400	>400～500	
5	2.5	2.5	3	4	5	7	8	9	10	安装/P6 和 P0 级滚动轴承的配合面、中等压力下的液压装置工作面(包括泵、压缩机的活塞和气缸)、风动绞车曲轴、通用减速机轴颈、一般机床主轴
6	4	4	5	6	8	10	12	13	15	
7	6	7	8	10	12	14	16	18	20	发动机的涨圈和活塞销及连杆装衬套的孔等、千斤顶或压力液压缸活塞、水泵及减速机轴颈、液压传动系统的分配机构
8	9	11	13	15	18	20	23	25	27	
9	13	16	19	22	25	29	32	36	40	起重机、卷扬机用的滑动轴承,带软密封的低压泵的活塞和气缸　通用机械杠杆、拖拉机的活塞环与套筒孔
10	21	25	30	35	40	46	52	57	63	
11	33	39	46	54	63	72	81	89	97	
12	52	62	74	87	100	115	130	140	155	

注:以被测要素的圆柱、球、圆的直径作为主参数。

附表 I-8　平行度、垂直度、倾斜度公差值(GB/T 1184—1996 摘录)　　单位:μm

公差等级	主　参　数/mm								应 用 举 例	
	>25～40	>40～63	>63～100	>100～160	>160～250	>250～400	>400～630	>630～1000	平　行　度	垂直度和倾斜度
4	6	8	10	12	15	20	25	30	用于重要轴承孔对基准面的要求,一般减速器箱体孔的中心线等	用于安装/P4、/P5级轴承的箱体的凸肩,发动机轴和离合器的凸缘
5	10	12	15	20	25	30	40	50		

续表

公差等级	主参数/mm								应用举例	
	>25~40	>40~63	>63~100	>100~160	>160~250	>250~400	>400~630	>630~1000	平行度	垂直度和倾斜度
6	15	20	25	30	40	50	60	80	用于一般机械中箱体孔中心线的要求，如减速器箱体的轴承孔、7~10级精度齿轮传动箱体的中心线	用于安装/P6、/P0级轴承的箱体孔轴线，低精度机床主要基准面和工作面
7	25	30	40	50	60	80	100	120		
8	40	50	60	80	100	120	150	200	用于重型机械轴承盖的端面，手动传动装置中的传动轴	用于一般导轨，普通传动箱体中的凸肩
9	60	80	100	120	150	200	250	300	用于低精度零件、重型机械滚动轴承端盖等	减速器箱体平面、花键轴轴肩端面等
10	100	120	150	200	250	300	400	500		
11	150	200	250	300	400	500	600	800	零件的非工作面	农业机械齿轮端面等
12	250	300	400	500	600	800	1000	1200		

注：以被测要素的直径或长度作为主参数。

附表 I-9　同轴度、对称度、圆跳动和全跳动公差值(GB/T 1184—1996 摘录)　　单位：μm

公差等级	主参数/mm								应用举例
	>3~6	>6~10	>10~18	>18~30	>30~50	>50~120	>120~250	>250~500	
4	2	2.5	3	4	5	6	8	10	机床主轴轴颈、汽轮机主轴
5	3	4	5	6	8	10	12	15	尺寸按IT6制造的零件，机床轴颈、汽轮机主轴，高精度高速轴6级精度齿轮轴的配合面
6	5	6	8	10	12	15	20	25	尺寸按IT6、7制造的零件、内燃机曲轴、水泵轴及7级精度齿轮轴的配合面
7	8	10	12	15	20	25	30	40	尺寸按IT7、8制造的零件、普通精度的高速轴(1 000 r/min以下)、8级精度齿轮的配合面
8	12	15	20	25	30	40	50	60	9级精度以下齿轮轴的配合面、水泵叶轮、离心泵泵体，以及通常按尺寸精度IT9制造的零件
9	25	30	40	50	60	80	100	120	内燃机气缸套配合面、自行车中轴

续表

公差等级	主　参　数/mm								应用举例
	>3～6	>6～10	>10～18	>18～30	>30～50	>50～120	>120～250	>250～500	
10	50	60	80	100	120	150	200	250	内燃机活塞环槽底径对活塞中心、气缸套外圈对内孔
11	80	100	120	150	200	250	300	400	无特殊要求，尺寸精度按 IT12 制造的零件
12	150	200	250	300	400	500	600	800	

注：以被测要素的直径或宽度作为主参数。

附表 I-10　直线度、平面度公差值（GB/T 1184—1996 摘录）　　单位：μm

公差等级	主　参　数/mm										应用举例
	≤10	>10～16	>16～25	>25～40	>40～63	>63～100	>100～160	>160～250	>250～400	>400～630	
5	2	2.5	3	4	5	6	8	10	12	15	平面磨床导轨、液压龙门刨及转塔车床导轨，柴油机进排气门导杆
6	3	4	5	6	8	10	12	15	20	25	普通机床导轨及柴油机机体的结合面
7	5	6	8	10	12	15	20	25	30	40	机床主轴箱、镗床工作台、液压泵泵盖
8	8	10	12	15	20	25	30	40	50	60	机床主轴箱及减速机箱体的结合面、油泵、轴系支承轴承的结合面
9	12	15	20	25	30	40	50	60	80	100	辅助机构或手动机械的支承面、柴油机缸体和连杆的分离面
10	20	25	30	40	50	60	80	100	120	150	床身底面，液压管件和法兰的连接面
11	30	40	50	60	80	100	120	150	200	250	离合器的摩擦片

注：直线度以棱线、素线和回转表面的轴线长度作为主参数；平面度以矩形平面的较长边和圆平面的直径作为主参数。

附表 I-11　齿(蜗)轮加工表面粗糙度的推荐值　　单位：μm

<table>
<tr><th colspan="2">加工表面</th><th colspan="4">表面粗糙度 Ra 值</th></tr>
<tr><td rowspan="4">轮齿表面</td><td rowspan="2">齿(蜗)轮类型</td><td colspan="4">齿(蜗)轮精度等级</td></tr>
<tr><td>6</td><td>7</td><td>8</td><td>9</td></tr>
<tr><td>齿轮、蜗轮</td><td>1.6</td><td>1.6～3.2</td><td>3.2～6.3</td><td></td></tr>
<tr><td>蜗杆</td><td>0.4</td><td>0.4～0.8</td><td>0.8～1.6</td><td>1.6～3.2</td></tr>
<tr><td colspan="2">齿顶圆</td><td colspan="2">3.2</td><td colspan="2">3.2～6.3</td></tr>
<tr><td colspan="2">轮毂孔</td><td colspan="2">0.8～1.6</td><td colspan="2">1.6～3.2</td></tr>
</table>

续表

加 工 表 面	表面粗糙度 *Ra* 值	
定位端面	1.6～3.2	3.2
平键键槽	工作面 1.6～3.2,非工作面 6.3～12.5	
轮圈与轮芯配合面	0.8～1.6	1.6～3.2
其他加工表面	6.3～12.5	

附表 I-12　轴加工表面粗糙度 *Ra* 的推荐值　　单位:μm

加 工 表 面	表面粗糙度 *Ra* 值				
与齿(蜗)轮及联轴器毂孔相配的表面	1.6～0.8				
与 0 级滚动轴承相配的表面和定位轴肩端面	1.6～0.8				
传动件定位轴肩端面	1.6～3.2				
与密封件接触的轴表面	毡　封	橡 胶 油 封			间隙或迷宫
	装密封件处圆周速度/(m·s^{-1})				3.2～1.6
	≤4	≤3	>3～5	>5～10	
	0.8～0.4	0.8～0.4	0.4～0.2	0.2～0.1	
平键键槽	3.2(工作面)、6.3(非工作面)				
非配合的圆柱面	3.2～6.3				
其他表面	6.3～12.5				

附表 I-13　减速器箱体、轴承端盖及轴承套杯加工表面粗糙度 *Ra* 的推荐值　　单位:μm

加 工 表 面	表面粗糙度 *Ra*	加 工 表 面	表面粗糙度 *Ra*
减速器箱体的分箱面	1.6～3.2	轴承端盖及轴承套杯等其他配合面	3.2～1.6
普通精度等级滚动轴承的轴承座孔	1.6～3.2	油标及检查孔连接面	6.3～12.5
轴承座孔凸缘的端面	1.6～3.2	圆锥销孔	0.8～1.6
螺栓孔、螺栓或螺钉的沉孔	6.3～12.5	减速器底面	6.3～12.5

附录J 电 动 机

附表 J-1 Y 系列三相异步电动机的型号及相关数据

电动机型号	额定功率/kW	满载转速/(r/min)	启动转矩/额定转矩	最大转矩/额定转矩
同步转速 750 r/min				
Y132S-8	2.2	710	2.0	2.0
Y132M-8	3	710	2.0	2.0
Y160M1-8	4	720	2.0	2.0
Y160M2-8	5.5	720	2.0	2.0
Y160L-8	7.5	720	2.0	2.0
Y180L-8	11	730	1.7	2.0
Y200L-8	15	730	1.8	2.0
Y225S-8	18.5	730	1.7	2.0
Y225M-8	22	730	1.8	2.0
Y250M-8	30	730	1.8	2.0
Y280S-8	37	740	1.8	2.0
Y280M-8	45	740	1.8	2.0
同步转速 1 000 r/min				
Y90S-6	0.75	910	2.0	2.0
Y90L-6	1.1	910	2.0	2.0
Y100L-6	1.5	940	2.0	2.0
Y112M-6	2.2	940	2.0	2.0
Y132S-6	3	960	2.0	2.0
Y132M1-6	4	960	2.0	2.0
Y132M2-6	5.5	960	2.0	2.0
Y160M-6	7.5	970	2.0	2.0
Y160L-6	11	970	2.0	2.0
Y180L-6	15	970	1.8	2.0
Y200L1-6	18.5	970	1.8	2.0
Y200L2-6	22	970	1.8	2.0
Y225M-6	30	980	1.7	2.0
Y250M-6	37	980	1.8	2.0
Y280S-6	45	980	1.8	2.0
同步转速 1 500 r/min				
Y801-4	0.55	1 390	2.2	2.2
Y802-4	0.75	1 390	2.2	2.2
Y90S-4	1.1	1 400	2.2	2.2
Y90L-4	1.5	1 400	2.2	2.2
Y100L1-4	2.2	1 420	2.2	2.2
Y100L2-4	3	1 420	2.2	2.2
Y112M-4	4	1 440	2.2	2.2
Y132S-4	5.5	1 440	2.2	2.2
Y132M-4	7.5	1 440	2.2	2.2
Y160M-4	11	1 460	2.2	2.2
Y160L-4	15	1 460	2.2	2.2
Y180M-4	18.5	1 470	2.0	2.2
Y180L-4	22	1 470	2.0	2.2
Y200L-4	30	1 470	2.0	2.2
Y225S-4	37	1 480	1.9	2.2
Y225M-4	45	1 480	1.9	2.2
Y250M-4	55	1 480	2.0	2.2
同步转速 3 000 r/min				
Y801-2	0.75	2 825	2.2	2.2
Y802-2	1.1	2 825	2.2	2.2
Y90S-2	1.5	2 840	2.2	2.2
Y90L-2	2.2	2 840	2.2	2.2
Y100L-2	3	2 880	2.2	2.2
Y112M-2	4	2 890	2.2	2.2
Y132S1-2	5.5	2 900	2.0	2.2
Y132S2-2	7.5	2 900	2.0	2.2
Y160M1-2	11	2 930	2.0	2.2
Y160M2-2	15	2 930	2.0	2.2
Y160L-2	18.5	2 930	2.0	2.2
Y180M-2	22	2 940	2.0	2.2
Y200L1-2	30	2 950	2.0	2.2
Y200L2-2	37	2 950	2.0	2.2
Y225M-2	45	2 970	2.0	2.2

注：Y 系列电动机的型号由四部分组成：第一部分汉语拼音字母 Y 表示异步电动机；第二部分数字表示机座中心高（机座不带底脚时，与机座带底脚时相同）；第三部分英文字母为机座长度代号（S——短机座、M——中机座，L——长机座），字母后的数字为铁心长度代号；第四部分横线后的数字为电动机的极数。例如，电动机型号 Y132S2-2 表示异步电动机，机座中心高为 132 mm，短机座，极数为 2。

附表 J-2　B3 型、机座带底脚、端盖无凸缘

单位：mm

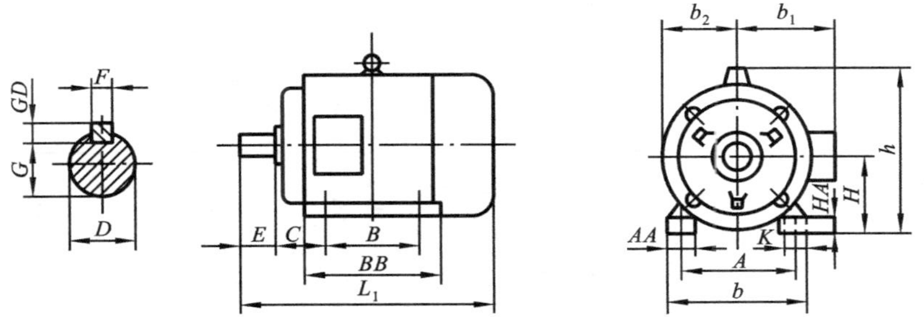

型　号	H	A	B	C	D		E		$F \times GD$		G		K	b	b_1	b_2	h	AA	BB	HA	L_1	
					2 极	4,6,8,10 极	2 极	4,6,8,10 极	2 极	4,6,8,10 极	2 极	4,6,8,10 极									2 极	4,6,8,10 极
Y80	80	125	100	50	19		40		6×6		15.5		10	160	150	85	170	34	130	10	285	
Y90S	90	140	100	56	24		50		8×7		20		10	180	155	90	190	36	130	12	310	
Y90L	90	140	125	56	24		50		8×7		20		10	180	155	90	190	36	155	12	335	
Y100L	100	160	140	63	28		60		8×7		24		12	205	180	105	245	40	176	14	380	
Y112M	112	190	140	70	28		60		8×7		24		12	245	190	115	265	50	180	15	400	
Y132S	132	216	140	89	38		80		10×8		33		12	280	210	135	315	60	200	18	475	
Y132M	132	216	178	89	38		80		10×8		33		12	280	210	135	315	60	238	18	515	
Y160M	160	254	210	108	42		110		12×8		37		15	325	255	165	385	70	270	20	600	
Y160L	160	254	254	108	42		110		12×8		37		15	325	255	165	385	70	314	20	645	
Y180M	180	279	241	121	48		110		14×9		42.5		15	355	285	180	430	70	311	22	670	
Y180L	180	279	279	121	48		110		14×9		42.5		15	355	285	180	430	70	349	22	710	
Y200L	200	318	305	133	55		110		16×10		49		19	395	310	200	475	70	379	25	775	
Y225S	225	356	286	149	55	60	110	140	16×10	18×11	49	53	19	435	345	225	530	75	368	28	—	820
Y225M	225	356	311	149	55	60	110	140	16×10	18×11	49	53	19	435	345	225	530	75	393	28	815	845
Y250M	250	406	349	168	60	65	140		18×11		53	58	24	490	385	250	575	80	455	30	930	
Y280S	280	457	368	190	65	75	140		18×11	20×12	58	67.5	24	545	410	280	640	85	530	35	1 000	
Y280M	280	475	419	190	65	75	140		18×11	20×12	58	67.5	24	545	410	280	640	85	581	35	1 000	

附录K　电动葫芦钢丝的力学性能

附表 K-1　钢丝绳结构 6×19(b)类(GB/T 20118—2006 摘录)

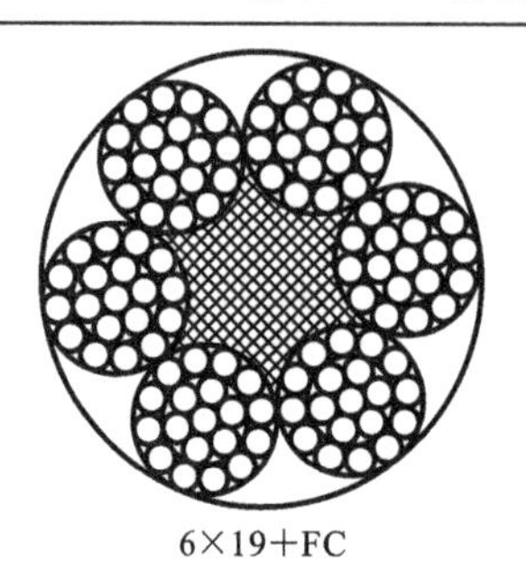

6×19+FC

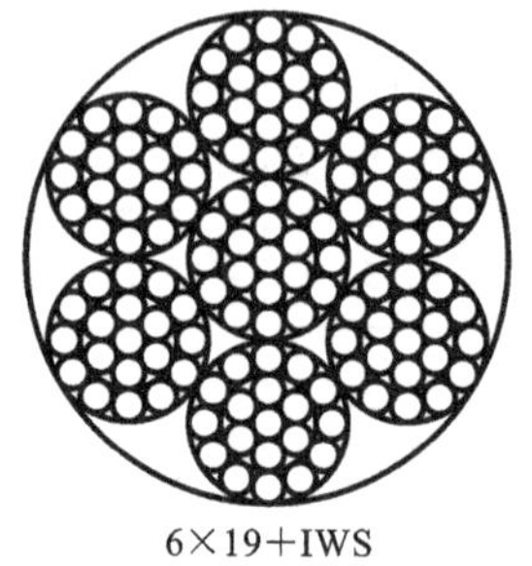

6×19+IWS

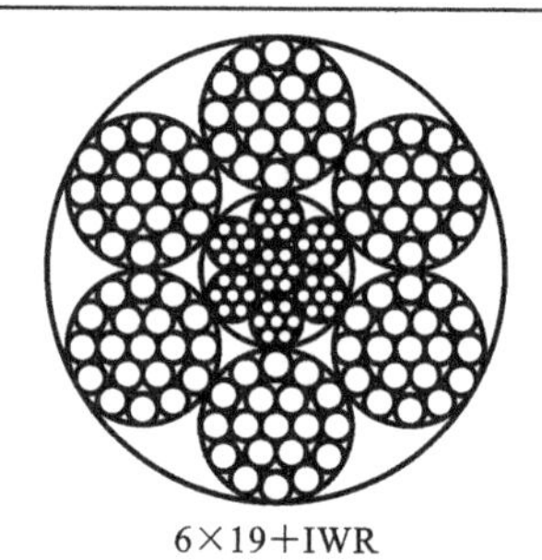

6×19+IWR

直径 3 mm～46 mm

钢丝绳公称直径/mm	参考重量/(kg/100 m)			钢丝绳公称抗拉强度/MPa							
				1 570		1 670		1 770		1 870	
				钢丝绳最小破断拉力/kN							
	天然纤维芯钢丝绳	合成纤维芯钢丝绳	钢芯钢丝绳	纤维芯钢丝绳	钢芯钢丝绳	纤维芯钢丝绳	钢芯钢丝绳	纤维芯钢丝绳	钢芯钢丝绳	纤维芯钢丝绳	钢芯钢丝绳
3	3.16	3.10	3.60	4.34	4.69	4.61	4.99	4.89	5.29	5.17	5.59
4	5.62	5.50	6.40	7.71	8.34	8.20	8.87	8.69	9.40	9.19	9.93
5	8.78	8.60	10.0	12.0	13.0	12.8	13.9	13.6	14.7	14.4	15.5
6	12.6	12.4	14.4	17.4	18.8	18.5	20.0	19.6	21.2	20.7	22.4
7	17.2	16.9	19.6	23.6	25.5	25.1	27.2	26.6	28.8	28.1	30.4
8	22.5	22.0	25.6	30.8	33.4	32.8	35.5	34.8	37.6	36.7	39.7
9	28.4	27.9	32.4	39.0	42.2	41.6	44.9	44.0	47.6	46.5	50.3
10	35.1	34.4	40.0	48.2	52.1	51.3	55.4	54.4	58.8	57.4	62.1
11	42.5	41.6	48.4	58.3	63.1	62.0	67.1	65.8	71.1	69.5	75.1
12	50.5	50.0	57.6	69.4	75.1	73.8	79.8	78.2	84.6	82.7	89.4
13	59.3	58.1	67.6	81.5	88.1	86.6	93.7	91.8	99.3	97.0	105
14	68.8	67.4	78.4	94.5	102	100	109	107	115	113	122
16	89.9	88.1	102	123	133	131	142	139	150	147	159
18	114	111	130	156	169	166	180	176	190	186	201
20	140	138	160	193	208	205	222	217	235	230	248
22	170	166	194	233	252	248	268	263	284	278	300
24	202	198	230	278	300	295	319	313	338	331	358
26	237	233	270	326	352	346	375	367	397	388	420
28	275	270	314	378	409	402	435	426	461	450	487
30	316	310	360	434	469	461	499	489	529	517	559
32	359	352	410	494	534	525	568	557	602	588	636
34	406	398	462	557	603	593	641	628	679	664	718
36	455	446	518	625	676	664	719	704	762	744	805
38	507	497	578	696	753	740	801	785	849	829	896
40	562	550	640	771	834	820	887	869	940	919	993
42	619	607	706	850	919	904	978	959	1 040	1 010	1 100
44	680	666	774	933	1 010	993	1 070	1 050	1 140	1 110	1 200
46	743	728	846	1 020	1 100	1 080	1 170	1 150	1 240	1 210	1 310

注：最小钢丝破断拉力总和＝钢丝绳最小破断拉力×1.226(纤维芯)或 1.321(钢芯)。

附表 K-2　钢丝绳结构 6×37(b)类(GB/T 20118—2006 摘录)

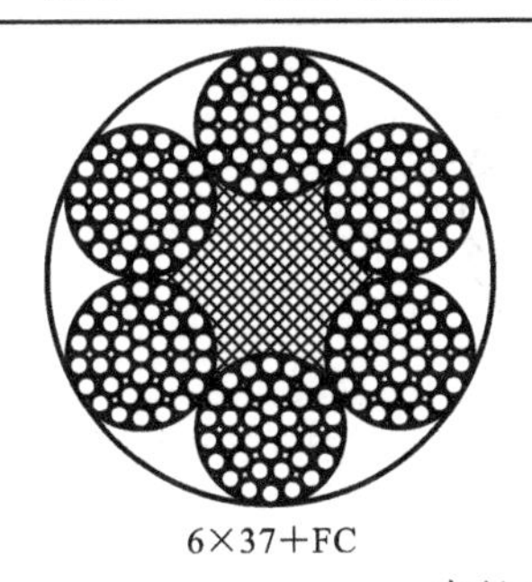

6×37+FC

6×37+IWR

直径 5 mm～60 mm

钢丝绳公称直径/mm	参考重量/(kg/100 m)			钢丝绳公称抗拉强度/MPa							
				1 570		1 670		1 770		1 870	
				钢丝绳最小破断拉力/kN							
	天然纤维芯钢丝绳	合成纤维芯钢丝绳	钢芯钢丝绳	纤维芯钢丝绳	钢芯钢丝绳	纤维芯钢丝绳	钢芯钢丝绳	纤维芯钢丝绳	钢芯钢丝绳	纤维芯钢丝绳	钢芯钢丝绳
5	8.65	8.43	10.0	11.6	12.5	12.3	13.3	13.1	14.1	13.8	14.9
6	12.5	12.1	14.4	16.7	18.0	17.7	19.2	18.8	20.3	19.9	21.5
7	17.0	16.5	19.6	22.7	24.5	24.1	26.1	25.6	27.7	27.0	29.2
8	22.1	21.6	25.6	29.6	32.1	31.5	34.1	33.4	36.1	35.3	38.2
9	28.0	27.3	32.4	37.5	40.6	39.9	43.2	42.3	45.7	44.7	48.3
10	34.6	33.7	40.0	46.3	50.1	49.3	53.3	52.2	56.5	55.2	59.7
11	41.9	40.8	48.4	56.0	60.6	59.6	64.5	63.2	68.3	66.7	72.2
12	49.8	48.5	57.6	66.7	72.1	70.9	76.7	75.2	81.3	79.4	85.9
13	58.5	57.0	67.6	78.3	84.6	83.3	90.0	88.2	95.4	93.2	101
14	67.8	66.1	78.4	90.8	98.2	96.6	104	102	111	108	117
16	88.6	86.3	102	119	128	126	136	134	145	141	153
18	112	109	130	150	162	160	173	169	183	179	193
20	138	135	160	185	200	197	213	209	226	221	239
22	167	163	194	224	242	238	258	253	273	267	289
24	199	194	230	267	288	284	307	301	325	318	344
26	234	228	270	313	339	333	360	353	382	373	403
28	271	264	314	363	393	386	418	409	443	432	468
30	311	303	360	417	451	443	479	470	508	496	537
32	354	345	410	474	513	504	546	535	578	565	611
34	400	390	462	535	579	570	616	604	653	638	690
36	448	437	518	600	649	638	690	677	732	715	773
38	500	487	578	669	723	711	769	754	815	797	861
40	554	539	640	741	801	788	852	835	903	883	954
42	610	594	706	817	883	869	940	921	996	973	1 050
44	670	652	774	897	970	954	1 030	1 010	1 090	1 070	1 150
46	732	713	846	980	1 060	1 040	1 130	1 100	1 190	1 170	1 260
48	797	776	922	1 070	1 150	1 140	1 230	1 200	1 300	1 270	1 370
50	865	843	1 000	1 160	1 250	1 230	1 330	1 300	1 410	1 380	1 490
52	936	911	1 080	1 250	1 350	1 330	1 440	1 410	1 530	1 490	1 610
54	1 010	983	1 170	1 350	1 460	1 440	1 550	1 520	1 650	1 610	1 740
56	1 090	1 060	1 250	1 450	1 570	1 540	1 670	1 640	1 770	1 730	1 870
58	1 160	1 130	1 350	1 560	1 680	1 660	1 790	1 760	1 900	1 860	2 010
60	1 250	1 210	1 440	1 670	1 800	1 770	1 920	1 880	2 030	1 990	2 150

注：最小钢丝破断拉力总和＝钢丝绳最小破断拉力×1.249(纤维芯)或 1.336(钢芯)。

附表 K-3　钢丝绳结构 1×7(GB/T 20118—2006 摘录)

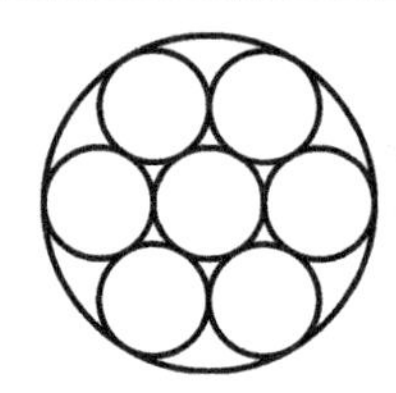

钢丝绳公称直径/mm	参考重量/(kg/100 m)	钢丝绳公称抗拉强度/MPa			
		1 570	1 670	1 770	1 870
		钢丝绳最小破断拉力/kN			
0.6	0.19	0.31	0.32	0.34	0.36
1.2	0.75	1.22	1.30	1.38	1.45
1.5	1.17	1.91	2.03	2.15	2.27
1.8	1.69	2.75	2.92	3.10	3.27
2.1	2.30	3.74	3.98	4.22	4.45
2.4	3.01	4.88	5.19	5.51	5.82
2.7	3.80	6.18	6.57	6.97	7.36
3	4.70	7.63	8.12	8.60	9.09
3.3	5.68	9.23	9.82	10.4	11.0
3.6	6.77	11.0	11.7	12.4	13.1
3.9	7.94	12.9	13.7	14.5	15.4
4.2	9.21	15.0	15.9	16.9	17.8
4.5	10.6	17.2	18.3	19.4	20.4
4.8	12.0	19.5	20.8	22.0	23.3
5.1	13.6	22.1	23.5	24.9	26.3
5.4	15.2	24.7	26.3	27.9	29.4
6	18.8	30.5	32.5	34.4	36.4
6.6	22.7	36.9	39.3	41.6	44.0
7.2	27.1	43.9	46.7	49.5	52.3
7.8	31.8	51.6	54.9	58.2	61.4
8.4	36.8	59.8	63.6	67.4	71.3
9	42.3	68.7	73.0	77.4	81.8
9.6	48.1	78.1	83.1	88.1	93.1
10.5	57.6	93.5	99.4	105	111
11.5	69.0	112	119	126	134
12	75.2	122	130	138	145

注:最小钢丝破断拉力总和=钢丝绳最小破断拉力×1.111。

附表 K-4　钢丝绳结构 1×19(GB/T 20118—2006 摘录)

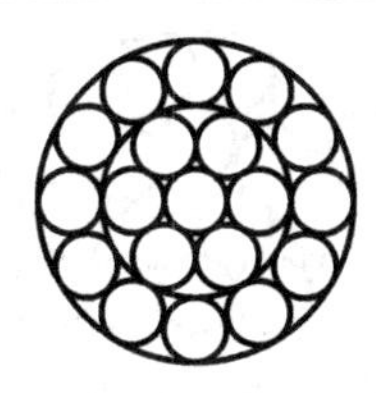

钢丝绳公称直径/mm	参考重量/(kg/100 m)	钢丝绳公称抗拉强度/MPa			
		1 570	1 670	1 770	1 870
		钢丝绳最小破断拉力/kN			
1	0.51	0.83	0.89	0.94	0.99
1.5	1.14	1.87	1.99	2.11	2.23
2	2.03	3.33	3.54	3.75	3.96
2.5	3.17	5.20	5.53	5.86	6.19
3	4.56	7.49	7.97	8.44	8.92
3.5	6.21	10.2	10.8	11.5	12.1
4	8.11	13.3	14.2	15.0	15.9
4.5	10.3	16.9	17.9	19.0	20.1
5	12.7	20.8	22.1	23.5	24.8
5.5	15.3	25.2	26.8	28.4	30.0
6	18.3	30.0	31.9	33.8	35.7
6.5	21.4	35.2	37.4	39.6	41.9
7	24.8	40.8	43.4	46.0	48.6
7.5	28.5	46.8	49.8	52.8	55.7
8	32.4	56.6	56.6	60.0	63.4
8.5	36.6	60.1	63.9	67.8	71.6
9	41.1	67.4	71.7	76.0	80.3
10	50.7	83.2	88.6	93.8	99.1
11	61.3	101	107	114	120
12	73.0	120	127	135	143
13	85.7	141	150	159	167
14	99.4	163	173	184	194
15	114	187	199	211	223
16	130	213	227	240	254

注：最小钢丝破断拉力总和＝钢丝绳最小破断拉力×1.111。

附表 K-5 钢丝绳结构 1×37(GB/T 20118—2006 摘录)

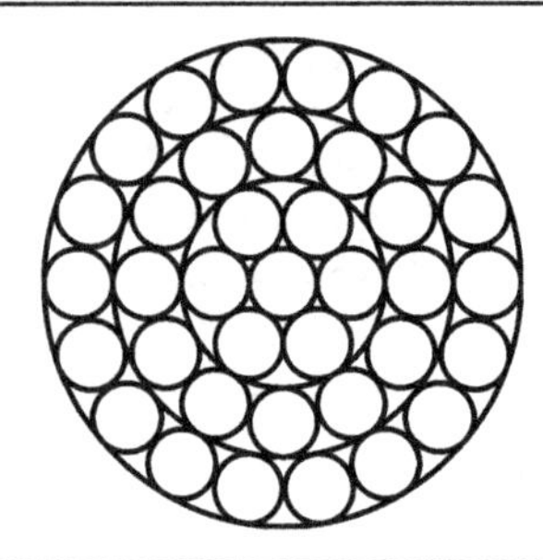

钢丝绳公称直径/mm	参考重量/(kg/100 m)	钢丝绳公称抗拉强度/MPa			
		1 570	1 670	1 770	1 870
		钢丝绳最小破断拉力/kN			
1.4	0.98	1.51	1.60	1.70	1.80
2.1	2.21	3.39	3.61	3.82	4.04
2.8	3.93	6.03	6.42	6.80	7.18
3.5	6.14	9.42	10.0	10.6	11.2
4.2	8.84	13.6	14.4	15.3	16.2
4.9	12.0	18.5	19.6	20.8	22.0
5.6	15.7	24.1	25.7	27.2	28.7
6.3	19.9	30.5	32.5	34.4	36.4
7	24.5	37.7	40.1	42.5	44.9
7.7	29.7	45.6	48.5	51.4	54.3
8.4	35.4	54.3	57.7	61.2	64.7
9.1	41.5	63.7	67.8	71.8	75.9
9.8	48.1	73.9	78.6	83.3	88.0
10.5	55.2	84.8	90.2	95.6	101
11	60.6	93.1	99.0	105	111
12	72.1	111	118	125	132
12.5	78.3	120	128	136	143
14	98.2	151	160	170	180
15.5	120	185	197	208	220
17	145	222	236	251	265
18	162	249	265	281	297
19.5	191	292	311	330	348
21	221	339	361	382	404
22.5	254	389	414	439	464

注:最小钢丝破断拉力总和＝钢丝绳最小破断拉力×1.176。

参 考 文 献

[1] 龚溎义.机械设计课程设计指导书[M].2版.北京:高等教育出版社,1990.
[2] 陈立德.机械设计基础课程设计指导书[M].3版.北京:高等教育出版社,2007.
[3] 吴宗泽.机械设计课程设计手册[M].2版.北京:高等教育出版社,1999.
[4] 黄泽森.机械设计基础课程设计[M].3版.北京:北京大学出版社,2008.
[5] 吴宗泽.机械零件设计手册[M].2版.北京:机械工业出版社,2004.
[6] 熊文修.机械设计课程设计[M].广州:华南理工大学出版社,2000.
[7] 濮良贵.机械设计[M].7版.北京:高等教育出版社,2001.
[8] 朱理.机械原理[M].2版.北京:高等教育出版社,2004.
[9] 苏翼林.材料力学上册[M].北京:高等教育出版社,2003.
[10] 倪庆兴.起重输送机械图册[M].北京:机械工业出版社,1992.
[11] 林怡青,谢宋良,王文涛.机械设计基础课程设计指导书[M].北京:清华大学出版社,2008.
[12] 张春宜,郝广平,刘敏.减速器设计实例精解[M].北京:机械工业出版社,2010.
[13] 宋宝玉.机械设计课程设计指导书[M].北京:高等教育出版社,2005.
[14] 叶伟昌.机械工程及自动化简明设计手册(上册)[M].2版.北京:机械工业出版社,2008.
[15] 王三民.机械原理与设计课程设计[M].北京:机械工业出版社,2005.
[16] 张展.联轴器、离合器与制动器设计选用手册[M].北京:中国劳动社会保障出版社,2000.
[17] 任金泉.机械设计课程设计[M].西安:西安交通大学出版社,2003.
[18] 徐锦康.机械设计[M].北京:高等教育出版社,2004.
[19] 曾宗福.机械设计基础课程设计[M].北京:化学工业出版社,2008.
[20] 王大康,卢颂峰.机械设计课程设计[M].北京:北京工业大学出版社,2000.